KB099689

아빠! 수학 여행 가자

아빠! 수학 여행 가자

발행일 2022년 7월 18일

지은이 최준권, 최보윤 그림 이소미
펴낸이 손형국
펴낸곳 (주)북랩
편집인 선일영 편집 정두철, 배진용, 김현아, 박준, 장하영
디자인 이현수, 김민하, 김영주, 안유경 제작 박기성, 황동현, 구성우, 권태련
마케팅 김회란, 박진관
출판등록 2004. 12. 1(제2012-000051호)
주소 서울특별시 금천구 가산디지털 1로 168, 우림라이온스밸리 B동 B113~114호, C동 B101호
홈페이지 www.book.co.kr
전화번호 (02)2026-5777 팩스 (02)2026-5747

ISBN 979-11-6836-399-1 03410 (종이책) 979-11-6836-400-4 05410 (전자책)

아무도 알려주지 않는 수학 속 의미와
쓰임새를 찾아 떠나는

최준권
최보윤 지음
이소미 그림

북랩

맺이글

"아빠! 사탕 하나만 주세요"라면서 손가락 하나를 꼽던 아들이 어느덧 초등학생이 되고, 시간은 흘러 중학교 1학년이 되었다.
처음 아이에게 구구단을 외우라고 할 때부터 구구단의 의미를 가르쳐주려고 노력했던 필자는 점점 커가는 아들을 보면서 그 나이에 맞게 설명해줘야겠다는 생각을 하게 되었다.

안녕하세요? 독자 여러분.

수학은 '세상을 이해하는 언어'라고 생각한 필자는 어느덧 커버린 아들을 보면서 한번쯤은 그 언어를 정리해 가르쳐줘야겠다고 생각했었습니다. 수학 문제만 풀어가는 '수학 계산기'가 아닌, 수학의 단어 속에 감춰진 의미와 단어가 나오게 된 계기, 그리고 그 수학이 우리 생활에 미치는 영향 등등을 가르쳐주어서 '통찰력'이 있는 학생으로 자랐으면 하는 바람으로 이 책을 시작하려 합니다.

필자는 수학을 잘하는 '수학 전문가'가 아닙니다. 수학 공식을 전개해 새로운 의미를 찾는 훌륭한 수학자도 아닙니다. 단지 직업적인 특성상 매일같이 수학 공식을 볼 수밖에 없었던 '컴퓨터 엔지니어'다 보니, 매일같이 봐야 하는 수학 공식 속에서 그 의미를 찾아야만 했습니다.

필자에게 수학이란 학창 시절 아무 의미도 모른 채 공식을 외워 문제 풀이를 해야 했던, 너무나 하기 싫은 과목이었습니다. 그때는 "왜 이걸 배워야 하지?" "무엇 때문에 이 고생을 할까?" 하며 항상 짜증 섞인 얼굴로 공부해야 했습니다. 또한, '사회에 나와서는 한번도 사용하지 않는 수학'이라는 말을 자주 들으며, 수학이란 과목은 단지 나를 괴롭히던 과목 중 하나에 불과했습니다. 하지만 사회에 나와 직업 특성상 수학을 접해야 했고, 수학이 우리 생활 속 깊숙이 들어와 있음을 체득한 필자는, 아들이 물어보는 질문에 최대한 현실 속 예를 들어가며 설명해주려 노력하고 있습니다. 단순히 수학 문제를 푸는 기술적 방법이 아니라 이런 것이 왜 필요한지를 가르쳐주려 노력하고 있습니다. 중학교 1학년이 된 아이에게, 지금뿐만 아니라 10년, 20년 후의 수학 공부에도 도움을 주고자 하는 바람으로 이 책의 집필을 시작하게 되었습니다.

계산을 하기 위한 기술적 측면에서의 수학책은 서점에 즐비해 있으니, 필자는 계산 기술이 아니라 수학, 물리, 자연과학 등 현실 세계 전반적으로 퍼져 있는 수학 원리, 그리고 단어와 그 의미, 용도를 설명하고자 노력했습니다. 그리고 아이가 아빠에게 물어봤을 당시의 언어 수준에 맞추어 설명하려 노력했습니다.

어른들의 경우 이미 알고 있는 간단한 단어들도 그 단어가 내포하고 있는 의미를 전달하기 위해 풀어서 말하고, 반복해서 설명했습니다. 그리고 아이의 과정에 맞는 단어들을 사용하려 노력했습니다.

중학생, 고등학생, 대학생 과정에서 나오는 용어들은 우리 아이가 그 과정의 학생이란 가정으로 설명했으며, 뒤로 가면 다소 복잡하고 어렵게 설명되는 부분도 있습니다. 하지만, 그래도 일상생활에서 사용하는 단어를 사용하여 설명하려 노력했습니다. 인공지능, 딥러닝, IoT, 3D프린터, 스마트 스피커 등등 '4차 산업혁명'이 태동하는 이 시기에, '기계화된 지식'이 아닌 '통찰력을 가진 지혜'만이 4차 산업혁명을 준비하는 창의력의 바탕이 될 것입니다. 정해진 공식을 외우고 문제 풀이만 하는 '기술적 수학영재'가 아닌, 수학적 단어를 이해하고 그 의미를 찾아 스스로 해결책을 찾아갈 수 있는 '창의적 수학영재'가 되는 밑바탕에 『아빠! 수학여행 가자』가 한몫했으면 하는 바람입니다.

그리고 우리 사랑하는 아들! 앞으로도 행복하게 살아보자~.

2022년 7월 어느 날

보윤이 아빠 최준권 올림

※ **일러두기**

본문에 나오는 대화 중 아들의 말은 ⓐ, 필자의 말은 ⓝ로 표기했습니다.

아빠! 곱셈이 뭐예요?

아빠! 미적분이 뭐예요?

아빠! 머신러닝이 뭐예요?

아빠! 인공지능은요?

아빠! 수학은 왜 배워요?

아빠! 전기와 자기는 뭐가 달라요?

아빠! 아인슈타인은 누구예요?

아빠! 닐스보어가 양자역학을 만들었어요?

목차

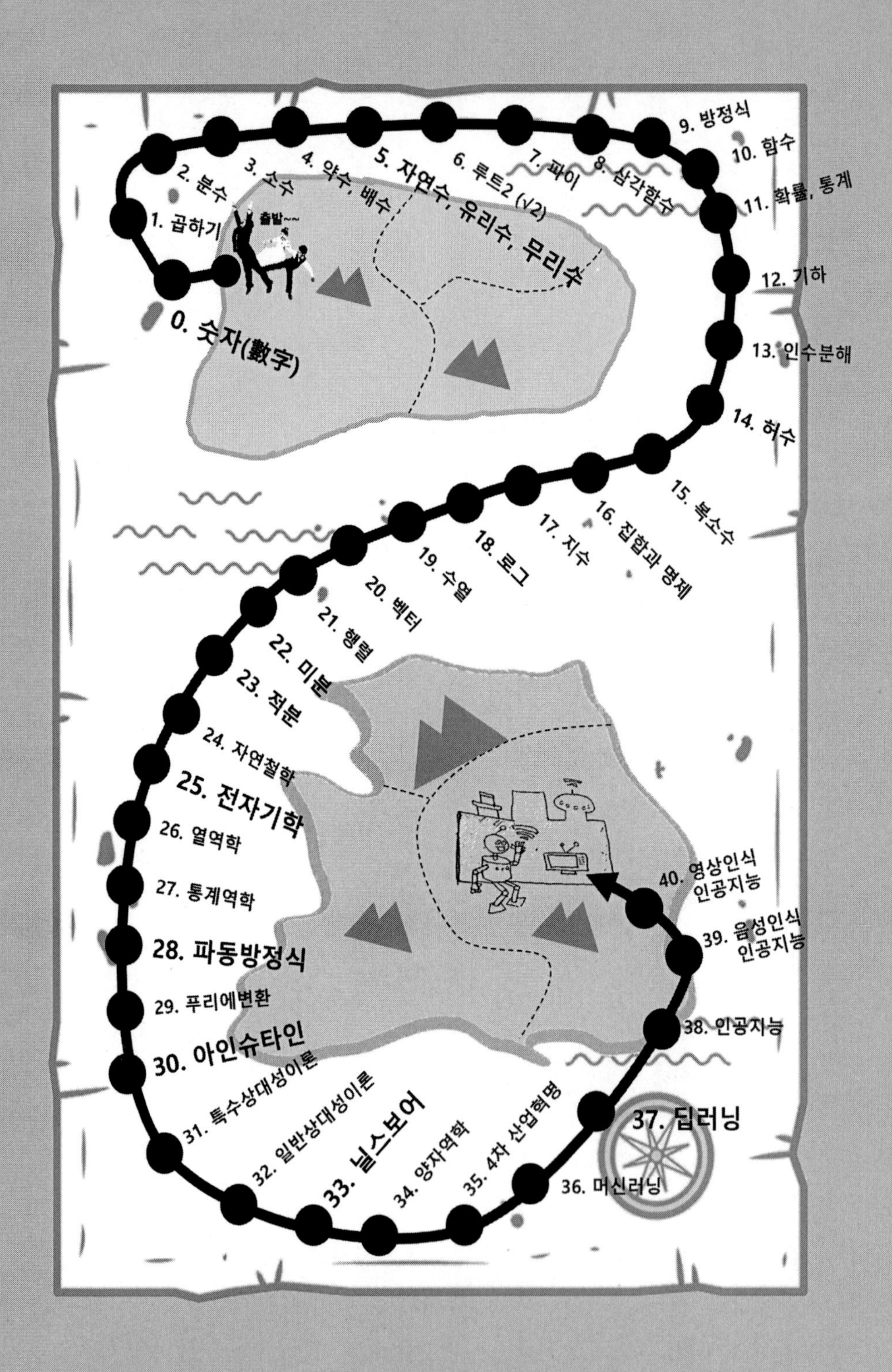
0. 숫자(數字)
출발~~
1. 곱하기
2. 분수
3. 소수
4. 약수, 배수
5. 자연수, 유리수, 무리수
6. 루트2 (√2)
7. 파이
8. 삼각함수
9. 방정식
10. 함수
11. 확률, 통계
12. 기하
13. 인수분해
14. 허수
15. 복소수
16. 집합과 명제
17. 지수
18. 로그
19. 수열
20. 벡터
21. 행렬
22. 미분
23. 적분
24. 자연철학
25. 전자기학
26. 열역학
27. 통계역학
28. 파동방정식
29. 푸리에변환
30. 아인슈타인
31. 특수상대성이론
32. 일반상대성이론
33. 닐스보어
34. 양자역학
35. 4차 산업혁명
36. 머신러닝
37. 딥러닝
38. 인공지능
39. 음성인식 인공지능
40. 영상인식 인공지능

숫자

[數字]

[수(數)를 나타내는 글자(字)]

(아) 아빠! 사탕… 사탕… 사탕….

(나) 오~ 울 아들 사탕 먹고 싶어?

(아) 네~ 사탕 주세요.

(나) 자~ 아들! 사탕.

(아) 하나만 더 주세요.

(나) 안 돼! 사탕 많이 먹으면 이빨 썩어요.

(아) 이잉~ 시로. 하나만 더 주세요.

(나) 하하하. 울 아들의 애교를 이겨낼 수가 없네.
그럼 아들이 1부터 5까지 다 세면 하나 더 줄게.

(아) 알았어요.
일 이.

(나) 아니! 두 손으로 하지 말고, 한 손으로 일, 이, 삼, 사, 오.

이렇게 다섯까지 세면 줄게.

㉮ 어떠케요?

㊉ 주먹을 쥐고, 손가락을 하나씩 펴면 셀 수 있단다.

㉮ 일, 이. 이러케요?

㊉ 그래, 아들! 우리 아들 잘 세네.

일, 이, 삼, 사, 오, 그렇게 5까지 세봐.

㉮ 일, 이, 삼, 사, 오.

㊉ 와~ 우리 아들 잘하네. 5까지 셌으니 사탕 하나 더 줘야겠다.

㉮ 와~ 아빠. 사탕 줘요. 사탕!

㊉ 자~ 아들! 아빠가 아들한테 사탕을 하나 더 줬으니, 아들은 사탕이 몇 개나 있어요?

㉮ 응~ 하나 하고, 또 하나 있어요.

㊉ 응~ 우리 아들은 사탕을 두 개, 2를 가지고 있구나?

봐봐, 손가락이 하나~ 1. 둘~ 2, 두 개지?

그건 손가락으로 2, 이렇게 하면 된단다.

㉮ 와~ 아빠, 나 사탕 2개 있어요.

㊉ 아들, 이렇게 손가락으로 세는 것을 숫자라고 한단다.

일, 이, 삼, 사, 오, 육, 칠, 팔, 구, 십!

이렇게 우리 아들은 숫자를 하나하나씩 배워나간다.

아라비아	0	1	2	3	4	5	6	7	8	9	10
한국	영	하나	둘	셋	넷	다섯	여섯	일곱	여덟	아홉	열
중국	零 (영)	一 (일)	二 (이)	三 (삼)	四 (사)	五 (오)	六 (육)	七 (칠)	八 (팔)	九 (구)	十 (십)
로마	0	I	II	III	IV	V	VI	VII	VIII	IX	X

인류의 문명이 문자라고 한다면, 그 첫 번째로 만들어진 문자는 숫자일 것이다. 인류는 숫자로 인해 경제활동을 할 수 있었고, 숫자로 인해 미래를 설계할 수 있었다. 이렇게 중요한 숫자를 배우는 학문을 수학(數學)이라고 한다.

【고대 바빌로니아 숫자】

출처: 위키백과

1	11	21	31	41	51
2	12	22	32	42	52
3	13	23	33	43	53
4	14	24	34	44	54
5	15	25	35	45	55
6	16	26	36	46	56
7	17	27	37	47	57
8	18	28	38	48	58
9	19	29	39	49	59
10	20	30	40	50	

【아라비아 숫자 변천사】

출처: 신민수 우리말 전문위원

브라미 숫자	𑁒	𑁓	𑁔	𑁕	𑁖	𑁗	𑁘	𑁙	𑁚	
인도 숫자	१	२	३	४	५	६	७	८	९	०
서아라비아 숫자	1	2	3	4	5	6	7	8	9	
동아라비아 숫자	١	٢	٣	٤	٥	٦	٧	٨	٩	٠
11세기 서유럽 숫자	1	2	3	4	5	6	7	8	9	
15세기 서유럽 숫자	1	2	3	4	5	6	7	8	9	0
16세기 서유럽 숫자	1	2	3	4	5	6	7	8	9	0

곱하기

[2 × 2 = 4]

㉮ 아빠! 오늘 구구단 배우기 시작했어요!

이 일은 이,

이 이는 사,

이 삼은 육.

선생님이 열심히 외우래요. 아빠, 나 잘하고 있죠?

어느 날, 초등학교 2학년인 아들이 와서 나에게 자랑을 했다.

㉯ 와~ 우리 아들이 벌써 곱하기 배우는 거야? 좋겠다!

아빠도 네 나이 때에 곱하기 배우기 시작했는데.

그런데 아들, 구구단을 왜 그렇게 열심히 하는 거야?

㉮ 응~ 몰라. 선생님이 2단을 빨리 외우면 칭찬해주신다고 하셨어.

㉯ 선생님께서 그러셨어? 음~ 맞아! 구구단은 외워야 하지.

곱하기를 하기 위해선 구구단을 외워야 빨리 계산을 할 수가 있지.

아들, 곱하기 알아?

㉮ 곱하기? 곱하기가 뭐야?

㉯ 곱하기? 음~ 곱하기를 어떻게 설명해주지?

아~ 맞다. 울 아들 짜장면 좋아하지?

㉮ 네~ 아빠. 난 짜장면이 제일 맛있어.

㉯ 하하. 그래 아들이 좋아하는 그 짜장면.

아빠도 짜장면이 좋아서 맨날 곱빼기 시켜 먹잖아.

㉮ 응! 아빠는 맨날 곱빼기 시키잖아.

아빠는 많이 먹고, 난 조금만 주고.

㉯ 하하하. 그래서 불만이었어?

㉮ 그럼. 나도 많이 먹고 싶단 말이야!

㉯ 하하 아들! 아들이 이해해줘! 아빠가 아들보다 배가 훨씬 더 크잖아. 그래서 아빠는 많이 먹어야 해!

㉮ 피~ 내 배도 아빠만큼 컸으면 좋겠다.

㉯ 아들! 아빠가 먹는 곱빼기는 짜장면 2개를 혼자서 다 먹는 거란다.

㉮ 그럼 곱빼기는 하나에 2개를 주는 거야?

㉯ 응! 맞아. 곱빼기는 어떠한 것의 2배로 주는 거야.

㉮ 곱빼기는 2개를 주는 거란 말이지~ 그럼 아빠! 그럼 나도 장난감 곱빼기로 줘요.

㉯ 그래 알았다 아들! 그럼 장난감 1개의 곱빼기는 몇 개야?

㉮ 2개!

㉯ 맞았어! 울 아들 잘하는데~ 그럼 장난감 2개의 곱빼기는 뭘까?

(아) ????

(나) 어려워? 그럼 장난감 2개씩 2개 있어요. 몇일까?

(아) 2가 2개니까. 2 더하기 2. 아~ 맞다. 4!

(나) 맞아! 잘하는데~ 그래, 그 곱빼기는 곱하기랑 같은 말이란다.

'2의 곱하기 2'는 2가 2개, 그러니까 2 + 2 = 4가 되는 거지. 그럼 아들!

2 곱하기 3은 몇일까요~?

(아) 2가 세 개야?

(나) 응. 맞아!

(아) 2가 하나, 2가 둘, 2가 셋.

하나, 둘, 셋, 넷, 다섯, 여섯(손가락 수를 세는 아들).

6(육)!

(나) 와~ 맞았어~! 정말 잘하는데! 손가락 세느라고 힘들지? ^_^;

아들! 오늘 구구단 배웠다고 했지? 2 × 3은 몇이라고?

(아) 응, 알아요.

이 일은 이, 이 이는 사, 이 삼은 육! 육(6)이야~.

(나) 와~ 울 아들. 정말 잘하는데? 맞아, 이 삼은 육!

구구단을 외우니까 손가락으로 세는 것보다 빠르지?

2가 4개면 8. 2가 다섯 개면 10.

이 사 팔, 이 오 십. 쉽지?

(아) 응? 와~ 정말 그러네~.

구구단을 외우니까 손가락을 쓰지 않아도 되네~.

(나) 그래 아들! 그래서 구구단을 외우는 거란다~.

(아) 아~ 그래서 구구단을 외우는구나. 알았어.

아빠! 나 구구단 열심히 외울 거야~.

그래야 나도 곱빼기 시켜 먹을 수 있으니까.

아빠 구구단 다 외우면 짜장면 곱빼기 시켜줘~!

나도 많이 머꼬 싶단 말이야~.

㊅ 그래그래 알았어! 울 아들!

구구단을 외우기보단, 많이 먹고 빨리 자라라~.

아빠는 튼튼한 아들이 똑똑한 아들보다 더 좋으니까.

㊀ 네~.

분수

〔分: 나눌 분, 數: 숫자 수〕

[$\frac{2(분자)}{3(분모)}$]

㉮ 아빠! 분수가 뭐야?

㉯ 분수? 왜? 요새 학교에서 분수 배우니?

㉮ 네~. 선생님이 가분수, 진분수, 대분수가 있다고 하시는데, 무슨 소리인지 하나도 모르겠어요. 분수가 뭘 하는지도 모르겠고.

어느 날, 초등학교 3학년이 된 아들이 아빠에게 물어온다.
생각이 가물가물해진 나는 생각을 가다듬고 옛날 기억을 다시 떠올려본다….

㉯ 아들! 분수는 숫자를 나누는 것을 얘기한단다.

㉮ 숫자를 나눠요? 친구랑 과자를 나눠 먹는 것처럼 숫자를 2개 3개씩 나눈다는 말이에요?

㉯ 그렇지! 숫자를 나눠서 표시하는 것을 분수라고 한단다.

그래서, 분수는 나누다 분(分), 숫자 수(數).

이 글자들이 합쳐져 만들어진 단어야. 즉 숫자를 나눈다는 거지.

ㅡ.ㅡ;; (어렵네… 어떻게 설명하는 게 좋을까?)

그래 맞다! 아들! 피자 좋아하지?

㉠ 네~! 아주 좋아하죠!

㉯ 피자를 사 오면 피자가 몇 조각인지 기억하니?

㉠ 응, 아빠가 피자를 사 오면 8조각 있어요.

㉯ 그렇지? 그럼 아들! 아빠가 피자 한 판을 사 오면 혼자서 먹을래~ 아니면, 엄마랑 아빠랑 같이 먹을래?

㉠ 음~ 혼자서~. ㅡ.ㅡ;

㉯ 앗! 아빠가 8조각 중 한 조각만 먹으면 안 될까?

㉠ 음~ 알았어요! 아빠 한 조각 줄게요!

㉯ 고맙다. 아들아~. ㅠ..ㅠ

아들! 피자 1개를 시키면 전부 8조각이 있지?

㉠ 응. 전부 8개야!

㉯ 그래~ 피자 하나를 8조각으로 나누어 잘라 먹는 거지.

그럼~ 아들! 8조각으로 나눠진 피자 중에 아빠한테 얼만큼 줄 거야?

㉠ 아까 말했잖아요. 하나!

㉯ 피~. 알았다. 피자 한 판이 총 8조각으로 나뉘어 있으니까, 울 아들은 총 8조각 중에서 한 조각을 아빠한테 주는 거지?

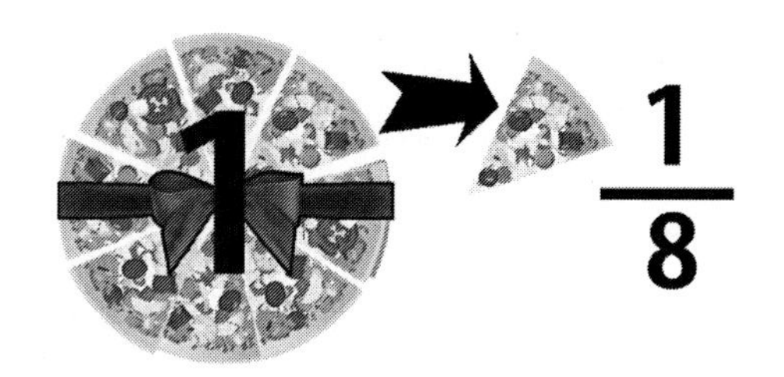

㉯ 응.

㉮ 맞아. 그럼 아들은 아빠한테 피자 8분의 1조각을 준 거란다. 피자 하나를 8개로 나눴으니까 아래에 있는 글자가 8, 그중 1(하나)을 아빠한테 주니까 팔 분의 1. 표현은 '8분의 1'로 한단다. 즉, 어떤 숫자를 나눴다고 해서 나눌 분(分), 숫자 수(數)를 써서 분수(分數)라고 부르는 거란다.

㉯ 아~ 어떤 하나를 나눠서 표시하는 것을 분수라고 하는구나!
아빠 그럼~ 땅콩 같은 경우에는 땅콩이 둘로 나뉘니까, 그중 1쪽은 '2분의 1'이겠네?

㉮ 앗! 우리 아들이 그것까지 알아냈어? 아들 천잰데!

㉯ 크크, 당근이지. 내가 좀 해! 분수는 알았어요.
음~ 근데 분수 중에 가분수는 뭐예요?

㉮ 앗! 가분수도 설명해줘야 하는구나. ㅡ.ㅡ;;
아들! 질문!
피자 하나를 8조각으로 나누었어, 그럼 총 몇 조각이야?

㉯ 응! 8개.

㉮ 그런데 아빠가 아들한테 피자 10조각을 먹고 싶다고 조르면, 울 아들은 어떻게 할 거야?

㉮ 8조각이면 최대한 먹을 수 있는 게 8개인데….

에이~ 말도 안 돼! 어떻게 아빠한테 10개를 줄 수 있어?

그건 말도 안 되는 일이잖아.

㉯ 음~ 그런가? 전부 8조각인데 10개를 달라고 하면 말이 안 되지?

㉮ 당연하지. 그렇게 말도 안 되게 달라고 하면 아빠 하나도 안 주고 나 혼자 다 먹을 거야.

㉯ 그래~ 말도 안 되지? 이렇게 말도 안 되는 분수를 가짜 분수, '가분수'라고 한단다.

가짜 분수!

그래서 가분수의 한자는 거짓 가(假)를 써서 가분수라고 부르지. 수학으로 얘기하면, 분자(分子)의 숫자(10)가 분모(分母)의 숫자(8)보다 클 경우를 가짜 분수, 거짓 가(假)를 써서 가분수라고 부르지.

$\frac{10}{8}$같은 경우를 가분수(假分數)라고 부른단다.

㉮ 아~ 말이 안 되는 가짜 분수를 가분수라고 부르는구나.

아빠! 가짜 분수가 있으면 진짜 분수도 있어요?

㉯ 그럼, 말이 되는 분수, $\frac{2}{8}$와 같이, 분자(2)가 분모(8)보다 작은 분수, 진짜 분수란 뜻으로 진짜 진(眞)을 써서 진분수(眞分數)라고 부르지.

㉮ 아~ 그게 진분수야? 분자가 분모보다 작은 분수는 진짜 분수라고 해서 진분수라 한단 말이구나~. 알았어요! 난 앞으로 진짜 피자만 먹을 거예요. 그래야 서로 예쁘게 나눠서 먹을 수 있지요. 아빠! 근데, 근데~. 그럼 대분수는 뭐예요?

㉯ 대분수? 흐엄… 이건 설명하기가 모호하네. 글자대로의 의미는 묶음 수와 분수를 의미한단다. 묶음 수는 조각들을 하나로 묶었다는 뜻이란다.

㉠ 네? 분수를 하나로 묶어요?

㉡ 그렇단다. 자세한 설명을 위해서 대분수는 그림을 그려서 설명해줄 게~. '묶는다'라는 것은 8조각으로 나눠진 8조각을 하나로 다시 묶어서 피자 한 판을 만들고, 나머지 2조각을 분수로 표시하는 방법이란다. 8조각을 끈으로 묶는다는 뜻으로 끈 대(帶)라는 한자를 써서 대분수(帶分數)라고 표현을 하지.

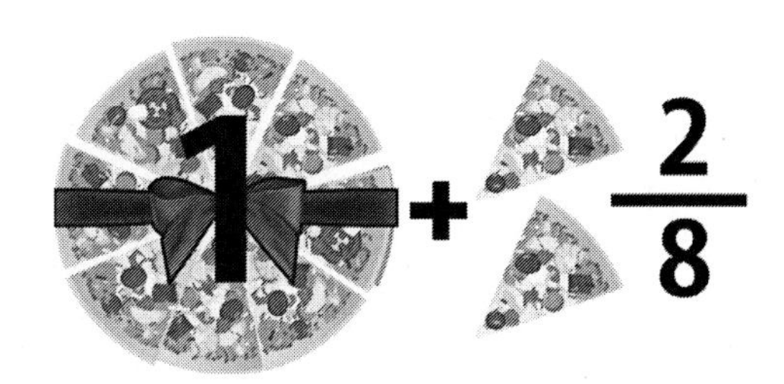

㉡ 이 그림과 같이 8조각의 피자를 하나로 모아 끈(帶)으로 묶어 1판을 만들고, 나머지 2조각을 분수로 표시한 1을 대분수라고 부르지요. 즉, 피자 1판과 8분의 2조각을 표시하는 방법이란다. 대분수는 1의 형태로 정수(1)와 분수($\frac{2}{8}$)로 표시한단다.

㉠ 아빠~ 너무 어려워요~. ㅠ..ㅠ

㉡ 흑흑. 그렇지? 아빠가 생각해도 좀 어렵긴 하다.
쉽게 풀어서 얘기하자면, 1, 2, 3, 4와 같은 정수와 조각으로 이루어진 분수를 나란히 같이 쓰는 것을 대분수라고 부른단다.
좀 어렵긴 해도 그 의미를 알면 친구들과 얘기할 때 도움이 되니까 지금은 좀 어렵더라도 단어는 외워야 해~ 알았지?

㉠ 근~ 데~ 아빠! 저는 피자 하나만 먹을게요. 아빠는 저보다 많은 2

조각 드세요.

㉯ 그래 울 아들! 아빠는 아들보다 많은 2조각을 먹을 테니, 아들은 1판만 먹어라~. ㅡ.ㅡ;;

㉮ 네~. ^^; 쩝쩝, 냠냠, 꿀꺽.

㉯ ㅡ.ㅡ;; 그래~ 배부르냐?

소수

[素: 바탕 소, 數: 숫자 수]

[0.01]

㉦ 아빠! 소수가 뭐예요? 영 하고 점 찍고 그 뒤에 숫자를 적어놓은 건데. 그게 뭐 하는 거예요?

아들이 3학년이 되더니… 점점 어려운 수학을 풀기 시작했다.
점점 설명해주기 어려워진다는 느낌이 들면서,
설명을 어떻게 해줘야 할까? 고민이 되어가고 있다.

㉯ 아들! 아빠가 이전에 분수를 피자로 설명했던 거 생각나?

㉦ 응. 아빠는 피자 2개 먹고, 아들은 1개 먹었던 거.
그거 아빠가 분수 설명할 때 얘기했던 거잖아요.

㉯ 맞아! 분수! 8조각 중 2개를 아빠한테 줬지?
그거 설명할 때, 아빠가 그림 그려가면서 설명해줬지?

㉦ 응! 그림을 보니까 그나마 이해했어.

㉯ 그 당시 아빠가 먹은 8조각 중에서 2조각을 글자로 어떻게 표현했어?

㉵ 응, 8분의 2라고 표현했지? 글자로 쓰면 음…. 너무 어렵다. $\frac{2}{8}$이렇게 썼는데…. 3줄씩이나 돼서 글자 쓰기 너무 힘들었어.

㉯ 맞아! 분수를 글자로 옮기려니 너무 힘들었지? 그래서 소수라는 표현법이 나왔어. 수학은 계산하는 방법인데, $\frac{\text{몇(분자)}}{\text{몇(분모)}}$(몇 분의 몇) 이렇게 3줄로 표현하려니, 계산하기도 너무 힘들었던 거야. 그리고 분수 계산하려면 더하기, 곱하기도 힘들었지?

㉵ 네, 그걸 계산하려면 아래 분모의 숫자도 같이 맞춰서 계산해야 하고 너무너무 복잡해요. 그래서 너무나 힘들게 계산하는데, 그래서 소수가 나온 거예요?

㉯ 응…. 그렇다고 봐야 해. 사람이 이해하기 쉬운 방법으로 소수가 나온 거란다. 아들! 아들 유치원 다닐 때, 어떻게 계산했는지 한번 해볼까? 아빠가 문제 하나 낼게~. 3 더하기 3은 몇일까?

㉵ 육이요!

㉯ 정답! 잘하는데! 그런데 암산하지 말고, 손가락 가지고 계산하는 거~ 아들 유치원 다닐 때 손가락 가지고 계산했잖아. 한번 해봐.

㉵ 에이~ 아빠. 나 3학년이에요. 그렇게 안 해도 잘해요.

㉯ 그래도 한번 해봐!

㉵ 왼쪽 손가락 3개( ), 그리고 오른쪽 손가락 3개( ).
하나, 둘, 셋, 넷, 다섯, 여섯! 봐요! 6이잖아요.

㉯ 오케이! 맞아. 그럼 이번에는 6 더하기 6 해봐.

㉵ 손가락 6개( ), 그리고 또 손가락 6개~.
아! 양손을 다 써야 하네~. 아빠! 안 돼요! 손가락이 부족해요.

㉯ ^_^ 울 아들! 손가락이 2개 더 있어야 하겠네?

㉠ 에이~ 아빠, 그러면 육(6)손이가 되잖아요. 싫어요.

㉯ 그렇지? 손가락이 더 있다면 좋을 텐데. 그게 없으니 힘들지?
그래서 대부분의 숫자는 1부터 10까지를 기준으로 계산하는 게 편하단다.

㉠ 네~ 그런 거 같아요.
내가 손가락이 12개였으면, 그것도 계산할 수 있는데~.

㉯ 맞아. 사람은 손가락이 10개라서 10을 기준으로 계산하는 게 훨씬 편하단다. 그래서 수학에서 쓰는 숫자는 10을 기준으로 쓰는 10진수라는 숫자 표시법을 사용하지.
'십진법'은 1, 2, 3, 4, 5, 6, 7, 8, 9, 10 또는 0, 1, 2, 3, 4, 5, 6, 7, 8, 9를 기준으로 계산하는 방법이란다.

㉠ 아~ 그래서 학교에서 0에서 9까지만 가르쳐주는구나!

㉯ 그래! 참! 아까 소수가 무엇이냐고 물어봤었지?

㉠ 네.

㉯ 아까 분수를 표현하기에는 글자 수도 많고 표현하기가 힘들었다고 했지? 그래서 10을 기준으로 하는 소수라고 하는 것이 발명됐어.
소수는 1보다 작은 숫자는 10으로 나눠서 표현했지.

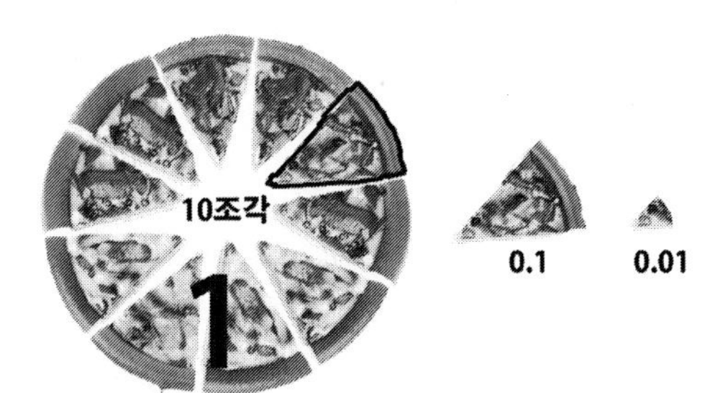

㉯ 그래서 0.1에서 점(.) 뒤의 숫자는 1을 10으로 나눈 조각의 개수를 표시하는 거야. 즉, 0.1은 10조각 중의 1조각을 나타내는 거지. 0.1을 다시 10조각으로 나눠 더 조그맣게 자르면 0.01이 되는 거야.

㉮ 아~. 그럼 점 뒤에 있는 숫자는 한 조각을 10으로 나누면 되는 거예요?

㉯ 그렇지! 그래서 10개 조각을 이루는 1을 10개의 요소(要素)라고 부른단다. 그리고 그 요소를 가지는 수를 요소의 소(素: 본디 소)를 써서 소수(素數)라고 부르지.

㉮ 아~. 10개의 요소 중 1은 0.1인 거예요?

㉯ 정답! 10개의 피자 조각 중 하나의 요소라는 표현이지.

㉮ 그럼 분수의 다른 표현이 소수예요? 손가락의 수가 10개니까 계산하기 편하게 10을 기준으로 했고, 그걸 기준으로 숫자를 표현하는 분수의 표기 방법이 소수네요.

㉯ 앗! 여기까지 생각할 줄이야. 울 아들 천재다!

㉮ 아빠! 제가 좀 해요~. ^^;;

약수, 배수

〔約: 약속 약, 倍: 곱 배, 數: 숫자 수〕

[3, 6, 9…]

㉮ 아빠! 오늘 학교에서 약수와 배수에 대해서 배웠어요.

약수와 배수가 뭐예요?

> **초등학교 5학년이 된 아들이 물어왔다.**
> **약수! 약수터에서 떠오는 물을 약수라고 하는데, 약수가 뭘까?**
> **그리고 배수? 배가 되는 수?**
> **아하! 최대공약수, 최소공배수 할 때의 '약수, 배수'구나?**

㉯ 아들! 약수는 약속한 수라는 뜻을 가진 숫자란다. 한자가 약속할 약(約)에 숫자 수(數)로 되어 있어.

숫자를 약속했다? 이건 무슨 뜻일까?

㉮ 숫자를 약속해? 서로 손가락 걸고 약속한다는 말이에요?

㉯ 그렇지! 숫자가 서로 약속을 했어. 무엇을 가지고 약속을 했을까?

㉠ 글쎄~ 내가 1이라고 하면 그건 숫자 3이라 약속했다면, 2라 했을 때 3의 2배인 6을 얘기하기로 하는 걸 약속한 건가?

㉯ 앗! 그렇게 깊은 뜻이? 맞는 것 같구나~!

어떠한 수를 서로 약속이나 한 것처럼 서로 나눠 가졌을 때, 나머지가 남지 않는 숫자를 약수라고 한단다. 사람이 2명이면 최소한 2개나 4개는 있어야지 똑같이 나누어 가질 수 있지?

이렇게 똑같이 나눠 가질 수 있도록 약속된 수를 약수라고 부른단다. 6의 약수는 1, 2, 3, 6으로 나누면 나머지가 남지 않고 똑같이 나누어 가질 수 있지? 하지만 6을 4, 5로 나누면 나머지가 생겨서 싸울 일이 생기게 된단다.

㉠ 아~ 어떤 수를 서로 똑같이 나눠 가질 수 있다면, 그건 싸우지 않기 위해 약속한 숫자가 되는 거고, 하나라도 남으면 약수가 될 수 없는 거구나? 하나라도 남으면 서로가 똑같이 나눠 가질 수 없으니, 서로 약속을 할 수가 없겠네~.

㉯ 와~ 우리 아들. 이제는 공평하게 나눠 갖는 것도 알아냈네! 잘했어! 그럼 배수는 무엇일 거 같아?

약수와 배수가 같이 나오는 걸 보면 서로 관계가 있겠지?

㉠ 글쎄요~. 아마도 서로가 똑같이 나눠 가질 수 있도록 만드는 수가 배수이지 않을까요? 아빠가 서로 관계가 있다고 하시니까요?

㉯ 앗! 이렇게 똑똑할 수가~. 맞아! 친구가 3명이 있다면 서로 똑같이 나눠 가질 수 있게 하려면 최소 3개는 있어야겠지? 그리고 3명이 2개씩을 가지려면 6개가 있어야겠지?

㉠ 맞아! 만약 4개만 있다면 친구들에게 하나씩만 주고, 나머지 하나는 내가 먹을 거야. 친구들이 뭐라고 하면, 내가 힘이 세니까 하고

마구마구 우겨야지.

㉯ 안 돼~. 만약 그러면 친구들하고 싸우잖아. 친구들하고 싸우지 않고 공평하게 나눠 가지려면 똑같은 숫자만큼 더 있어야겠지?
그래서 곱한다는 뜻의 한자 '짝 배(配)'를 쓰는 '배수'만큼 있어야 해!
우리가 평소에 한 배, 두 배 할 때 쓰는 그 한자야. 그러니까, 어떠한 수에 곱해서 나올 수 있는 수를 배수라고 부른단다.

㉰ 곱해서 나오는 수가 배수야?
이 일은 이.
이 이는 사.
이 삼은 육.
이렇게? 2의 배수는 2, 4, 6, 8, 10? 이런 거야?

㉯ 그렇지! 3의 배수는 3, 6, 9, 12, 15, 18인 거지.
우리 아들 더 똑똑해졌네~. 그럼 질문 하나 해도 돼?

㉰ 싫어! ㅡ.ㅡ; 아빠는 맨날 이상한 질문만 하잖아!

㉯ 아냐, 쉬운 거야~. 한번 생각해봐!

㉰ 알았어, 쉬운 거로 내야 해~.

㉯ 최소공배수가 무얼까?
가장 최(最), 작을 소(小), 공평할 공(公), 곱하기 배(倍), 숫자 수(數), 풀어서 설명하자면, 공평하게 곱해서 나올 수 있는 가장 작은 숫자는 몇일까~ 요?

㉰ 공평하게 곱해서 나올 수 있는 가장 작은 숫자? 무엇을 어떻게 공평하게 곱해서 나와? 질문이 이상해!

㉯ 아~ 그러네. 아빠의 실수! 다시 문제를 낸다~.
2와 3의 최소공배수는 무엇일까요?

㉮ 2하고 3이 서로가 공통인 배수라는 말이야?

㉯ 그렇지~ 답은 뭘까요?

㉮ 2의 배수는 2, 4, 6, 8, 10, 12고, 3의 배수는 3, 6, 9, 12, 15네~. 그런데 2와 3의 배수 중에 공통인 숫자는 6하고 12가 있네~. 아빠 맞아요?

㉯ 그렇지! 그중에서 가장 작은 수를 찾아봐.

㉮ 그럼 당연히 6이지! 그럼 2와 3의 최소공배수는 6인 거야?

㉯ 정답! 차암~ 잘했어요! 2와 3의 배수 중 공통인 배수를 공배수라고 한단다. 즉, 공통적인 배수라는 뜻이지. 그 공통배수 중 가장 작은 수! 그것이 최소공배수란다.

울 아들! 그래도 참 잘하네~.

㉮ ^_^ 움하하하하하! 내가 쫌 해요~. 아빠! 선물!

㉯ 흠~ 아들! 선물 너무 좋아하면 안 돼요!

문제 하나 더 푼다면 장난감 사준다. 오케이?

㉮ 오호라~ 아빠, 약속했어요! 좋아요!

㉯ 좋아! 그럼 최대공약수는 무엇일까요?

가장 최(最), 큰 대(大), 공평할 공(公), 약속할 약(約), 숫자 수(數).

즉, 공평하게 약속할 만한 가장 큰 수가 무엇일까요?

㉮ 또~ 또~ 어떤 수의 최대공약수를 말하는 거예요?

㉯ 앗! 또 실수! 12와 36의 최대공약수는 무엇일까요?

㉮ 12와 약속된 수가 뭐가 있지? 으~ 생각이 안 나요!

㉯ 12를 나눠서 나머지가 안 남는 숫자가 어떤 게 있지?

㉮ 구구단을 외워야겠네~.

2 × 6 = 12, 3 × 4 = 12, 4 × 3 = 12, 6 × 2 = 12~.

음, 12의 약수는 2, 3, 4, 6, 그리고 기본적으로 1하고 12가 있네~.

ⓝ 잘했어! 그럼 36의 약수는 뭐가 있을까?

ⓞ 1하고 36은 기본으로 나뉘고, 2로도 나뉘네~.

앗! 3으로도 나뉜다. 4는 4 × 9 = 36이고, 6 × 6 = 36도 되네. 9 × 4 = 36도 있고, 12로도 나뉘네~.

ⓝ 좋았어! 12의 약수는 1, 2, 3, 4, 6, 12고,

36의 약수는 1, 2, 3, 4, 6, 9, 12, 36이네~.

그럼 그 약수 중에 어떤 게 제일 큰지 알 수 있겠어?

ⓞ 아, 12와 36의 약수 중에, 공통으로 가지고 있는 수는 1, 2, 3, 4, 6, 12네. 아빠! 알았어요. 12와 36의 최대공약수는 12예요. 공통으로 가지고 있는 약수 중에 제일 큰 수는 12예요! 맞아요?

ⓝ 띠롱, 띠롱, 띠롱! 정답!

ⓞ 선물! 선물! 선물! 선물!

ⓝ 오케이~ 가자! 선물 사러!

아들! 선물 사러 가기 전에 이건 알았으면 좋겠다. 수학에서 공통으로 쓰는 수를 찾아내는 건 아주 중요하단다. 공통으로 같이 쓴다는 것은 서로가 공통점이 있다는 거니까! 아들도 나중에 알겠지만, 수학에서는 공통점을 찾아내고, 그 공통점을 이용해서 수식을 간단하게 만드는 게 수학 잘하는 방법이란다.

아들도 짜장면 좋아하고, 아빠도 짜장면 좋아하잖아.

그러던 어느 날, 엄마가 저녁밥 하기가 정말 싫은 거야.

그래서 엄마는 우리한테 중국집 가자고 하지. 중국집에 가서 짜장면을 시켜주면, 엄마의 저녁 문제는 간단하게 해결할 수 있게 되는 거지. 엄마는 아들과 아빠의 공통점인 '짜장면'을 알고 있어 쉽게

문제를 해결할 수 있게 되는 거지.

㉮ 그러네~. 아빠와 나의 공통점을 찾아서 엄마는 밥 하는 것을 짜장면으로 쉽게 해결해왔네요?

㉯ ^_^ 하하하. 바로 그거야 아들! 이렇듯, 수학에선 공통점을 찾아내는 것이 아주 중요한 해법 중에 하나란다. 알았지?

㉮ 네~ 알겠습니다.

㉯ 그러니까 아들! 아빠랑 공통으로 쓰는 선물 사러 가자! 어때?

㉮ —.—; 시러시러~! 난 장난감 살 거야! 아빠랑 나랑은 눈, 코, 입이 얼굴에 있다는 것 말고는 공통점이 없어요!
그러니까 공통 선물은 안 살 거야!
아빠! 그런데 오늘 아빠가 너무 어려운 '풀기 문제'를 냈어요!
나 계산하는 거 싫은데….

㉯ 알았다, 알았어! 아빠가 다음부터는 '풀기 문제' 없이, 그 뜻만 설명해줄게. 그리고 풀기 연습은 울 아들이 스스로 알아서 공부해~.

㉮ 네~ 고고고~!

자연수, 유리수, 무리수

[自然, 有利, 無理]

㉮ 아빠! 자연수가 뭐예요?

㉯ 울 아들이 요새 자연수 배우는구나? 그럼 설명해 줘야지.
아들! 혹시 자연이 뭔지 알고 있니?

㉮ 당근 알지요. 나무, 산, 물, 폭포, 등등 풍경이 좋은 곳을 자연이라고 하잖아요! 자연! 자연 보호!

㉯ 맞아! 그럼, 사람이 폭포를 만들면 그건 자연일까?

㉮ 당연히 아니지! 사람이 만들어놓은 폭포는 인공폭포라고 하잖아요!

㉯ 그렇지? 맞아! 자연은 사람이 뭐라고 특별히 정해놓지 않고, 스스로 만들어진 것을 자연이라고 해.

자연(自然) [스스로 자(自), 그러할 연(然)]

스스로 이뤄지는 상태의 것을 자연이라고 부른다. 사람이 손을 대거나, 인공적인 수단으로 바꿔놓는 것 없이, 스스로 나무가 자라고, 물이 위에서 아래로 흐르고 하는 것과 같이 스스로 알아서 이루어지는 모든 것들을 자연이라고 부른다.
이러한 자연 상태에서 볼 수 있는 숫자를 자연수라 한다.

Ⓝ 그럼 자연수라는 것은 무엇인지 알겠어?

㉮ 스스로 만들어진 수? 그런 게 어디 있어?
숫자는 문명이 정해놓은 거잖아!

Ⓝ 오~ 그렇지! 숫자를 표현하는 것은, 동서고금을 막론하고 글자를 만들면서 숫자도 같이 만들어졌지. 그래서 숫자 자체를 문명이 만들어냈다는 말은 우리 아들 말이 맞아! 하지만, 그 표현하는 대상이 자연의 상태를 표현하는 숫자가 있을 수 있지 않을까? 예를 든다면, 산속에 갔더니 나무가 한 그루, 두 그루, 세 그루 있고 또 다람쥐가 한 마리, 두 마리, 세 마리, 이렇게 있을 수 있잖아?

㉮ 있겠죠! 그래서 새 1마리, 2마리, 3마리, 또는 나무 1그루, 2그루, 3그루라고 숫자로 표현하잖아요.

Ⓝ 그렇지? 그럼~ 다람쥐 0마리, 다람쥐 2분의 1마리, 나무 −1그루, −2그루 하는 것이 있을 수 있을까?

㉮ 그런 게 어디 있어요?

Ⓝ 그렇지? 그래서 자연에 존재하지 않는 0은 자연수가 아니고, 1.02와 0.001도 자연수가 아니고, 2분의 1도 자연수가 아니야.

왜냐면 그 숫자들은 자연 상태에서는 볼 수 없는 숫자이기 때문이지.

㉮ 아빠! 그럼 분수, 소수와 음수는 자연수가 아니에요?

㉯ 그렇지!

㉮ 아빠! 그럼 분수, 소수는 그래도 이름은 있는데, 0, −1, −2와 같은 수는 이름이 뭐예요?

㉯ 그렇지? 자연수는 1, 2, 3, 4, 5…와 같이 의미가 있는데, 숫자 0 하고 숫자 −1, −2, −3…은 그 의미를 표현하기가 모호하지?

㉮ 응! 걔네들은 무슨 잘못을 했길래 이름이 없어?

㉯ 아냐~ 걔네들은 자연에 존재하진 않지만, 숫자를 계산하는데 반드시 필요한 숫자라 이름을 지어줬어! 가지런할 정(整), 숫자 수(數)를 써서, 가지런하게 증감한다는 의미로 정수(整數)라고 이름을 지어줬지. 정수에는 −1, −2 등을 표현하는 음의 정수와 1, 2와 같은 양의 정수, 그리고 숫자 0을 모두 포함해서 정수라고 하지.

㉮ 아~ 그래도 다행이다. 정수라고 하는 이름이 있으니까.
그럼 숫자 0과 자연수, 그리고 −1, −2, −3…과 같은 음의 숫자도 모두 정수에 포함되는 거예요?

㉯ 그렇지! 역시 우리 아들 정말로 대단하네.
하나를 가르쳐주면 두세 개를 알아낸단 말이야!

㉮ 그럼! 내가 쫌 해요~. ^_^ 하하하.

㉯ 오케이! 울 아들 잘하는 걸 아니까, 아빠가 문제 하나 낼까?

㉮ 오케이! 옛날에 장난감 사준 것처럼, 이번에도 상품 있나요?

㉯ 있지! 군밤 사줄게(으흐흐). 그럼 문제!
유리수는 무엇일까요?

㉮ 유리수요? 창문 유리, 유리병같이 투명한 숫자를 말하는 거예요?

㉯ 당근 아니지! 있을 유(有)에 이유 리(理), 숫자 수(數).

유리수가 뭘까~ 요?

㉮ 있을 유(有)에 이유 리(理), 그리고 숫자 수(數)?

음~ 이유가 있는 숫자? 그게 뭐야? 자연수, 정수, 소수 등등이 다 이유가 있는 거 아냐? 계산해야 하는 수!

㉯ 오~ 가까이 왔어! 이유가 있는 숫자, 즉 어떤 숫자에 관해 설명할 만한 이유가 있는 숫자를 말하는 걸까? 1, 2, 3 등의 정수는 한 개, 두 개와 같이 직접 셀 수가 있으니, 나름대로 이유가 있지. 분수도 어떠한 것을 분모로 나누어서 만들었으니, 그것도 이유가 있지. 소수도 0.1은 10으로 나눈 개수 중의 1개와 같이 이유를 설명할 수 있잖아. 이렇듯 그 수의 의미를 설명할 수 있는 숫자를 유리수(有理數)라고 해! 그 생성의 이유를 설명할 수 있는 숫자.

㉮ 응? 모든 수는 다 이유를 설명할 수 있는 거 아니에요?

그럼 이유를 설명할 수 없는 숫자도 있단 말이야?

㉯ 있지~ 아들이 아직은 어려서 그 숫자를 못 봤는데, 그러한 숫자가 있어. 그러한 숫자를 없을 무(無), 이유 리(理), 숫자 수(數)라고 해서, 이유가 없는 숫자라는 의미로 무리수(無理數)라 불러.

㉮ 무리수? 이유가 없는 숫자? 이유가 없는데 왜 숫자라고 불러?

㉯ 응~ 이유를 설명할 수는 없지만, 계산할 때 그 숫자를 사용하면 모든 계산이 잘 떨어지기 때문이지. 예를 든다면 말이지~.

원주율을 계산할 때 사용하는 파이(π)가 여기에 해당해!

그리고 삼각형의 넓이를 구할 때 사용하는 숫자인 루트 2($\sqrt{2}$)도 이유를 설명할 수 없는 대표적인 무리수이지.

㉮ 파이? 그럼 파이(π)라는 숫자는 어떤 숫자인데요?

㉯ 파이(π)는 아직 그 끝 숫자를 확인하지 못한 숫자야.

3.141592653589793238462643383279… 이렇게 계속해서 다른 숫자가 이어서 나오는 숫자야.

㉮ 그럼 루트 2($\sqrt{2}$)는요?

㉯ 역시 아직 그 끝을 확인하지 못했지.

1.41421356237309504880168872420969807856967187537694…와 같이 반복되는 숫자 없이 계속해서 다른 숫자가 나와서 그 끝을 확인하지 못했지!

㉮ 왜 아직도 그 끝을 확인하지 못했어요?

㉯ 음~ 그건 숫자의 마법 같은 것이라고 할까? 예를 든다면, 아들이 10을 3으로 나눈다면 그 숫자가 어떻게 되는지 알아?

㉮ 10을 3으로 나눈다.

10을 3으로 나누면, 3 × 3은 9니까 3 하고 1이 남네~.

1을 3으로 나누면 0.3 하고 0.1이 남네~.

앗! 계속해서 나눠도 계속 1이 남네요~.

㉯ 그렇지? 어떤 숫자는 그 숫자를 10진수로 나눴을 때 나머지가 반복되어 나오는 숫자가 있단다. 10을 3으로 나누는 것이 그 예가 될 수 있단다. 10을 3으로 나눌 때는, 그나마 값이 0.333333…과 같이 계속 같은 수 3이 반복되니, 3이 반복되는 수라면서 그 이유를 설명할 수 있어. 그래서 0.33333…은 유리수라고 부를 수 있지. 하지만, 어떤 숫자는 반복되지도 않고 계속해서 다른 숫자가 나오는 조건이 있단다. 그 조건에 해당하는 대표적인 숫자가 파이(π)와 루트 2($\sqrt{2}$)인 거야.

㉯ 너무 어렵다. 루트와 파이를 계산하는 원리를 가르쳐주세요! 제가 그 이유를 찾아낼게요!

㉯ 그건 아빠도 잘 몰라!

울 아들이 더 커서 파이를 공부하면, 그때 한번 풀어보렴.

㉯ 응? 아빠가 모르는 게 있어요? 울 아빠도 모르는 게 있다니. 흑흑! 그럼 나도 포기할래요~. ㅠ..ㅠ

루트 2

(√2)

[마법의 수 1.414215686…]

㉮ 아빠! 대표적인 무리수 루트 2(√2)는 어떻게 발견된 거예요?

㉯ 루트 2(√2)?

하~ 이런 건 설명하기가 힘든데. 어떻게 설명을 하지?

㉮ 몰라요! 그냥 아빠가 잘 설명해주세요.

㉯ 좋아! 알았다. 그럼 먼저, 아빠가 질문 몇 개 할 거야. 알았지?

㉮ 알았어요. 어떤 질문인데요?

㉯ 세상에 수학이라는 것이 왜 나왔을까?

㉮ 엥? 왜요? 진짜 수학이 왜 나왔어요? 뭐 이런 게 나와서 절 힘들게 한대요? 난 수학 없었으면 좋겠어요.

㉯ 하하! 그렇지. 아빠도 그렇게 생각한단다. 하지만 세상을 살다 보면, 계산을 꼭 해야 할 때가 아주 많단다. 아빠가 1,000원 줄 테니, 문구점 가서 연필 한 자루 사다 줄래?

㉮ (—.—);; 얼마짜리 연필 사 와요?

㉯ 500원짜리 사 오렴. 그리고 800원 거슬러 와~.

㉮ 엥? 뭐예요? 1,000원으로 500원짜리 연필 사면 500원 남는데 어떻게 800원을 거슬러 와요?

㉯ ^_^ 하하하. 아빠가 계산을 잘못 했나? ^_^ 하하하.
봐봐, 아들! 아들이 아빠한테 사기를 안 당하려면 계산을 잘해야 하지? 아들이 계산을 잘못 하면, 아들은 800원을 거슬러 왔어야 할 거야. 그렇지? 이렇게, 여러 사람과 같이 어울려 살려면 계산을 잘 해야 살아갈 수가 있단다.

㉮ 그거야 당연하지요. 그런데 그거랑 루트 2($\sqrt{2}$)랑 관계가 있어요?

㉯ 응! 루트 2($\sqrt{2}$)는 옛날에 여러 사람의 이해관계를 따지면서 계산하다 보니, 필요했던 숫자란다. 아빠가 예를 하나 들어줄게.

㉮ 뭔데요?

㉯ 옛날에는 농사를 지을 수 있는 땅의 크기를 재는 일이 가장 중요한 일이었단다. 여러 사람이 모여 농사를 지으니, 자기 땅의 크기를 알고 있는 것이 아주 중요했지. 만약 자기의 땅에 다른 사람이 들어와 농사짓고 있는 것을 보면 기분이 어땠겠니?

㉮ 물론 기분이 엄청 나빴겠지요! 저도 지금 제 짝이랑 책상에 선 그어 놓고 넘어오면 자기 거라고 엄청나게 싸우거든요.

㉯ 그래. 그 정도로 자신의 땅은 매주 중요했단다. 그래서, 서로 싸우지 않고 농사를 짓기 위해서는 자신의 땅 크기를 계산해야만 했지. 그 땅의 크기를 측정할 때, 땅의 모양이 모두 똑같으면 문제가 없을 텐데, 땅 모양이 아래 그림처럼 자기 마음대로 생겼단다.

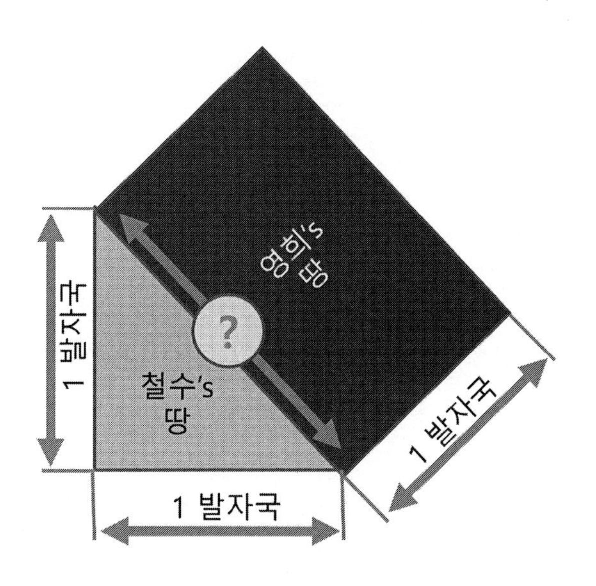

㉯ 철수 땅하고 영희 땅이 그림과 같이 서로 붙어 있다면, 철수 땅의 물음표(?)에 해당하는 빗변의 길이를 계산하면, 영희 땅의 크기를 쉽게 구할 수가 있었겠지? 그래서 원시 농경사회였던 그 당시에도, '빗변의 길이를 구하는 것'은 아주 중요한 일이었지. 즉, 빗변의 길이를 구해야만 영희 땅의 넓이를 정확하게 구할 수 있었을 테니 말이다. 그래서 철수 땅의 가로 길이인 1걸음과 세로 1걸음일 때 빗변의 길이를 찾아내려 많은 노력을 했단다.

㉮ 아빠! 맞네요. 철수 땅 빗변의 길이를 구하면, 영희 땅 크기를 측정하는 데 아주 중요한 역할을 할 수 있었겠네요.

㉯ 울 아들 똑똑하네~.

YBC 7289 점토판

㉯ 맞아! 그래서 옛날 사람들은 이런 점토판에 그 빗금의 비율을 적어 놓고 계산을 할 때 점토판을 사용해 계산했지. 가로, 세로의 길이에 맞는 점토판을 몇 개씩 가지고 다니면서 비율에 맞는 점토판을 찾아 계산하는 데 이용했단다. 그때는 직접 길이를 재서 비율을 정했기에 정확한 비율은 아니지만, 그래도 그 시대에 나름 정확한 계산법이었단다.

㉮ 아빠! 그때도 나름 정확하게 계산을 하려고 노력했네요?

㉯ 그럼! 그때의 비율을 현대의 기준으로 다시 계산해보면 약 1.414쯤 되는데, 현대 수학에서 계산하는 값과 거의 일치하니 얼마나 현명한 원시인들이니?

㉮ 그런 것 같아요. 조상님들도 대단하신 학자들이 많으셨네요.
그런데 아빠! 1.414 정도면 계산할 수 있었는데, 왜 지금은 그것보다 더 긴 숫자를 찾아내려 노력을 하는 거예요? 그때도 별문제 없이 사용했던 비율을 왜 지금 사람들은 그걸 더 찾아내려고 하는 건가요? 괜히 무리수라고 개념까지 만들어서 날 힘들게 해요? 짜증나게!

㉯ 짜증 나지? 아빠도 그래서 짜증이 좀 많이 났지. 그런데, 밭의 넓이처럼 작은 것을 측정할 때는 도움이 됐지만, 나라의 땅 크기가 점점 커지면서 그 길이도 점점 길어졌지. 길이가 길어지면서 그 비율에 따른 값은 안 맞기 시작한 거야. 길이가 길어지면서 정확도가 떨어진 거지. 그래서 점점 더 정확한 비율이 필요하게 된 거지. 예를 들자면, 밤하늘 별자리까지 거리를 재보려 해도 그 정확도가 떨어졌지. 그래서 점점 더 정확한 비율이 필요했고, 정확한 비율을 찾아내려다 보니 소수점 뒤의 길이가 늘어났던 거야. 그렇게 점점 늘어나는 수가 그 끝을 알 수 없는 '무리수'라는 것까지 알아낸 거지.

소수점 뒤의 자릿수가 늘어나다 보니 그 숫자의 크기를 정확하게 정의하기가 어려웠고, 그래서 그 숫자를 그냥 '루트 2(√2)'라고 부르게 되었단다. 기호는 뿌리(root)의 영문 소문자 r의 모양을 따서 √로 표현하게 된 거란다. 즉, 어떤 뿌리가 되는 숫자라는 의미로 root를 사용했고, 기호도 비슷하게 만들었단다.

㉮ 아~ 그렇구나! 아무튼 난 무리수 루트 2(√2)는 싫어요!

파이

[π]

[3.141592···]

ⓐ 아빠! 오늘 원주율이라는 걸 배웠는데, 원주율이 뭐예요?

ⓝ 원주율? 그건 생각보다 쉬운데. 둥글 원(圓), 주위(둘레) 주(周), 비율 율(率). 즉, 원의 둘레를 계산하기 위한 비율을 원주율(圓周率)이라고 부른단다.

ⓐ 응? 원의 둘레를 계산한다고요? 왜 원의 둘레를 계산해요?

ⓝ 응? 왜? 이해가 안 가?

ⓐ 응! 우리 집도 사각형이고, 버스도 사각형, 도로도 사각형인데, 그러면 가로 길이, 세로 길이만 알고 루트를 이용해 계산하면 되잖아요! 아~ 가끔가다가 삼각형도 있구나! 사각형하고 삼각형을 잘 이용하면 세상의 모든 크기를 계산할 수 있는데··· 왜 원까지 공부해야 하지? 루트 이해하기도 어려웠는데, 그 어려운 걸 이제야 겨우 이해할 거 같았는데, 왜 또 원둘레를 계산해야 하는 거예요?

㉯ 아들아~ 잘 봐봐. 집이나 버스, 밭이나 논이 거의 모두 사각형이나 삼각형으로 되어 있지. 하지만 자세히 봐봐. 원으로 되어 있는 것들이 얼마나 많은지! 저기 버스 봐봐. 버스 모양은 사각형이지만, 바퀴는 원 모양이잖아. 그리고 네가 잘 가지고 노는 축구공도 봐봐. 전부 동그랗지?

㉵ 아~ 그러네.

하지만, 축구공을 보면 오각형으로 되어 있는 쪼가리를 연결해서 만들었잖아요. 그러니까 사각형, 삼각형으로도 원의 모양을 만들 수 있는데, 왜 원의 둘레를 계산해야 해요?

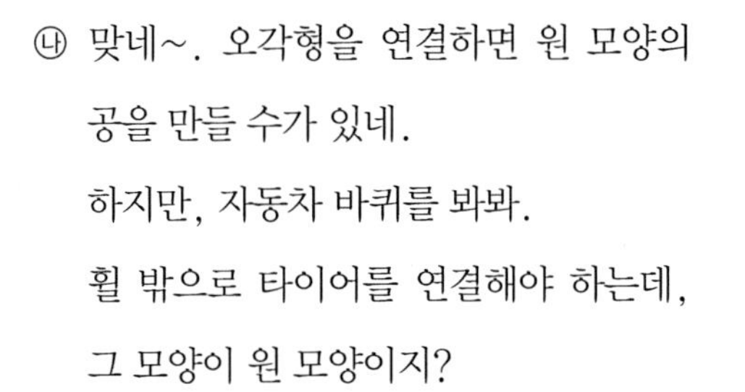

㉯ 맞네~. 오각형을 연결하면 원 모양의 공을 만들 수가 있네.

하지만, 자동차 바퀴를 봐봐.

휠 밖으로 타이어를 연결해야 하는데, 그 모양이 원 모양이지?

거기에 씌울 타이어의 크기는 어떻게 측정할지 한번 생각해봐. 타이어는 바퀴의 밖에만 씌우는 건데, 그 비율을 알지 못하면 어떻게 타이어를 만들어서 씌울 수 있겠니?

사람들이 만들어낸 발명품 중 바퀴야말로 인류 최대의 발명이라고 할 만큼 중요한데, 바퀴를 만들려면 가장 중요한 것이 원을 활용한 길이의 계산 방법이었단다. 그래서 옛날부터 원의 둘레를 계산하는 건 매우 중요한 일이었지.

아들! 삼각형의 빗변 비율을 계산했던 루트 2 알지?

㉮ 네! 그게 무리수라서 얼마나 고생했는데요. 이유가 없는 숫자라 정확한 원리도 모르겠고, 그냥 외우라고 하니까 1.414…라고 외워서 쓰기는 하는데, 아직도 이해가 안 가요. 그런데 원주율이 원의 둘레의 비율이라고 했는데, 어떤 것에 대한 비율인가요?

㉯ 음~ 이제는 원주율에 관심 가는 거야~?

㉮ 아니요! 지금도 알고 싶진 않은데, 한자의 뜻을 보니까 왜 비율인지만 궁금해요.

㉯ 좋~ 아~. 그럼~ 설명해 줄게.

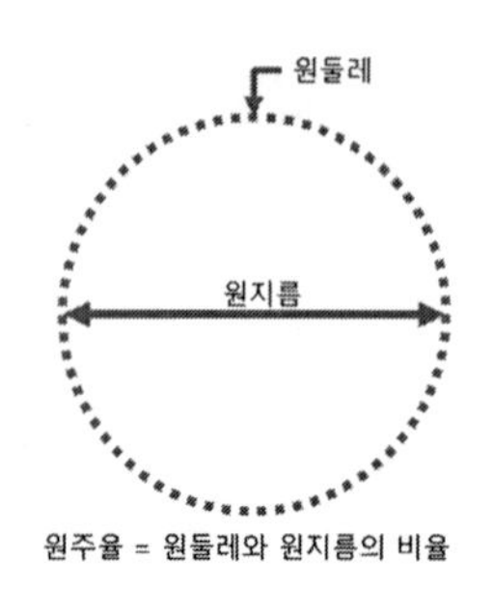

원주율 = 원둘레와 원지름의 비율

루트 2(√2)가 가로, 세로가 1일 때의 빗변 길이의 비율이라고 했지? 원주율도 원의 지름, 즉 원의 한쪽 끝에서 반대쪽 끝까지의 길이, 즉 원지름에 대한 원둘레의 비율이야. 원지름이 1이면 원둘레는 3.14 정도 된다는 거야.

㉮ 아~ 바퀴의 크기를 알면, 거기에 씌울 타이어의 길이를 원둘레만큼 잘라 연결하면 된다는 거네요? 그럼 지름이 1미터짜리 바퀴를 만들 때, 타이어의 길이는 3.14m만큼 잘라 동그랗게 말면 그 둘레가 된다는 말이에요?

㉯ 그렇지! 우리 아들 똑똑한 줄은 알았지만 이렇게 빨리 이해할 줄은 몰랐는데? 원주율도 3.141592…와 같이 끝없이 이어지는 무리수란다. 그래서 그 원주율을 수학에서 표기할 때는 파이라 하고, 기호는 π를 사용해서 표시한단다.

㉮ 아~ 원주율이 파이였구나. 그런데 아빠! 파이가 무리수라고 했잖아요. 그럼 파이도 루트 2(√2)처럼 소수점 이하가 끝없이 이어지나요?

㉯ 그렇지! 옛날에는 그 비율을 일일이 적어서 파이에 관한 표를 만들어 사용했단다. 루트를 계산할 때처럼 말이야.

㉮ 그렇다면 지금은, 그 길어진 소수를 이용해 계산하면서 오차가 많이 줄어들었다는 거네요?

㉯ 그렇지! 정말 똑똑하구나!

㉮ 그런데 원주율의 정확도를 올리기 위해서 어떻게 계산해요?
지금도 하나하나 길이를 재면서 비율을 계산하나요?

㉯ 아하~ 그러면 너무 힘들지 않을까?
요즘같이 발전된 세상에 그것을 일일이 자로 잴까?

㉮ 아니요! ^^;

㉯ 그렇지? 아까 축구공 얘기할 때 오각형으로 원을 만들 수 있다고 했지? 맞아! 많은 수학자가 그 원리를 알아냈지! 오각형은 삼각형 5개를 연결하면 오각형이 된다는 사실을 알아냈지.
왼쪽 그림에서 보면 삼각형 5개를 맞추니까 오각형이 나왔지?
삼각형의 빗변의 길이를 잘 계산해 5배를 하면 오각형의 바깥 둘레를 계산할 수 있었지. 신기하지 않니? 오각형이 삼각형 5개로 바뀔 수 있다는 게? 그림을 잘 봐봐.

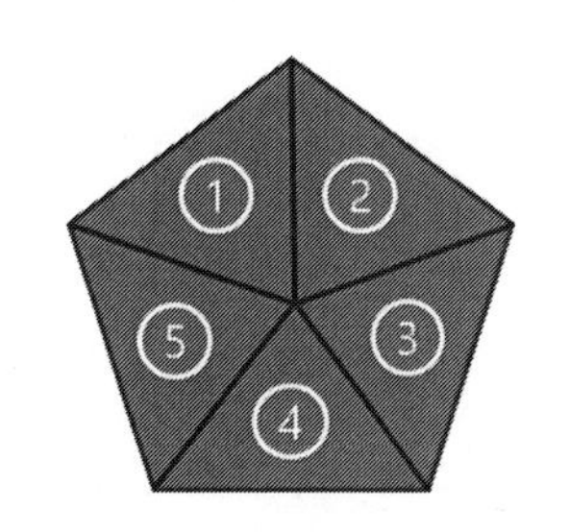

삼각형을 서로 붙이기를 하는데 원 모양처럼 돌려가면서 붙여야 하지?

㉮ 네, 그러네요. 빗변의 길이를 구할 수 있으면 오각형의 둘레 길이를 계산할 수 있겠네요?

㉯ 그래 그래~! 잘 알아봤어! 그럼 하나 더 확인해볼까?

만약 삼각형을 6개 붙이고, 8개 붙이고, 12개를 붙이면 어떻게 될까?

㉧ 더 계산이 복잡해지겠죠~ 싫어요. 계산 안 할래요!

㉯ 아래 그림을 자세히 봐봐~.

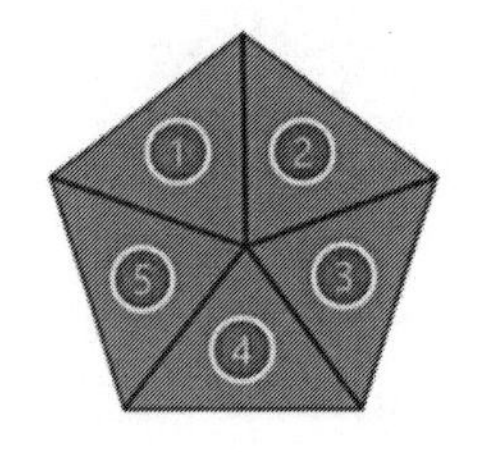

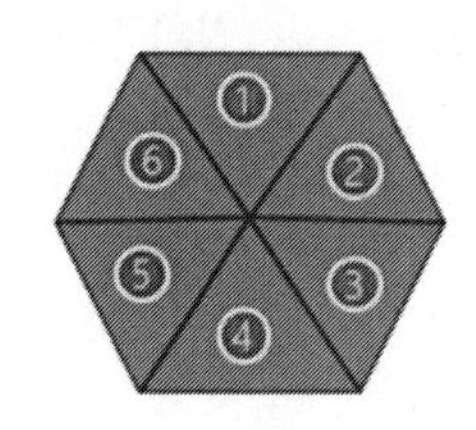

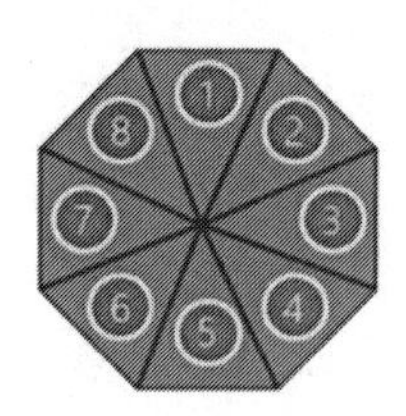

㉯ 삼각형 5개를 붙이면 오각형, 6개 붙이면 육각형, 8개 붙이면 팔각형이 되지?

㉧ 아~ 그러네요. 그럼 32개를 붙이면 삼십이각형이 되겠네요?

㉯ 그래~ 잘 봤어. 하지만 그림을 순서대로 자세히 봐봐!
뭐 특별한 형태로 바뀌는 게 보이지 않니?

㉧ 아! 봤어요! 삼각형 개수가 늘어날수록 점점 원 모양으로 바뀌는데요?

㉯ 그래, 잘 봤어! 삼각형을 잘게 쪼개서 많이 붙여나가면, 점점 원 모양하고 비슷해지지! 그럼 삼각형의 빗변의 길이를 구해서 그 숫자만큼 곱해주면 원의 둘레를 구할 수 있지 않을까?

㉧ 아~ 그러네요! 정말 쉽게 원의 둘레를 구할 수가 있네요!
아빠, 그런데 빗변의 길이는 어떻게 구해요?

㉯ 빗변을 어떻게 구하냐고? 잊어버렸어? 얼마 전 아빠가 얘기해준

거! 대표적인 무리수라고 얘기해준 거 있잖아!

㉯ 응? 루트 2(√2)요?

㉰ 그래, 루트 2(√2).

㉯ 아~ 맞다. 루트 2(√2)가 삼각형 빗변의 비율이라고 했지?
그럼 지름에 루트 2(√2)의 비율로 계산을 하면 원주율을 구할 수 있어요?

㉰ 그렇지! 지름에 루트 2(√2)를 곱하면 원의 둘레를 구할 수 있지. 하지만 고려해야 할 사항이 있단다. 그림을 자세히 보렴. 그림에서 보듯 삼각형으로 바꿔서 계산하지? 삼각형으로 계산하면서 꼭짓점의 위치를 잡기 위해, 원의 지름이 아닌 원지름의 반만 길이로 사용했잖니? 그래서 삼각형으로 비율을 계산할 때는 반지름(r)을 사용해서 빗변의 길이를 계산한단다.

㉯ 아빠. 그럼 반지름을 쓰는 것만 고려하면 되나요?

㉰ 아니지! 아까 위에서 봤듯이 삼각형을 이용하면 오각형, 육각형, 7, 8, 9, 10, 11, 12…각형, 그리고 원 등등 세상에 있는 거의 모든 도형을 그릴 수가 있었단다. 그래서 그걸 알아내신 수학자가 있으셔! 아들, 혹시 피타고라스라는 수학자 알고 있니?

㉯ 알아요! 중학생이 되니까 그런 것도 가르쳐주던데요!
피타고라스의 정리, '직각삼각형 빗변의 길이 제곱은 직각을 이루는 두 변의 길이의 제곱 합과 같다 어쩌고' 하는 것을 정리한 사람이요.

㉰ 그래! 피타고라스는 아주 훌륭하신 수학자지. 피타고라스가 삼각형의 중요성을 알아내고, 그것을 아주 깊게 연구했지.
그분의 연구 때문에 현대 수학이 나왔다고 해도 과언이 아니지.

㉯ 아빠! 그럼 피타고라스의 정리만 알면 그걸 알 수 있어요?

㊏ 그렇지. 피타고라스와 그 뒤를 이은 많은 학자가 정의해놓은 삼각함수를 열심히 공부하고, 문제 푸는 방법을 열심히 연습하면 아주 쉽게 원주율 파이를 확인할 수 있단다.

㊒ 아빠! 그럼 삼각함수에 대해 알려주세요.

㊏ 헉! 그건 아빠도 잘 모르는데. 네가 학생이니까 열심히 공부해 아빠한테 알려주면 안 될까?

㊒ 아~ 아빠! 나 하나 알아냈어요! 나 노벨 수학상 타면 어떡하죠? 정말 훌륭한 발견이에요.

㊏ 뭔데? 아들~ 그런데 노벨 수학상이 있나?

㊒ 몰라요! 없으면 하나 만들지요. 뭐~.

㊏ 그래? 그럼 발견한 게 뭔데?

㊒ 루트 2(√2)가 무리수잖아요? 그 무리수를 바탕으로 계산하는 파이도 역시 무리수가 되겠네요? 무리수 곱하기 무리수는 무리수밖에 나올 수 없으니까요. 와~ 정말 대단한 발견 같은데!
아빠! 맞죠? 파이가 무리수인 게 루트 2(√2)를 바탕으로 만든 숫자이기 때문에 파이도 무리수인 거죠?

㊏ 와~ 대단한 발견인데? 노벨 수학상이 없다면 아빠가 만들어 아빠 수학상 하나 만들어서 줘야겠는데? ^_^ 하하하.

삼각함수

[Sin, Cos, Tan]

㉦ 아빠! 싸인, 코싸인, 탄젠트가 뭐예요?

㉯ 싸인, 코싸인, 탄젠트? 우리 아들 요새 그거 배우나 보네~.

㉦ 네~ 삼각함수라 하면서 배우는데, 어디다 써먹는지도 모르겠고, 잘 모르겠어요. 아빠가 설명 좀 해줘요.

㉯ 음~ 어디부터 설명해야 하나~ 일단 지난번에 피타고라스라는 수학자에 관해 얘기했었지? 그분 기억하지?

㉦ 네~. 원주율 배울 때 아빠가 얘기하셨어요.
피타고라스가 삼각함수도 만들었나요?

㉯ 아니. 피타고라스 선생님께서 직각삼각형이 수학에서 얼마나 유용한지 정의한 후, 많은 수학자가 삼각함수를 이용해 세상 현상을 연구하기 시작했지. 그중 대표적인 것이, 직각삼각형을 이용한 산 높이 측정이란다.

㉮ 산 높이 측정이요? 백두산은 몇 미터고, 한라산은 몇 미터고 하면서 높이 재는 것 말씀하시는 거예요?

㉯ 맞아! 옛날에는 산 높이를 측정하려면 매우 힘들었지. 산꼭대기 올라가 바다까지 줄을 내릴 수도 없고, 산 높이를 측정하는 것은 매우 힘든 일이었단다. 이때, 피타고라스 정의를 이용하면, 산 높이를 쉽게 측정할 수 있었지.

㉮ 측정을 어떻게 하는데요?

㉯ 응~ 아주 간단해.

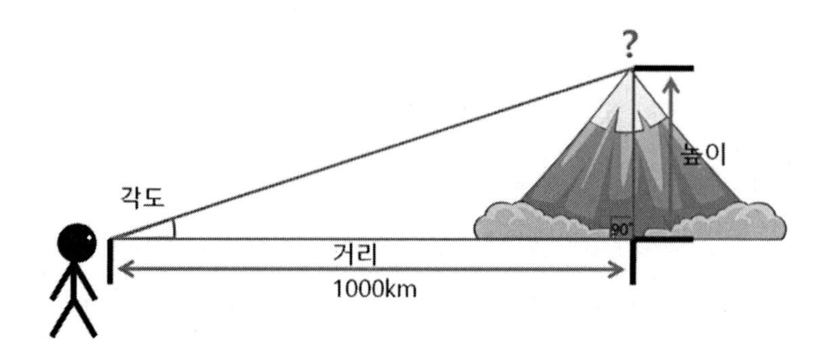

㉯ 옛날 사람들은 이 그림처럼 산 높이를 측정했단다. 산 높이를 알기 위해 측정자 위치에서 산까지의 거리를 측정한 다음, 측정자가 보는 산꼭대기까지의 각도를 측정한단다. 그리고 그 각도에 해당 비율을 대입해 계산하면 산 높이를 쉽게 측정할 수 있었단다. 이렇게 계산하는 방법을 삼각법이라고 했지. 셋 삼(三), 각도 각(角), 방법 법(法). 3개의 각도, 즉 삼각형 내부 각도 3개를 이용해서 계산하는 방법이란 뜻이지.

㉮ 아~ 각도 3개로 되어 있는 삼각형을 이용해 어떤 것을 측정하는 방법이란 말씀이죠?

㉯ 그래 맞아! 피타고라스가 발견한 각도 90도인 직각삼각형을 이용한 계산 방법인 삼각함수를 이용했다고 해도 과언이 아니지.

㉮ 그럼 각도는 어떻게 구했어요?

㉯ 응~ 그건 전에 오각형을 얘기했었지? 그때 삼각형의 중심을 360으로 나눠 각 1도가 변할 때마다 값을 계산해 사용했단다.

원의 각도가 360도로 정해진 이유에 대해서는 여러 의견이 있는데, 고대 바빌로니아 시대에 1년을 대략 360일로 본 것에서 유래됐다는 말이 있단다. 옛날이야기는 정확한 게 아니니까 딱 믿지는 않아도 돼!

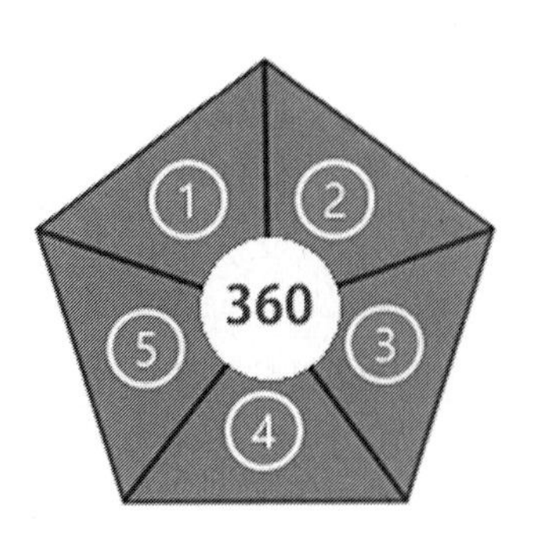

㉮ 아~ 그 유래가 정확하게 적혀 있지 않은 기준들도 있네요.

㉯ 그럼! 인류가 탄생한 지 아주 오래됐잖아? 그래서 문명이 발생하기 전에 정의됐던 것은 대부분 문자로 남아 있지 않고, 입에서 입으로 전해졌지. 그래서 그런 일이 생겼단다. 그 뒤로 문자가 발명되고, 문자로 모든 것을 기록한 후에는 그 유래가 정확해졌지. 그래서 글월 문(文), 될 화(化), 즉 문자화했다는 의미로 문화(文化)라고 부르지. 또, 글월 문(文), 밝을 명(明), 문자로 세상을 밝혔다 해서 문명(文明)이라 부른단다.

㉮ 아~ 알았어요. 문명이라는 것이 문자화를 해야 문명이 오는구나! 그건 그렇고 아빠! 삼각법을 이용해서 높이를 측정했던 것을 시작

으로 삼각함수가 나온 거예요?

㉯ 그렇다고 봐야지. 삼각법을 이용해 오랫동안 산 높이, 별 위치 등 등의 아주 먼 거리를 측정하여 사용했는데, 그것도 오랫동안 발전 하다 보니 거기에도 특별한 법칙이 나오게 되었지. 그 법칙들을 정 리해서 만들어낸 것이 삼각함수라고 해도 될 거 같구나.

㉵ 아빠! 그러면 거기에서 싸인(Sin), 코싸인(Cosin), 탄젠트(Tan)가 나온 건가요?

㉯ 그렇다고 봐야지. 직각삼각형을 이용해 그 비율을 계산하며 정리하 다 보니 그 숫자들에 특징이 있었던 거야. 고대부터 삼각함수는 사 용돼왔는데, 싸인, 코싸인, 탄젠트와 같은 삼각함수의 정의는 17, 18세기에 와서야 만들어졌으니, 우리는 모르고서 쓰는 수학 함수 도 꽤 많다고 봐야겠구나.

㉵ 그럼 싸인(Sin)부터 설명해주세요. 싸인(Sin)이 뭐고 그걸 어디에다 가 써먹을 수 있어요?

㉯ 싸인(Sin)은 산 높이를 측정할 때와 같이 특정한 각도에서 높이를 계 산할 때 주로 사용한단다. 즉 특정한 각도에서 빗변 ①에 대한 높이 ②의 비율을 싸인(Sin)이라고 한단다. 아빠는 싸 인(Sin)을 외울 때, 영어 필기체 S 글자를 이용 해서 외웠단다. 위의 그림의 필기체 S는 그 쓰 는 순서가 ① 아래에서 위로 올라갔다가 ② 위 에서 아래로 내려오잖니? 그래서 Sin(싸인)은 빗 변 분의 높이라고 외웠지. 또 코싸인(Cosin) 인데, 영어 C를 쓰는 방 향대로 하면 빗변 분의 거리가 되지?

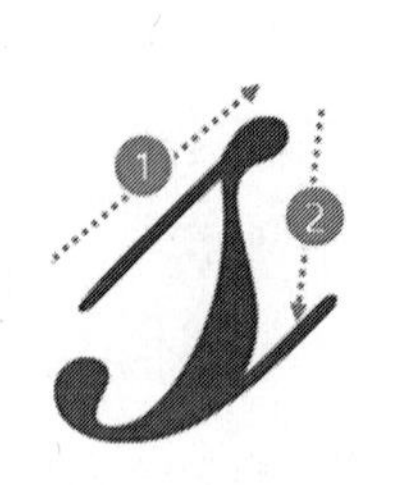

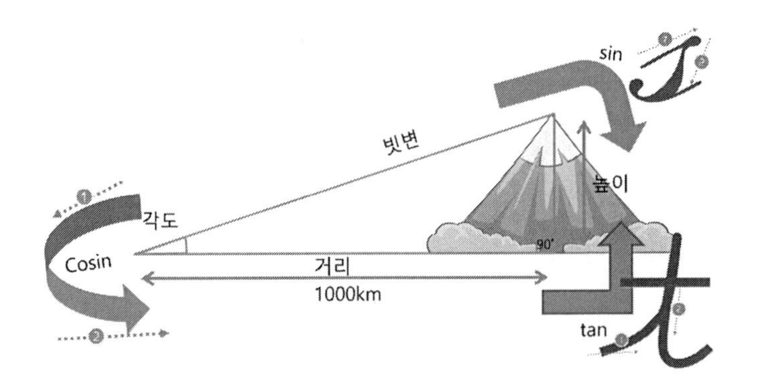

㉯ 또한 Tan(탄젠트)는 필기체 T의 쓰는 방향대로 하면, 거리 분의 높이가 되겠지? 아빠는 이런 방식으로 외웠단다.

㉵ 아~ 정말 저도 이런 식으로 외워야겠네요. 이렇게 외우니 금방 외워지네요. 아빠! 그럼 싸인(Sin)은 해당 각도에 맞는 빗변과 높이의 비율인 거예요?

㉯ 그렇지! 역시 우리 아들은 정말로 똑똑해!

㉵ 크크, 아빠가 인정해주니까 정말로 좋은데!

아~ 그럼 빗변이 루트 2에서 변경된 무리수이니까! 그 비율도 무리수가 나오겠네요?

㉯ 그렇지! 하지만 꼭 무리수라고 할 수는 없단다. 내가 알고 있는 거리가 빗변의 길이라면 그 계산에서 나오는 것은 무리수라 할 수 없겠지? 삼각함수를 사용해서 원을 그린다면 빗변의 길이가 원의 반지름이니, 거기서 나오는 값을 무리수라 할 수는 없지.

㉵ 아~. 아빠, 그럼 삼각함수에서는 모든 변의 길이가 기준점이 될 수 있는 거예요?

㉯ 그렇지! 그렇다고 볼 수 있단다. 빗변의 길이를 알고 그 각도를 안

다면 거리를 계산할 수 있도록 만든 함수가 코싸인이고, 거리를 알고 그 각도를 알 때 높이를 계산하는 함수가 탄젠트란 함수란다. 이처럼, 각각의 상황에 맞게 기준값을 다르게 적용해야 한단다.

㉧ 아~ 그렇구나. 그럼 싸인(Sin)은 빗변의 길이를 알고 그 각도를 안다면 높이를 계산할 수 있다는 말인가요?

㉯ 그렇지! 역시 우리 아들은 매우 똑똑하구나. 빗변의 길이가 10이고 그 각도가 30도일 때 높이를 계산하려면, 싸인 30도의 값에 빗변 10을 곱하면 그 높이의 값이 나온단다.

㉧ 아~ 그렇네요. 원 모양의 도형에서는 싸인(Sin)과 코싸인(Cos)을 이용하면 거리와 높이를 구할 수 있네요? 한쪽의 길이만 알면 그것이 높이건, 넓이건 상대방의 것을 구할 수가 있네요?

㉯ 그렇지! 정말 똑똑하네. 싸인(Sin)은 높이를, 코싸인(Cos)은 거리를 구하는데, 싸인(Sin)과 코싸인(Cos)은 서로 보완해주는 역할을 한단다. 그래서 코싸인(Cos)은 싸인(Sin)의 값을 완성시킨다고 해서 Complete 싸인, 즉 싸인(Sin)을 완성시키는 것이라고 해서 코싸인(CompleteSine)이라 부른단다. 싸인(Sin)과 코싸인(Cos)은 서로 보완관계에 있다고 해!

㉧ 아빠! 그럼 싸인(Sin)과 코싸인(Cos)은 친구네요? 그렇죠?
그럼 탄젠트(tan)는 뭐 하는 거예요?

㉯ 그렇지, 싸인(Sin)과 코싸인(Cos)은 서로 친구 관계지. 그래서 원의 면적을 구하려 할 때는 싸인(Sin)과 코싸인(Cos)을 서로 같이 사용해서 구하는 경우가 많단다. 면적을 구할 땐 가로 곱하기 세로로 계산을 하잖니? 그래서 싸인(Sin)으로 세로(높이)를 구하고, 코싸인(Cos)으로 가로(넓이)를 구해서 곱하는 방법으로 원 모양의 부분 면적을

구한단다.

참! 탄젠트는 뭐 하는 거냐고 물어봤지?

(아) 네~ 탄젠트는 $\frac{높이}{거리}$라고 했는데 그건 어떨 때 써요?

(나) 음~ 탄젠트는 특정한 각도에서 거리와 높이의 비율이라고 했지?

(아) 네~.

(나) 탄젠트는 사각형의 평면에서 계산하기에 아주 좋단다. 내가 가로의 길이는 알고 있는데, 세로의 길이를 재려니까 귀찮은 거야. 그러면 가로의 길이만 재고, 다른 꼭짓점까지의 각도를 측정하면, 그 탄젠트(각도)의 값을 가로의 길이에 곱해주면 세로의 길이를 계산할 수 있단다. 땅 크기를 측정할 때 한 점의 위치만 알면 각도와 길이를 이용해서 쉽게 면적을 구할 수 있단다. 그래서 싸인, 코싸인, 탄젠트는 서로가 보완해서 계산한단다.

(아) 아빠! 너무 어려워요! 쉽게 계산하는 방법은 없나요?

(나) 응! 없어. 원리와 사용하는 방법은 설명했으니, 아들이 문제를 열심히 풀어서 아들 자신의 것으로 만드는 것이 계산을 쉽게 하는 방법이 아닐까? 그러니까 열심히 공부해봐.

(아) 힝~ 싫은데…. ㅠ..ㅠ

(나) 아들! 삼각함수는 아주 중요한 함수란다. 현대 물리학에서 사용하는 어려운 수식들은 삼각함수를 이용해 문제를 풀어가는 경우가 많단다. 아직은 이해 못 하겠지만, 싸인, 코싸인, 탄젠트를 이해하는 것이 현대 물리학을 이해하는 데 아주 큰 도움을 줄 거야~.

(아) 네? 삼각함수가 현대 물리학의 베이스가 된다고요? 수학과 물리학은 서로 다른 학문 아닌가요? 학교에서는 수학하고 물리를 따로따로 배우던데요?

㊏ 그게 요새 교육의 문제야~. (+_._)
수학과 과학을 따로따로 가르치고 서로 어떤 관계가 있는지를 가르쳐주지 않으니, 학생들은 그 사용처도 이해하지 못한 채, 문제 풀이 과정만 달달 외워 문제 풀이만 하게 된다니까~.

㊍ 아빠! 왜 화내는 거예요? 제가 한 거 아니에요~.

㊏ 맞다! 쏴리~ 아빠가 약간 흥분했다.
아들! 전에 루트 2($\sqrt{2}$)가 뭐 하면서 나왔다고 했지?

㊍ 응! 땅의 면적을 구하려다 보니까 나왔다고 했어요.

㊏ 그래! 아직 잘 기억하고 있군. 모든 수학은 사람 사는 세상에 필요해서 발견되고 발명된 학문이란다. 그래서 수학이 사람 사는 세상과 동떨어져서는 의미가 없지. 따라서 많은 수학자가 조금 더 쉽고 정확하게 계산하기 위해 열심히 연구하고 또 연구하고 있지.

㊍ 맞아요. 수학하는 사람들은 전부 다 학교나 기업연구소에서 계산하는 방법만 연구하고 있어요. 그래서 더 힘들어 보여요. 놀지도 못하고 연구만 하니까.

㊏ 그래! 수학뿐 아니라 과학 등등 많은 연구소가 세상에 필요한 발견을 위해 열심히 연구하고 있지. 별로 돈도 안 되는데 우리를 위해 열심히 연구하고 계신단다.

㊍ 별로 돈도 안 되고 힘들기만 한데, 왜 그렇게 열심히 연구하는 거예요?

㊏ 그분들은 세상의 이치를 알고 싶어서 그렇게 열심히 연구한단다.
사과는 왜 위에서 아래로 떨어지는지, 물은 왜 위에서 아래로 흐르는지 등등. 세상이 어떠한 원리로 돌아가는지 알아내어 세상 사람들에게 도움을 주기 위해 연구하지. 즉, 세상의 이치를 알고 싶어 연구하고 있단다.

㉮ 세상의 이치요?

㉯ 그래! 그것을 연구하는 사람들을 물리학자라고 한단다.

물건 물(物), 이유 리(理), 즉 어떠한 물건(물질)의 이유(이론)를 연구하는 것이지. 그 이유를 수학이라는 수치로 정리해서 인류에게 남겨주기 위한 연구를 하는 사람들을 물리학자라고 부르지.

㉮ 아~ 물이 위에서 아래로 흐르는 원리를 찾아내, 그걸로 수력발전기를 돌려 전기를 만들고, 태양의 빛을 이용해 전기 만드는 방법 등등 물질의 이치를 알아내 사람이 필요로 하는 것을 만들기 위해 연구하는군요?

㉯ 그렇지! 바람이 부는 원리를 알면 태풍과 같은 자연재해에서 우리를 보호해줄 수 있고, 풍력발전기를 돌려 전기를 만들어 아들이 핸드폰을 쓸 수 있게 하고 컴퓨터도 쓸 수 있게 하는 것도 같은 이유겠지. 이렇듯 물리학자들은 사람 사는 세상에 필요한 원리를 찾아내 인류에 도움을 주고자 연구하는 사람들이야!

㉮ 아~ 그러네요. 그런데 왜 물리학자만 얘기해요?

수학자들은 그럼 무엇을 해요?

㉯ 응~ 물리학자들이 물질의 이치를 알아내는 사람이라면, 알아낸 것을 수리적 표현을 사용해 글자로 적어야 하지 않겠니?

자기 혼자만 알고 있다 죽으면, 후세 사람들이 그걸 알 수가 없잖아. 그래서 그걸 잘 정리해야 하는데, 그걸 정리하는데 글자로 적을 수는 없잖니.

빗변은 가로의 제곱 더하기 세로의 제곱에 루트를 씌우면 빗변의 길이가 나온다.

㉯ 이렇게 글자를 적어놓으면, 우리 아들은 무슨 뜻인지 알겠니?

㉮ 어려워요~ 그냥 '$\sqrt{2} = x^2+y^2$'이라고 쓰면 편하잖아요.

㉯ 하하, 우리 아들이 이제는 수학을 참 잘하네. 이제는 수식만 보고 이게 무엇을 의미하는지 알아보다니. 그래~ 아들.

수학은 이런 거야. 어떠한 물리 현상을 글자로 적을 때, 수학만큼 쉽고 편하게 설명할 수 있는 것이 없지. 그래서, 수학은 물리 현상을 기록하는 아주 좋은 언어이지. 그래서, 아빠는 수학이 '언어'라고 생각한단다. 미국에 가서 살려면 영어를 배워야 하듯이, 물리학을 이해하기 위해서는 수학이라는 언어를 배워야 한단다.

㉮ 그럼 수학은 물리학을 위한 학문인가요?

㉯ 아니지. 수학은 '공리'라고 하는 기준을 바탕으로 새로운 수식이라는 '단어'를 계속해서 만들어내는 또 하나의 연구소지.

물리를 위해 수학이 나왔다기보다는 수학을 연구하면서 새로운 계산 방법을 발견하게 되고, 이렇게 발견된 계산 방법을 이용하여 물리학자들은 새로운 '단어(수식)'를 하나 만들어낸단다. 물리학자들은 그 '단어(수식)'를 이용해서 세상의 물리 현상을 표현할 수 있게 된단다. 이렇듯, 어떤 때는 수학이 물리보다 먼저라고 할 수 있겠지? 그래서 옛날 수학자들은 물리학자이면서 미술가이면서 천문학자이기도 했지. 수학, 물리, 천문학, 미술 등등은 서로서로 연결되어있다고 볼 수 있단다.

(아) 아~, 그래서 레오나르도 다빈치가 여러 분야에서 뛰어난 업적을 남겼구나.

(나) 그렇지. 레오나르도 다빈치는 수학자이면서, 발명가이고, 또 미술가였지. 그중에서는 미술에 더 뛰어난 재능을 발휘했단다. 그리고 피타고라스는 수학자이면서, 물리학자이고, 또 뛰어난 음악가였단다. 그래서 피타고라스는 우리가 현대음악에서 사용하는 7음계, 즉 '도, 레, 미, 파, 솔, 라, 시, 도' 음계와 반음계인 '도#, 레#, 파#, 솔#, 라#'의 5음계를 모두 합쳐 12음계라고 하는 음악 체계를 수학적으로 증명해냈단다.

그리고 현대 음악계는 그 12음계를 바탕으로 발전했지. 그것을 보면 피타고라스가 음악의 아버지라고 해도 과언이 아닐 듯도 싶구나.

(아) 네? 피타고라스가 음악을 만들었다고요?

(나) 음악을 만든 건 아니고, 12음계를 정리하였단다. 그리고 좋은 소리를 만들어내는 화음이라는 것도 정리했단다.

'도미솔', '도파라', '시레솔'과 같은 화음 알지? 아마도 음악에 심취할 수 있었던 이유는 피타고라스가 삼각형의 특징을 연구하면서 소리의 파형과 연관성이 있음을 알고, 음의 파형을 바탕으로 한 음악에 관심을 두지 않았을까 생각한단다.

(아) 삼각형과 파형이요?

(나) 그래! 피타고라스 정리가 삼각형의 특성과 관련이 있단다.

'밑변의 제곱 + 높이의 제곱은 빗변의 제곱과 같다'라고 한 피타고라스의 정리는 이미 알고 있지? 그 삼각형의 정리는 원과 같은 곡선을 표현하는 데 아주 중요한

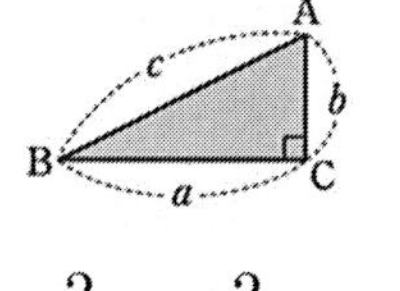

$$a^2 + b^2 = c^2$$

도구가 될 수 있었지. 삼각형의 특징을 이용해서 원을 그릴 수 있다 고 했지?

㉮ 네~ 삼각형을 계속해서 작게 만들어서 붙이면 원을 그릴 수 있다 고 했어요.

㉯ 그래! 잘 기억하고 있네.

원을 그리는 과정을 시간의 흐름에 올려놓으면, 모양은 파도의 모양처럼 파형을 이룬단다.

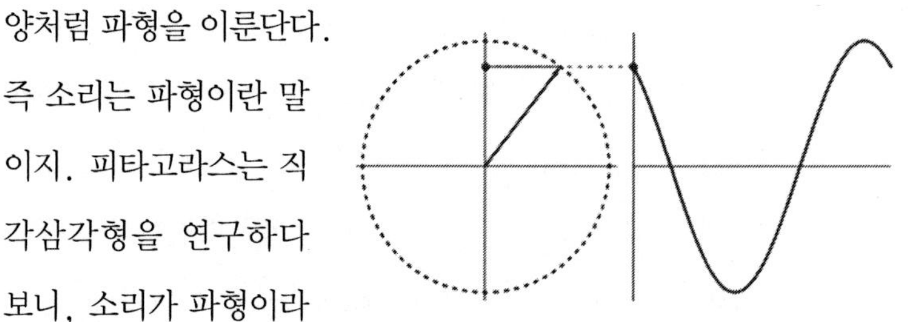

즉 소리는 파형이란 말이지. 피타고라스는 직각삼각형을 연구하다 보니, 소리가 파형이라는 것을 알았나 봐. 그래서 소리에도 관심을 많이 가졌지. 소리의 파형이 몇 번 반복되는지를 연구했겠지? 우리가 헤르츠(Hz)라고 부르는 그 파형의 주파수를 말한단다. 그래서 피타고라스는 소리를 수학적으로 정리했단다. 소리가 12단계의 주파수로 증가하면 예쁜 소리가 나온다는 것을 알아냈고, 그 소리를 12음계로 정했지. 그리고 그 소리가 어떻게 배합이 되면 좋은 소리가 나는지도 연구해 화음의 구조도 정했단다. '도미솔', '도파라', '시레솔' 이런 화음 들어봤지?

㉮ 네~ 음악 시간에 많이 하는 소리예요.

그런 것도 수학자가 만들었다니, 정말 신기해요!

㉯ 그래! 지금에야 수학자, 물리학자, 미술가, 음악가 이렇게 나누지, 옛날에 수학자들은 이러한 자연 현상을 바탕으로 수학을 연구했단다.

㉮ 그럼, 수학자가 물리학자고, 물리학자가 음악가이기도 하겠네요.

㉯ 그렇지! 수학은 미술가, 음악가, 철학자이기도 한 사람들의 이론적 바탕이 되는 학문이란다.

㉮ 아~ 아빠! 너무 어려워요! 저도 앞으로 미술, 음악도 공부해야 해요?

㉯ 그럴 필요는 없단다. 지금처럼 각자 다르게 공부해도 된단다. 요새는 인터넷을 통해서 서로 정보를 공유하지 않니? 다른 분야의 것들도 관심을 가지고 '이해'하려고 노력한다면, 직접 해보지 않아도 될 듯싶구나.

㉮ 아~ 그러네요~ 인터넷에서 열심히 검색해 알아보면 되겠네. 휴~ 다행이다.

방정식

[$x^2+y^2=35$]

㉦ 아빠! 방정식이 뭐예요?

㊋ 방정식?

㉦ 네!

㊋ 아들! 너 만화책을 공부방에서도 보고, 거실에서도 보지?

㉦ 네!

㊋ 너 만화책 몇 권 있지?

㉦ 이번에 10권 빌려 왔어요.

㊋ 네 거실에 5권의 책이 있어. 그럼 네 공부방에는 몇 권이 있을까?

㉦ 5권이 있겠죠?

㊋ 그렇지? 네 방에 있는 책이 몇 권인지 알고 싶으면 빌려 온 책, 총 10권에서 거실에 있는 책, 5권을 빼면 네 공부방에 있는 책의 수량을 알 수 있지?

㉵ 당연하죠. 그렇게 쉬운 문제는 유치원생도 알 수 있어요.

㉯ 그렇지? 이런 상황을 수학으로 표현하려면 어떻게 해야 할까?

㉵ 네? 그걸 수학으로 표현하라고요? 어떻게 표현하지? 〉.〈

㉯ 아빠가 표현해볼게. 공부방을 ㅁ로 하고, 네가 빌려 온 책 10권, 거실에 있는 책 5권을 수학적으로 표현을 하면….

10(빌려온 책) = ㅁ(공부방) + 5(거실 책) 이런 식으로 표현할 수 있단다. 공부방 ㅁ를 수학적 표현인 x로 대체하면 '$10 = x + 5$' 이렇게 표현할 수 있겠지?

㉵ 네~ 그러네요. 공부방에 있는 책하고 거실의 책 5권을 더하면 빌려온 책 10권이 되니까 그렇게 표현할 수 있을 거 같아요.

㉯ 그래! 아들. 내가 알고 싶은 수를 x, y와 같이 수학적 표현으로 하여 나타낸 식을 방정식이라고 부른단다. ㅁ(닫힌 사각형)을 뜻하는 '네모 방(方)', '과정 정(程)', '형식(법) 식(式)'을 한자로 사용하는 단어가 방정식(方程式)이지. 즉 모르는 것을 기호 ㅁ로 넣고, 이를 풀어가는 과정을 표현한 형식이란 의미의 방정식(方程式)이란다.

㉵ 아~ 모르는 것을 특정 기호(ㅁ)로 넣고 문제 푸는 식을 방정식이라 한다는 말씀이죠?

㉯ 그래~ '엄마의 나이와 아빠의 나이를 합치면 내 나이의 5배가 된다. 그럼 엄마와 아빠의 나이는 몇 살일까요?'와 같은 문제가 있을 때 이를 풀어가는 방식으로 '엄마 + 아빠 = (14×5)'를 '$x + y = 70$'과 같이 표현하는 것을 방정식이라고 하지.

이런 식으로 표현하면 1차 방정식이 되는 거야.

㉵ 아~ 이걸 1차 방정식이라고 부른다….

아빠, 그럼 2차 방정식도 있어요?

㉯ 그렇지! 울 아들 여전히 똑똑하구나. 1차 방정식은 x의 값이 1차원을 가진 것을 1차 방정식이라고 부르지. 이 x의 제곱, $x^2+y^2=35$와 같이 2차원 차수를 사용하는 것을 2차 방정식이라고 부른단다.

㉮ 아~ 2차원 차수를 가진 것이 2차 방정식이면, 3차원 차수를 가졌으면 3차 방정식이 되는 거예요?

㉯ 그렇지. 그 수식에서 최고 높은 차항의 차수가 3차원이면 이를 3차 방정식이라 하지.

$x^3+y^2-1=33$

이와 같이 최고로 높은 차수가 3차원이면 3차 방정식이라 부른단다.

㉮ 아빠~ 그런데 1, 2, 3차 방정식은 어떨 때 사용해요?

㉯ 왜? 한번 공부해보게?

㉮ 아니요. 단지 궁금해서요. ^^;; 히히.

㉯ 응~ 그건 1, 2, 3차 방정식의 그래프 모양을 보면 알 수 있단다.

㉮ 그래프요? 그건 또 뭐예요?

㉯ 그래프도 모른단 말이야? 그건 초등학교 때 배우는 거 아냐?

㉮ 아빠! 모를 수도 있죠. ㅠ..ㅠ

㉯ 그래~ 알았다. 그래프는 어떠한 숫자를 선, 막대, 파이 모양의 그림으로 표현하는 것을 말한단다. 뉴스에 보면 많이 나오잖아.

㉮ 아~ 그림으로 그려 보기 쉽게 만든 표를 말하는 거네요?

ⓝ 자~ 알았으니, 그래프를 볼까? 제곱근이 없는 1차 방정식은 기울기가 직선의 형태를 가진 그래프가 만들어진단다.

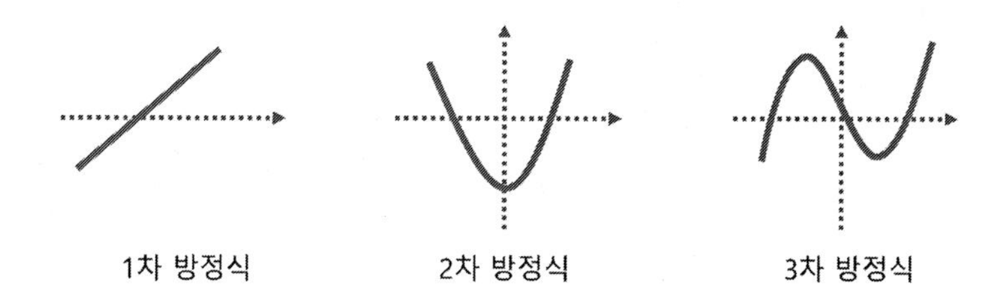

ⓝ 제곱근이 있는 2차 방정식은 한 번 꺾이는 곡선의 형태를, 3차 차수를 가진 그래프는 파형과 같은 값을 반환한단다.
즉, 각 방정식은 이러한 현상을 수식으로 표현하기 위해 만들어졌다고 볼 수도 있지.

ⓐ 아빠, 그럼 방정식에서 나온 값은 항상 저런 모양으로 나오나요?

ⓝ 아들, 꼭 그렇지는 않단다. 저 그래프를 다항으로 처리한다면 그 그래프 형태도 달라질 수 있겠지. 이것은 특징을 얘기하는 거니까, 더 자세한 것은 네가 좀 더 열심히 공부해보렴.

ⓐ 잉? 이것도 제가 공부해야 하는 거예요? 맨날 나한테만 공부하래~. 아빠가 공부해서 가르쳐주세요.

ⓝ 아들, 공부는 스스로 하는 거란다. ^^;;;

ⓐ 아빠! 스스로 공부하는 건 제가 알아서 할게요. 대신 연립방정식이라 하는 것이 있는데, 그건 어떤 거예요?

ⓝ 연립방정식? 연립주택은 아는데…. ㅠ..ㅠ
아하! 아들 연립주택이 뭔지 알아?

ⓐ 연립주택? 처음 듣는데요.

㉯ 아~ 아들은 그거 잘 모르겠구나. 그럼 아파트는 알지? 또는 빌라!

㉮ 그건 알죠. 여러 사람이 한 공간에서 살 수 있도록 지어진 집이잖아요.

㉯ 그래. 그렇게 여러 사람이 서로 같이 살 수 있도록 연결해서 지은 집을 연립주택이라 한다. 줄지어 이어져 있다는 뜻의 이을 연(聯)과 서 있다는 뜻의 설 립(立)이 합쳐져 만들어진 연립(聯立)을 써서 그런 주택을 연립주택이라고 하지.

㉮ 아~ 줄줄이 서 있는 집이란 뜻이군요.

㉯ 맞아! 연립주택과 같이 방정식을 연이어서 계산을 한다면 이를 연립방정식이라고 한단다.

㉮ 아~ 방정식을 연이어서 풀어야 하는 방정식을 연립방정식이라고 한다는 말이죠?

㉯ 그렇지! 아까 '엄마 나이 + 아빠 나이 = 내 나이(14살)의 5배'라는 질문을 했었지?

㉮ 네~.

㉯ 그런데 거기서 '엄마 나이', '아빠 나이'를 알 수 있었니?

㉮ 아니요. '엄마 나이', '아빠 나이' 중 하나는 알아야지 그 문제를 풀 수 있잖아요.

㉯ 그래 맞아. 그럼 '엄마 나이는 울 아들 나이보다 20살이 많다'라고 한다면 풀 수 있겠니?

㉮ 그럼요. 내 나이가 14살이니까 엄마 나이는 34살.
엄마 나이가 34살에 '엄마 나이 + 아빠 나이 = 70'이라 했으니 아빠 나이는 36살! 아빠 나이는 36살이에요!

㉯ 잘했어! 아들! 이를 수학적인 표현법으로 표현을 한다면 이렇게 되

겠지?

$x + y = 14 \times 5$	아빠 더하기 엄마는 내 나이 14살의 5배
$y = 14 + 20$	엄마는 내 나이보다 20살이 많다.

㉯ 맞지?

㉰ 네~.

㉯ 그래 아들! 이렇게 2개의 식을 나란히 써놔야지 계산을 할 수 있겠지? 이런 경우에 연립방정식을 쓴단다.

㉰ 아~ 아주 쉽네요. 연립해서 나란히 있는 방정식.
여러 개의 상황을 정리해서 답을 찾을 때 사용하겠네요?

㉯ 그렇지! 역시 똑똑한 아들이야!

㉰ 아빠! 제가 조금 한다고 했잖아요. ^_^ 하하하.

㉯ 그래! 네 똥 굵다! 참, 아들!

$x^3+y^2-1=33$

이와 같이 x, y, 숫자 1. 이렇게 여러 개의 요소를 가지는 식을 다항식이라고 한단다. 많을 다(多), 항목 항(項), 형식 식(式). 즉, 항목이 많은 수식을 다항식이라고 한단다. 숫자로 되어 있는 항목이 상수항이고 x, y처럼 되어 있는 항목을 변수항이라고 부른단다. 그냥 알아만 둬~!

㉰ 피~ 또 잔소리하시네요~.

10

함수

[f(x)]

㉮ 아빠! 아빠! 함수라는 걸 오늘 처음 들었는데, 함수라는 게 뭐예요?

㉯ 함수? 이건 또 뭐야~.

㉮ 몰라요! 선생님께서 함수, 영어로 펑션(function)이라 하시면서 설명하시는데, 말이 너무 어려워서 무슨 말인지 모르겠어요.

㉯ 아~ 펑션! 아빠가 컴퓨터 프로그램을 하지 않니. 그러니까 이건 알겠다. 함수라고 하는 건, 어떤 값을 넣었을 때 거기에 대한 계산값이 나오는 걸 얘기한단다. 좀 말이 어렵나?

(어떻게 설명을 한다냐~)

아! 예를 들어 설명하면 되겠다. 아들! 뽑기 좋아하지?

㉮ 네~ 학교 앞에 장난감 자판기가 있는데, 아빠가 용돈 줄 때마다 가서 하나씩 뽑아봐요.

㉯ 그래! 우리 아들이 500원 동전을 자판기에 넣은 후 뽑을 장난감을

선택하면 그 장난감이 덜컹 하면서 밖으로 나오지?

㉮ 네~ 가끔 잘못 눌러 엉뚱한 것이 나오기도 해요.

㉯ 그래! 그 자판기를 함수라고 할 수가 있겠구나. 네가 동전을 넣고, 버튼을 누르면, 장난감이 나오는 것이 함수라고 할 수 있다. 아~ 함수가 아니고 '함 장난감'이겠구나. 장난감이 나오니까! 함수는 숫자가 나와야지 함수지? 즉, 무언가 넣은 후 그에 해당하는 어떤 것이 나오면 이를 함수라 부른단다.

사물함, 물품함과 같이 어떤 물건이 들어 있는 상자를 함(函)이라고 하잖아? 그때 사용하는 상자 함(函)자와 숫자 수(數)를 사용해서 함수(函數)라고 한단다. 즉, 이 상자(함)에 어떤 숫자를 넣으면 그에 따른 다른 숫자가 나오는 상자란 뜻이지.

㉮ 아~ 자판기처럼 어떠한 것을 넣으면 그 결과가 숫자로 나오는 것을 함수라고 부른다는 말이네요?

㉯ 그렇지! 영어 펑션(function)은 '무슨 기능을 하다'는 뜻이니, 무슨 역할을 하는 상자라 할 수 있겠지. 그래서 수학적 표현으로는 function(x)와 같이 표현을 한단다. 짧게 표시하기 위해 f(x)로 표현을 하지.

㉮ 아빠! 그럼 함수가 어떠한 역할을 하는지는 어떻게 알아요?

㉯ 그거야 나도 모르지! '$f(x) = x + 1$'과 같이 뒤에 수식이 있으면 거기에 맞는 답이 나오는 거지. 방금 '$f(x) = x + 1$'이란 함수가 있다면, x에 2를 넣어 f(2)라고 하는 함수를 부르면 그 뒤의 수식 '$x + 1$'에서 x가 2니까, $2 + 1$이 되잖아.

그러므로 함수 f(2)는 3이 나오겠지.

㉮ 아~ 함수라고 하는 것은 내가 스스로 정의할 수 있는 거예요?

아하! 알았다. 내가 자주 쓰는 수식을 함수로 정의해놓고, 똑같은 수식을 계속 쓰지 않고 함수를 이용해 수식을 간단하게 할 수 있겠네요?

㉯ 그렇지. 내가 자판기를 커피 자판기, 장난감 자판기, 음료수 자판기라고 함수로 정의해놓고….

커(500) + 장(200) + 장(100) + 음(1,000)

㉯ 이렇게 표현하면, '커피 500원짜리 하나, 장난감 200원짜리 하나, 장난감 100원짜리 하나, 음료수 1,000원짜리 하나를 사 오라'라는 표현이 될 수 있는 거겠지?

㉴ 그러게! 아빠 말이 맞네요. 아빠 정말로 똑똑하시네요.

㉯ ^_^ 하하하~ 아들에게 똑똑하다는 말도 듣고, 정말 멋진 아빠 아니니? 아빠가 쫌 해~! ^_^ 하하하.

㉴ 아빠! 내가 아빠보다 조금 더 해요~. ^_^ ㅋㅋㅋ.

확률, 통계

㉧ 아빠! 우리 아빠는 매우 똑똑하죠?

㉯ 하하~ 우리 아들이 드디어 아빠를 인정하기 시작했군!

그럼, 아빠가 아들보다 좀 더 똑똑한 거 같은데!

㉧ 그럼요! 아빠가 얼마나 똑똑한지 문제 하나 내볼까요?

㉯ 하하! 아들이 이제는 아빠한테 문제도 내네?

오케이, 좋았어! 무슨 문제인데?

㉧ 확률이란 게 뭘까요?

㉯ 확률? 이렇게 어려운 단어를 우리 아들이 알아? 오, 대단한걸~.

㉧ 그럼요! 오늘 배웠어요!

㉯ 그래 아들! 학교에서 확률이 뭐라고 배웠는데?

㉧ 하하~ 아빠! 제가 아빠에게 물어봤어요~ 빨리 대답해보세요.

㉯ (—.—)+ 아무래도 네가 몰라서 물어보는 거 아냐?

㉵ 아니요! 난 안단 말이에요. (—.—;;;)

㉯ ^_^ 하하하~ 알았어. 아들이 맞나 안 맞나 확인해줘~.

㉵ 네!

㉯ 음~ 확률은 '정확하다'라는 뜻의 '정확할 확(確)'과 비율이 좋다 나쁘다 할 때의 '비율 률(率)'을 사용하는 단어로. 정확한 비율이란 뜻이지. 다시 얘기하면, '주사위를 한 번 던졌을 때, 정확하게 1이 나올 비율은 몇인가?'라는 말과 같이 어떠한 행위를 했을 때, 내가 원하는 결과가 나올 수 있는 확실한 비율을 확률(確率)이라고 얘기하지. 주사위에는 1에서 6까지 숫자가 있으니, 아빠가 주사위를 6번 던졌을 때, 1은 한 번쯤 나올 거라고 볼 수가 있지. 그래서 주사위를 던져서 1이 나올 확률은 총 6번 중 1번이니까, 그 확률은 '6분의 1'의 확률이라 표현을 할 수 있지. 아빠 말이 맞지?

㉵ 아~ 정확할 확(確)에 비율 률(率)을 쓰는 거예요?

㉯ 아들! 딱 걸렸어! 아들 이거 몰랐지? (—.—)+;

㉵ 아니요! 알았어요. (—.—;;)

㉯ 좋았어! 그럼 확률과 같이 나오는 단어가 있는데, 그게 '통계'라는 단어야. '통계'가 무슨 뜻인지 아니?

㉵ —.—;;;

㉯ 봐봐~! 모르지? 통계란 '통합하다'라는 뜻의 통합 통(統)과 '계산하다'라는 뜻의 계(計)가 합쳐져서 만들어진 단어로, '전체를 통합해서 계산하다'라는 뜻이 있지.

㉵ 맞아! 통일 통, 계산 계. 아는 거라니까요~.

㉯ 앗! '남북을 통일하다'에서 쓰는 통(統)을 아는 걸 보니 정말로 아나 보네. 맞아! 통합해서 계산한다는 뜻으로, 하나하나 계산하는 게

아니고, 전체를 통합해서 계산해보는 것을 통계라 한단다. 우리나라에는 통계청이라고 하는 정부 기관이 있는데, 이곳의 사람들은 모든 것을 통합해서 계산해보는 사람들이야. 현재 쌀값이 얼마인지, 우리나라 인구가 몇 명인지 일일이 통합해서 확인하지. 우리나라 인구가 5천만 명이라는 것도 통계청에서 조사하고, 그중 부자의 수가 몇 명인지, 집을 가지고 있는 사람이 몇 퍼센트(%)인지 조사하지. 즉, 통계를 먼저 계산하고, 그다음에 확률을 알 수 있단다.

㉦ 아~ 어떠한 것의 확률을 계산하기 위해서는 통계를 먼저 계산해야 하는 거네요. ^_^ 하하하~ 이제야 정확히 알았어요.

㉯ 엉? 다 아는 거라면서? 아빠가 아들한테 당한 거야?

㉦ 아니에요~ 다 아는 건데, 아빠 때문에 더 정확하게 알았다는 거지요.

㉯ 하~ 하아~ 그래~. 확실하게 아는 것이 얼추 아는 것보다 좋으니까. 잘했다. 울 아들.

㉦ 네~ 고맙습니다.

기하

[幾: 몇 기, 何: 어찌 하]

㉮ 아빠! '기하'라고 하는 게 뭘까요?

㉯ 야! 아들! 너 그거 몰라서 아빠한테 물어보는 거지?

한 번 속지 두 번 속지는 않아!

㉮ 아니요. 이번엔 여쭤보는 거예요.

㉯ 아~ 그래? 그럼 가르쳐줘야지.

기아는 우리나라에 있는 자동차 회~사~.

㉮ 아~ 빠~ 썰… 렁… 해… 요….

㉯ 잉? 아재 개그 재미없어?

㉮ 네~ 에~.

잼 없는 아재 개그 말고요, 잼 있는 샌드위치 주세요!

ㅋㅋㅋ.

㉯ 헉! 갑… 분… 싸….

알았다! 울 아들이 아재 개그로 아빠를 썰렁하게 했으니 가르쳐줘야지. 기하란 기하학을 일컫는 말인데. '몇 개'란 뜻의 '몇 기(幾)'와 '어떻게'란 뜻의 '어찌 하(何)'가 합쳐져서 만들어진 단어로, 주로 사각형, 삼각형, 원과 같은 도형에서 길이, 면적, 등이 몇 개인지, 또는 어떻게 구해야 하는지를 연구하는 학문이야.

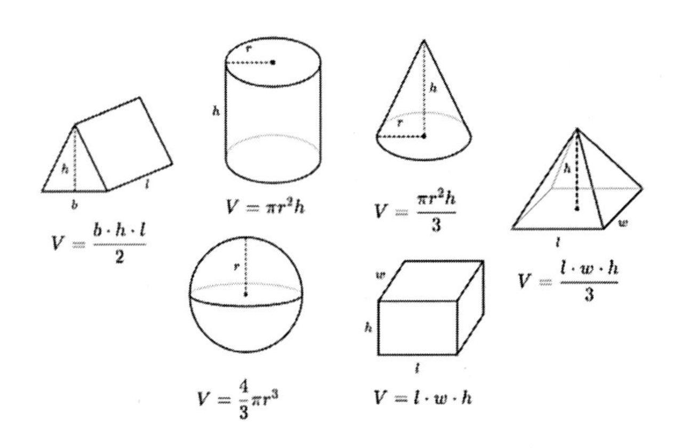

㉯ 즉, 사각형 안에 삼각형이 몇 개 있나 계산해보고, 원의 넓이는 어떻게 계산하는지 계산해보는 방법을 '기하'라 한단다.

㉵ 아~ 전에 아빠가 수학의 시작은 땅의 면적을 구해보고, 원 넓이를 구하면서 시작하고 발전했다고 했는데, 그럼 그러한 것을 연구하는 학문이 기하학인 거네요?

㉯ 그렇지! 면적뿐 아니라, 특정 공간의 크기 등등을 연구하는 데 꼭 필요한 학문이 되었지. 그래서 물리학을 하기 위해서는 기하의 원리를 많이 알아야 한단다.

㉵ 네? 물리를 공부하는데 기하가 많이 사용된다고요?

어떨 때 기하를 사용하는데요?

㉯ 아~ 좀 어려운 말이 될 텐데, 괜찮겠니?

㉮ 어려우면 싫어요! ㅠ..ㅠ

㉯ 응~ 알았어. 그럼 최대한 간단한 것만 얘기해줄게.

물리학에는 여러 분야가 있는데, 그중 대표적으로 역학이란 학문이 있단다. 역학이란 힘 력(力), 배울 학(學)을 쓰는 단어인데, 힘이 어떻게 작용하는지를 연구하는 학문이란다. 힘을 연구하기 위해서는 힘을 주는 방향에 따라 어떻게 작용하는지가 매우 중요하단다. 이 그림에서 보는 바와 같이 당기는 힘이 서로 다를 때 이동하는 방향이 바뀌는 것을 연구하기도 하지. 이럴 때 그래프의 모양을 보면 면적을 구할 때처럼 각도, 길이, 높이 등이 나오지 않니?

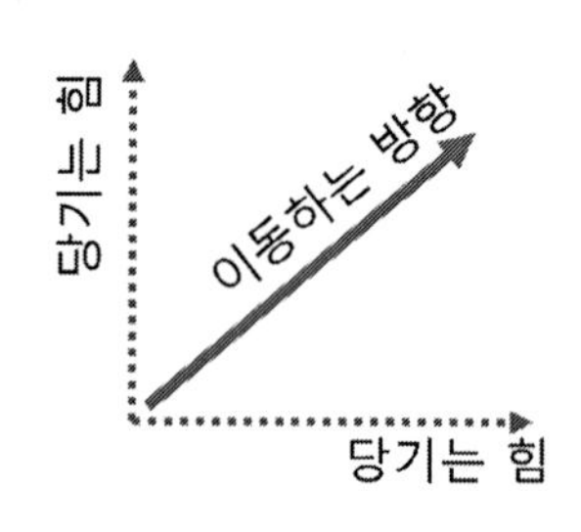

㉮ 그러네요. 아빠 말이 맞는 거 같아요.

㉯ 그래. 많은 물리학자가 물리 현상의 원인을 찾기 위해서 기하의 원리를 많이 이용한다. 고전 물리학에서도 많이 사용했지만, 현대 물리학에서도 '양자(量子)화'를 하는 과정에서 중요한 역할을 하고 있지.

㉮ 아~ 수학자뿐 아니라, 물리학자도 기하학을 바탕으로 많은 것을 연구하고 있네요.

㉯ 그렇지! 그러니까 아들도 물리학자, 과학자, 경제학자와 같은 훌륭한 사람이 되고자 한다면, 기하학은 반드시 공부해놓는 게 좋을 거 같구나.

㉮ 그럴 거 같아요. 아빠! 난 과학자 안 돼야겠어요. 아무래도 공부가 힘들 거 같아요.

㉯ ㅠ..ㅠ;;; 그래라.

하지만, 기하가 뭐에 쓰는 물건인지는 알고서 가야 한다.

㉮ 네~ 노력해볼게요!

인수분해

(因: 원인 인, 數: 숫자 수, 分: 나눌 분, 解: 이해 해)

㉮ 아빠! 인수분해가 뭐예요?

㉯ 응? 인수분해? 벌써 그런 걸 배우니?

㉮ 네~ 이제 고등학생이 됐더니 별걸 다 배우네요.
갈수록 어려워지는데 어떻게 해야 할지 모르겠어요.
제가 수학은 잘 못해도 아빠가 가르쳐주신 수학 용어 때문에 그나마 버텼는데, 고등학생 되니까 도저히 모르겠어요.

㉯ 하하~ 아들! 아들만 그런 거 아니니까 걱정하지 마라.
지금부터가 고등수학이라 많은 사람이 포기한단다.
그래도 아들이 지금까지 버틴 것 보면 그나마 잘하고 있는 거니까 걱정하지 마!

㉮ 그래도 어려운 건 어려운 거예요. 아빠가 좀 가르쳐줘요.

㉯ 허허허~. 아빠도 이때쯤 수학을 포기했는데 어떡하지?

㉮ 아… 빠….

㉯ 알았다! 우리 아들이 가르쳐달라고 하니, 아빠가 더 공부해서라도 가르쳐줘야지. 아들! 그동안 아빠가 한자(漢字)로 수학 용어를 설명해줬잖아? 인수분해는 무슨 뜻인지 한자로 풀어볼 수 있겠니?

㉮ 음~. 뭘~ 까~. 내 친구 인수를 분해한다.

㉯ 아하~ 친구 중 인수라는 애가 있네? 그건 아니고, 어떤 사건의 원인이라는 뜻의 '원인 인(因)'자와 '숫자 수(數)', 그리고 '나눌 분(分)', '풀 해(解)'를 쓰는 단어란다. 다시 말해 '이 수식의 원인이 되는 숫자를 나눠서 풀어낸다'란 뜻이라고 할 수 있지

㉮ 원인이 되는 숫자요?

㉯ 그렇지! 수식이 아주 복잡할 때, 그 원인이 되는 숫자들을 따로따로 정리해 수식을 쉽게 만드는 것을 인수분해(因數分解)라고 해! 옛날부터 아빠가 아들에게 설명할 때마다 해왔던 것처럼 설명하자면, 아들 필통에 볼펜하고 연필하고, 지우개, 샤프, 그리고 쓰레기들이 있지?

㉮ 헉! 아빠, 제 가방 뒤졌어요?

㉯ 아니지~ 예를 든다면 그렇다는 거야~ 흥분하지 마!
아빠도 학교 다닐 때 매일 그렇게 다녔는데 뭐~.
그래서 아는 거지! 아들! 혹시 가방 안에 뭐 이상한 거 있어? 왜 그렇게 놀라?

㉮ ㅡ.ㅡ;; 아니요!

㉯ 괜찮아! 아빠도 너랑 똑같이 지저분하게 다녔으니까!

㉮ 네~. ㅡ.ㅡ;;

㉯ 좋아! 필통에 이것저것 다 가지고 있으면 지저분하고 보기 힘들지?

㉺ 네~. ㅡ.ㅡ;;

㉯ 그 필통을 정리할 때면, 볼펜 2개, 샤프 1개, 지우개 2개, 그리고 나머지 쓰레기. 이렇게 밖으로 끄집어내면 필통 안에 볼펜이 몇 개나 있는지 정리할 수 있지?

㉺ 네~.

㉯ 그럼 볼펜 × 2, 샤프 × 1, 지우개 × 2, 쓰레기.

이렇게 정리할 수 있겠지? '2볼 + 1샤 + 1지 + 쓰 = 필통'이라고 필통을 표현할 수 있지?

㉺ 네~.

㉯ 이렇게 필통을 구성하고 있는 원인, 그 원인이 되는 물건을 정리하는 것처럼 방정식에 있는 내용을 같은 성분끼리 묶거나 혹은 다시 나누어 정리하는 것을 '인수분해'라 한단다.

㉺ 아~ 복잡한 수식을 같은 형태의 원인으로 간략하게 쓸 수 있도록 분리해 정리하는 것을 인수분해라고 한다는 말씀이지요?

㉯ 그렇지! 복잡한 수식을 같은 특성끼리 묶어놓는 것이 인수분해지.

㉺ 아~ 그런데 그걸 왜 해요?

㉯ 으응~ 그것은~ 이전에 연립방정식에 대해서 배웠지?

그게 뭐라고 했지?

㉺ 여러 개의 방정식이 연속해서 상관관계를 가지는 수식을 연립방정식이라고 얘기하셨어요.

㉯ 그렇지. 연립방정식을 서로 연결해서 풀어가려면, 위아래의 수식 중 같이 사용할 것이 있는지를 확인해볼 필요가 있거든. 그렇게 정리해서 풀어간다면, 연결된 방정식 간의 연결 고리를 쉽게 찾을 수 있단다. 그래서 연립방정식의 연결 고리를 찾기 위해서는 인수분해

를 할 필요가 있지.

㉮ 아~ 그렇구나. 그럼 인수분해는 어떤 방식으로 해요?

㉯ 음~ 인수분해는 그동안 수학에서 배웠던 공식이 있잖니?

그 공식에 맞는 부분이 있는지를 확인해서 그것으로 대체할 수 있으면 대체함으로써 간략하게 하는 방법이 대표적이라고 할 수 있지. 예를 든다면 'ma + mb'를 'm(a+b)'로 바꾸는 방법들이 있을 수 있겠지. 잘 알려진 인수분해 공식에는 아래에 있는 수식들이 있단다.

【대표적인 인수분해 공식】

출처: 위키백과 – 인수분해

- $ma \pm mb = m(a \pm b)$
- $a^2 \pm 2ab + b^2 = (a \pm b)^2$
- $a^2 - b^2 = (a+b)(a-b)$
- $x^2 + (a+b)x + ab = (x+a)(x+b)$
- $acx^2 + (ad+bc)x + bd = (ax+b)(cx+d)$
- $a^2 + b^2 + c^2 + 2ab + 2bc + 2ca = (a+b+c)^2$

㉮ 아~ 교환법칙, 분배법칙 등등 수학 법칙을 이용해 같은 특성을 갖는 인수를 찾아 바꿔주는 것이 인수분해구나~.

㉯ 그렇지! 그래서 인수분해를 잘하려면, 수학 공식을 많이 알면 알수록 좋단다. 수학은 공식을 외워서 하는 학문은 아니지만, 좀 더 복잡한 수식을 인수분해하려면 공식을 외워두는 게 더 이익이 되겠지?

㉮ 네~ 그렇네요. 지금부터라도 공식을 많이 외워야겠어요.

㉯ 그래! 꼭 외우는 것이 나쁜 것만은 아니란다. 우리가 한글의 원리도 이해해야 하지만, 글자를 쓰려면 '가나다라'를 외워야 글을 쓸 수 있

지 않겠니? 수학은 원리를 표현하기 위한 '언어'라고 했지? 그러니까 외워야 할 때는 외워야 한단다. 우리가 '가나다라'를 외웠던 것처럼 수학도 언어의 일종이니까 기본이 되는 수식은 외워야 한단다!

㉮ 넵! 알겠습니다.

㉯ 자~ 그럼 인수분해는 다 알았다고 생각하고, 오늘은 이만! 어여 가서 잠이나 자라!

㉮ 네~ 안녕히 주무세요.

허수

[虛: 허깨비 허 · 빌 허, 數: 숫자 수]

㉠ 아빠! 아빠! 오늘은 희한한 수를 하나 배웠어요.

㉯ 뭔데? 뭔데 그렇게 호들갑이야?

㉠ 허수라고 하는 건데, 이거 되게 이상한 거 같아요.

㉯ 응? 허수?

(헉! 드디어 나올 것이 나왔구나)

허수가 왜?

㉠ 허수가 어떤 수에 제곱하면 -1이 나온대요~.

원래 음수 곱하기 음수는 양수, 그래서 $-1 \times -1 = 1$이잖아요.

㉯ 그렇지! 수학의 가장 기본이지. 음수 곱하기 음수는 양수가 된다는 공식. 그런데 그게 -1이 나온다고?

㉠ 네, 그걸 허수라고 부른대요.

㉯ 허허, 참 희한한 공식이구나. 하지만 맞단다! 음수 곱하기 음수를

했을 때 음수가 나오는 그 수를 허수라고 부르지.

㉮ 네~ 허수! 그런데 허수가 뭐예요? 그리고 왜 허수가 나왔어요?

㉯ 흠~ 드디어 나올 것이 나왔구나. 허수는 허깨비 수라는 뜻이란다. 허깨비라는 뜻, 즉 '아무것도 존재하지 않는다'라는 뜻의 '빌 허(虛)'와 '숫자 수(數)'가 합쳐져서 만들어진 숫자인데, 즉 아무 곳에도 없는 숫자라는 뜻이지. '아무것도 없다'의 0과는 다른 의미란다. 즉, 존재하지 않는 숫자란 의미지.

음수 곱하기 음수는 양수라는 수학의 기본 원리가 있는데, $-1 \times -1 = -1$이 되는 숫자는 원래 존재하지 않지.

㉮ 네? 존재하지 않는 숫자요? 그런 게 어디 있어요?

㉯ 그렇지? 하지만 실제로 존재한단다. 그래서 영어에서도 상상 속에 있는 숫자라는 의미로 'imaginary number'라고 부른단다.

㉮ 네? 상상으로 만들어진 숫자라고요? 그게 무슨 수학이고 과학이에요?

㉯ 그렇지?

그래서 수학이나 물리학에서 일종의 편법이 생겨난 거지. 아들! 2차 방정식 기억나?

이 그림이 2차 방정식에서 차수가 2인 방정식의 그래프라고 했잖아? 그림을 자세히 보면 위로만 올라가는 방정식이잖아?

2차 방정식

㉮ 네, 아빠. y축은 위로만 올라가네요.

㊌ 그렇지? 하지만, 우리가 사는 '물리 세계'는 3차원 입체로 되어 있고, 2차원이라 해도 한쪽 방향으로만 발산되는 경우는 극히 드물거든. 그래서 아래쪽의 방향으로 발산을 하는 숫자가 필요했던 거야. 수학에서 x^2의 값이 음수인 수가 필요했던 거지. 그래서 제곱을 해도 음수가 나오는 수가 있다면 좋겠다는 생각을 하기 시작했지. 그래서 수식에 상상의 수라 하는 허수를 만들어 넣은 후 계산을 했지! 그랬더니 1차원적이었던 값이 2차원의 수식으로 확장되었고, 2차원의 값이 3차원의 값으로 확장할 수 있게 된 거야! 그 뒤로 '허수가 존재한다'라고 인정하고 수학에서 사용하기 시작했지. 그래서 상상(imagine)의 수라는 의미로 i를 허수의 표현 단위로 사용하게 되었단다.

㊍ 아~ 실제로 존재하지는 않지만, 현실의 세계에 적합한 결과값을 내놓게 되니 더욱더 필요한 숫자가 되었고, 이러한 방법으로 많은 것이 증명되어서, 그러므로 그 허수를 인정하고 사용하게 됐다는 말씀인 거죠?

㊌ 그렇지! 일종의 음수를 인정했던 것과 비슷하다고 생각하면 될 거 같구나. 이치를 설명할 수는 없지만, 사용하면 정확도가 높아지는 결과를 가져다주니 그 이유로 허수를 사용하게 되었다고 보면 될 거 같구나. 이 허수를 이용하면, 3차원 공간에서의 현상인 빛의 발산, 소리의 발산 원리 등을 증명하는 데 훌륭한 결과를 가져다주었던 것이지. 그림에서 보듯 선을 원

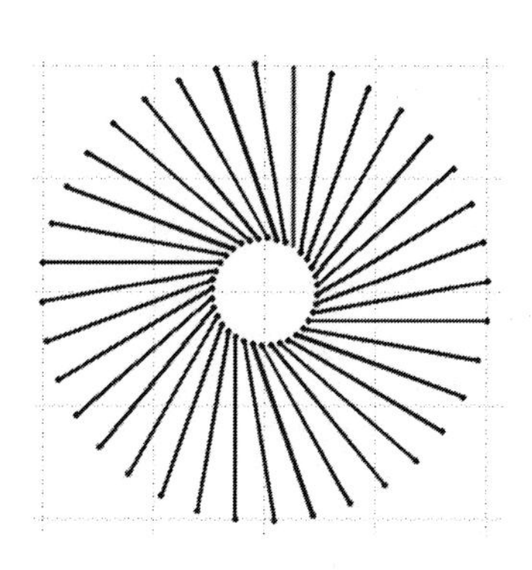

에 그려넣는다면, 원 중심에서 멀어지면 멀어질수록 점과 점 사이의 공간이 넓어지고 있는 걸 볼 수 있지? 이렇듯 2차원이나 3차원 공간으로 가면 특정 방정식은 오차가 발생할 수밖에 없지. 이렇게 비워진 공간을 채워줄 어떠한 숫자가 있다면 현실의 세계를 더 정확하게 표현할 수 있겠지?

㉮ 네~ 잘은 모르겠지만 그런 것 같아요.

㉯ 그래~ 이러한 것을 채워주는 게 허수라고 생각을 하면 될 거 같구나.

허수의 효과는 수식을 z축으로 회전하는 효과를 가져온다.
i^1는 z축으로 90도를 회전시키고, i^2은 180도, i^3은 270도 회전을 시킨다. 그래서 i^4은 i^0와 같은 위치로 돌아온다. 이렇게 3차원 평면의 z축을 회전시킴으로써, 빈 곳을 채워주는 효과를 가져온다.

㉮ 넵! 알겠습니다.

복소수

[複: 겹칠 복, 素: 요소 소, 數: 숫자 수]

㉯ 아들! 허수에 대해 들었으니, 복소수의 개념도 알아야겠구나?

㉭ 복소수요?

㉯ 그래! 복! 소! 수! '중복되다'라는 의미의 '겹칠 복(複)', '원소'라는 의미의 '소(素)', '숫자 수(數)'를 쓰는 단어 복소수. 즉, 원소가 중복되는 숫자라는 뜻이지.

㉭ 여러 개의 원소가 중복되어 있다는 뜻인가요?

㉯ 그렇다고 봐야지. 'Z = X + iY'처럼 실수부와 허수부를 모두 가진 숫자. 즉, 허수라는 원소와 실수라는 원소를 가진 수를 복소수라 부른단다. 그래서 영어로는 콤플렉스 넘버(Complex number)라고 부르고 기호로는 C를 사용한단다. 복소수를 숫자로 볼 수 있는지에 대해 수학자들 사이에서도 이견이 있다는 것은 알아야 한다.

㉭ 아~ 정말로 복잡하네요. 너무 복잡해서 잘 모르겠어요.

그런데 복소수는 어떨 때 사용해요?

Ⓝ 그래, 그 쓰임새도 알고 싶지?

복소수는 허수에 대해 설명했던 것과 같이 2차원, 3차원 공간에서의 기하학, 진동, 파형의 흐름 등을 설명할 때 아주 유용하게 쓰인단다. 복소수는 실수부와 허수부로 구성되어 있는데, 이는 실수부를 통해 만들어진 평면 공간의 부족한 부분을 허수부의 평면 공간이 채워나가며 좀 더 정확한 값을 도출해낼 때 사용된단다. 이 말은 수학적으로 만들어진 공간이 현실의 공간적 오차를 보완해나가는 과정으로 보아야 한단다. 그래서 복소수는 항공기, 음악, 공기역학, 전자기학 등의 기하학적 수치 계산에서 많이 사용되니, 항공기, 음악, 공기역학 등과 관련된 공부를 잘하려면 복소수를 잘 알아야 할 듯싶구나.

㉧ 아~ 너무 어려워요. 그거 못하면 항공기, 음악 등을 할 수 없어요?

Ⓝ 걱정하지 않아도 돼. 복소수가 어디에 쓰이는지, 그리고 어디를 바꿔주면 어떤 현상이 일어나는지를 이해한다면 계산은 컴퓨터가 다 해주니까. 그렇게 걱정은 안 해도 된단다.

정확한 계산은 컴퓨터에 맡겨보도록 해라. ^_^ 하하하.

㉧ 휴~. 다… 행… 이… 다. 컴퓨터가 나와서 정말로 다행이네요.

요새는 딥러닝 인공지능이 발전하고 있다는데, 걔네들 시키면 되겠네. ^_^ 하하하.

Ⓝ 그래~ 하지만 네가 먼저 이해를 하고 인공지능에 시켜야지, 안 그러면 인공지능이 네 뒤통수 친다. ^_^ 하하하.

㉧ 넵! 알겠습니다.

집합과 명제

㉯ 아들! 여보! 집~ 합~!

㉰ 네? 집합?

㉯ 그래 우리 식구~ 모두 집! 합!

㉰ 넵! 엄마, 아들, 아빠, 모두 집합했습니다.

㉯ 그래! 전부 다 집합했네!

㉰ 넵! 그런데 왜 집합시키셨어요?

㉯ 응! 수학에도 집합이라는 말이 있는데, 그거에 관해서 얘기해주려고~. 헤헤헤.

㉰ 네? 다 모이라고 한 게 '집합' 아닌가요?

㉯ 그렇지! 모일 집(集), 합칠 합(合). 즉, 모아서 합쳐놨다는 말이지.

㉰ 아~ 각각의 객체를 어디에 '모아 놨다'라는 것이 집합이네요?

㉯ 그렇지! 이제 다 모였으니, 지금부터 명령하겠다.

아들은 문밖으로 나가라!

㉠ 네? 왜요?

㉯ 아빠가 '명제'를 하나 내는 거야! 명령할 명(命), 문제 제(題). 명제! 명령으로 내리는 문제! 키가 제일 작은 사람 앞으로 나와!

㉠ 앗! 아빠 나오세요. ^^;;

㉯ 앗! 그렇군. 이제 아들이 아빠보다 더 커졌지! ㅠ..ㅠ

어떠한 숫자나 조건들을 쭉 모아놓은 것을 집합이라고 해!

그중, 어떠한 조건에 맞는 것을 찾기 위해 내는 문제를 '명제'라고 한단다. { 1, 2, 3, 4, 5 }라는 집합이 있다면, 그 집합을 이루고 있는 1, 2, 3, 4, 5는 원소라 하고, 그 원소 중 '2의 배수를 뽑아라'라는 명령을 내리면, 그것은 명령을 내리는 문제라고 해서 명제라 부른단다. 2의 배수를 뽑으라면, 2와 4가 되겠지? 그 명제에 대한 답은 2와 4가 되는 거지.

㉠ 아~ 그걸 '집합'과 '명제'라고 하는군요.

㉯ 그렇지. 그리고 우리 아들은 엄마도 닮고, 아빠도 닮았잖아. 우리 아들은 엄마와 아빠가 교제해서 만들었으니까 그런 거야! 그러니 우리 아들은 엄마와 아빠의 교집합이지. 즉, 두 집합에서 같은 명제를 만족하는 원소의 집합을 '서로 교차하다, 교제하다'에서 쓰는 '사귈 교(交)'를 써서 교집합이라고 하지.

㉠ 아~. 그럼 집합에 대한 수학적 공식도 있나요?

㉯ 그럼. 합집합, 교집합, 유한집합, 무한집합, 공집합 등 종류도 많고, 원소를 일일이 나열하는 원소나열법, 집합을 구성하는 조건을 제시하는 조건제시법 등 많이 있지. 집합은 통계나 확률, 양자물리학의 양자화 등등 많은 곳에서 사용한단다. 특정한 주제를 가진 명

제를 주고 거기에 대한 집합을 찾아내 비율 등을 계산하기도 하고, 향후 처리방안 등을 뽑아내기도 하니까 매우 중요한 수학적 개념이라고 할 수 있단다.

㉮ 아~ 알았어요. 우리 가족 중에 여자가 몇 명인지, 또는 우리 가족이 어디로 놀러 가야 하는지를 결정하는 것처럼, 여러 상황 중에 어떤 결과를 도출하기 위한 명제를 정해서 거기에 맞는 답을 찾아낸다는 말이군요.

㉯ 그렇다고 볼 수 있단다. 아빠가 오늘은 좀 피곤해서 여기까지만.

㉮ 아이~ 아빠가 집합을 시켰으면 맛있는 거라도 사줘야 하는 거 아니에요? 빨리 짜장면 먹으러 가요! 빨랑!

㉯ ㅡ.ㅡ; 흠~ 역시 울 아들이군. 그래~ 가자! 아빠는 짬뽕!

지수

[指: 지시할 지, 數: 숫자 수]

㉧ 아빠! 아빠! 지수가 너무 어려워요.

㉯ 아들~ 그러니까 평소에 잘했어야지~.

㉧ 지수가 너무나 내 생각대로 안 돼요!

㉯ 당근이지! 지수가 왜 그러는지를 먼저 생각해보렴!

㉧ 네? 지수가 뭘? 어떻게 생각해요? 무엇을 생각해요?

㉯ 네 짝! 김지수 얘기하는 거 아니니?

㉧ 아~ 빠~.

㉯ 아~! 네 짝 지수 얘기 아니었어? 그럼 어떤 지수지?

㉧ 수학에서 얘기하는 지수요.

㉯ 아~ 익스포넨셜(exponential)?

그거 짧게는 exp(x)로 표현하기도 하는 그거?

㉧ 네~ 숫자에 '지수승'이라고 하는 것 있잖아요.

㉯ 아~ 그 지수? 그 지수에 대해서 알고 싶은가 보구나?

㉮ 네~ 설명해주세요.

㉯ ^_^ 하하하! 아들이 설명해달라면 해줘야지!

지수라는 것은 '지시하다'라는 뜻의 '지시할 지(指)'와 '숫자 수(數)'를 쓰는 단어인데, 기준 수가 있고 그 기준이 되는 수를 지시하는 수만큼 곱하는 '지시를 내린다'라는 뜻으로 지수라고 표시하지. 예를 들면, 10^2과 같이, 어떤 숫자 오른쪽 위에 작은 숫자로 글자를 써서 표현하는 방식의 수가 있다면, 10은 기준이 되는 수이고 2가 '10을 2번 곱하라'라는 지시를 내리는 지수란다. 어떤 숫자(10)에 지시하는데, 오른쪽 위의 숫자(2)만큼 곱하라는 뜻이 되는 수이지.

즉, '10을 2번 곱하라'라는 뜻으로 표현을 하지. 지수 10^2은 '10×10'으로 풀어 쓸 수 있고, 그 값은 100이 된단다.

㉮ 아~ 어떠한 숫자를 지시하는 수, 즉 지수만큼 곱하라는 뜻이군요? 그러면, 10^3은 10을 세 번 곱하라는 뜻이니까 '$10 \times 10 \times 10$'을 해야 하는 거네요?

㉯ 그렇지! 10을 세 번 곱하면 '10×10'은 100이고 거기에 10을 곱하면 1000이 되겠지? 역시 우리 아들은 매우 똑똑하구나?

㉮ 그럼요! 제가 좀 한다고 했잖아요. 그래서 2의 3승은 2를 세 번 곱하라는 말이니까, '$2 \times 2 \times 2$' 해서 그 값이 8이잖아요.

㉯ 그렇지! 지수는 지시하는 수란 뜻이고, '곱셈을 하라'라는 의미로 지수승(指數乘)이라 표현한단다. 울 아들 알지? 한자 승(乘)은 곱하라는 뜻이라는 거?

㉮ 그럼요! 그래서 '가, 감, 승, 제'라고 말을 하잖아요.

더할 가(加), 뺄 감(感), 곱할 승(乘), 나눌 제(除)라고 애기하잖아요.

㉯ 훌륭하군! 울~ 아들. 그럼 아들! 지수는 한자잖니?

지수를 순수한 우리나라 말로 뭐라고 할까요?

㉵ 곱하고, 곱하고, 또 곱하니까! 곱해수!

㉯ 비슷했는데~ 땡! 지수를 우리말로 표현할 때는 거듭제곱이라고 부른단다. 거듭해서 곱셈한다는 뜻이지!

㉵ 흠, 거듭제곱 들어봤는데.

㉯ 그래! 맞았어!

그럼 지수승에서 특별한 문제! 2의 1승은 몇일까요?

㉵ 2의 1승? 2의 2승은 '2 × 2'이고, 2의 1승은 그냥 2네요.

㉯ 맞았어! 어떤 수의 1승은 그냥 어떤 수야!

그럼 조금 더 신기한 문제! 2의 0승은 무엇일까?

㉵ 2의 0승요? 2를 한번도 곱하지 않았다? —.—;;

이건 말이 안 되잖아요. 어떤 수에 0승을 했다는 말인데, 그런 게 어딨어요?

㉯ 그렇지? 그래서 지수를 볼 때는 이렇게 생각해야 한단다.

지수 2^3은 '$1\times2^{(1st)}\times2^{(2nd)}\times2^{(3rd)}$'라고 생각해야 한단다. 즉, 기본이 되는 수 1에 2를 한번 곱하고, 그다음 두 번째 2를 곱하고, 마지막으로 세 번째 2를 곱하라는 뜻이란다.

그래서 2^0의 값은 제일 처음 곱한 수, 즉 1을 의미한단다.

㉵ 조금 어렵네요! 그러니까 지시를 내리는 지수의 첫 수는 1부터 시작한다고 봐야겠네요? 그러니까 모든 수의 0승은 기본이 되는 1이 되는 거네요?

㉯ 그렇지! 지수의 지수는 지시를 내리는 수니까, 일반 곱셈하고는 조금 다르게 생각해야겠지?

㉧ 넵! 알겠습니다. 아빠~!

㉯ 좋았어! 아들! 그럼 2의 2분의 1승, 즉 $2^{\frac{1}{2}}$이라는 것이 존재할까?

㉧ 와~ 아빠. 너무 복잡해지네요? 아빠가 얘기하니까, 있겠죠?

그런데 이건 무슨 뜻이에요? 분수 승?

㉯ 분수형 지수의 의미는 무엇일까? 지수 2^3은 2를 1번 곱하고, 또 1번 더 곱하고, 또 1번 더 곱하라는 의미지? 그래서 총 같은 수를 3번 곱한다는 뜻이란다. 1 + 1 + 1이 지수의 숫자가 되는 거란다. 분수형 지수 표시에서는 $\frac{1}{2}+\frac{1}{2}$을 더하면 지수 1이 되는 것과 같단다. 즉 2^1과 같은 의미란다. 그러니 어떤 수를 1승 했을 때 값이 밑수에 해당하는 2가 나와야 한다는 말이지. 쫌 어렵나? ㅠ..ㅠ

그래서 $2^{\frac{1}{2}}$은 $\sqrt{2}$를 의미한단다. $\sqrt{2} \times \sqrt{2}$는 숫자 2.

즉, 어떤 수를 제곱해서 밑수에 해당하는 2가 나와야 한다는 말이지. $3^{\frac{1}{2}}$는 $\sqrt{3}$이 된단다.

㉧ 역시~ 어렵군요. ㅠ..ㅠ

근데 아빠, 지수는 왜 만들었어요? 머리만 아프잖아요?

㉯ 그래, 우리 아들. 아주 좋은 질문을 했단다. 왜 이런 수학기호를 만들었을까~? 그 이유는 아주 간단하단다.

숫자 10억 조를 쓰려면 어떻게 써야 할까?

㉧ 그야 간단하죠. 100000000000000 이렇게 쓰면 되죠?

㉯ 아들. 그거 한눈에 들어오니?

㉧ 네, 0이 하나, 둘, 셋, 넷… 윽! 너무 어렵다.

㉯ 그렇지? 10억 조를 10^{14}과 같이 지수로 표현하면 10을 14번 곱했다고 쉽게 표현할 수 있지 않을까?

㉧ 아~ 그러네요.

㉯ 그럼 0.00000000000001이 몇인지 알겠니?

㉵ 알죠! 아주 작은 수! 읽을 때, 영 쩜 영영영영영…. ——;

㉯ 그렇지? 얘도 어렵지? 그냥 $10^{\frac{1}{14}}$ 로 쓰고 읽으면 되지 않을까? 10의 14분의 1승. 이렇게 간단히 표현하면 다른 사람들이 모두 쉽게 알아볼 수 있겠지?

㉵ 그렇네요. 아주 큰 수를 간편하게 쓰는 방법이 되겠네요.

㉯ 그래~ 수학은 언어라고 했지? 쉽게 쓰고, 쉽게 계산하기 위해서는 언어를 간단하게 표현해야 한단다. 지수는 아주 큰 값이나, 아주 작은 값을 표현하는 데 아주 훌륭한 표현 방법이지.

㉵ 아~ 그렇구나. 그래서 어려운 공식일수록 지수가 많이 나오는구나! 서로가 읽고 이해하기 편하도록.

㉯ 그렇지? 아주 큰 수나, 아주 작은 수를 표현하는 데 아주 유리한 것이 지수라고 할 수 있지. 또한, 지수는 몇 번 '반복해라'라는 의미가 있잖니? 지수 10^{14}는 '10을 14번 반복해서 곱해줘'라는 의미인 것처럼 말이야.

㉵ 그렇죠!

㉯ 그래 아들!

밥먹기^{14}과 같이 표현을 하면 밥 먹고, 또 밥 먹고, 또 밥 먹기를 누적해서 14번 반복하라는 의미를 내포하고 있단다. 그래서 수학에서 지수는 계속해서 누적 반복하는 공식들에 많이 들어 있단다.

㉵ 아~ 그렇구나! 알겠습니다. 아빠!

나도 아빠처럼 계속해서 방귀^{14}번 뀌기로 하겠습니다.

㉯ 그… 그래! 참! 아들! $10^{\frac{1}{14}}$이렇게 쓰면 읽기가 편하니?

㉵ 아니죠! '10의 14분의 1승' 이렇게 얘기하려면 좀 힘들죠.

그럼 쉽게 읽는 방법이 있나요?

㉯ 그럼! $10^{\frac{1}{14}}$은 10^{-14}과 같은 수란다. 이러면 읽기도 훨씬 편하고, 계산하기도 훨씬 편하겠지? 수학은 언어라고 했잖아. 그래서 수학에도 쉽고 편하게 쓰고 읽는 법이 많이 발전했단다.

㉵ 아~ 그렇구나! 분수 지수를 음수로 표현하면 그건 지수 분의 1과 같은 값을 가지는군요? 알겠습니다. 아빠!

18

로그

[$\log_0 x = y$]

㉮ 아빠~ 큰일 났어요! 큰일 났어요!

㉯ 응? 왜?

㉮ 제 평생에 가장 이해하기 어려운 문제가 나왔어요!

㉯ 뭔데? 방귀를 방귀[14]번 뀌더니 팬티에 구멍이 났니?

㉮ 아~ 뇨~. ㅠ,.ㅠ

㉯ 그럼 뭔데?

㉮ 로그라고 하는 놈인데요. 로그 100이라는 수가 2래요. 로그 125는 2.09691…이라고 나와요. 서로 연관 관계를 찾기가 너무나 힘들어요.

㉯ 아~ 로그에 갇혔구나? 로그가 좀 이해하기 힘들지. 하지만 아들! 아들은 벌써 로그를 알고 있을 거야.

㉮ 네? 제가 언제 로그를 배웠다고요? 아빠가 언제 가르쳐줬어요?

㉯ 그럼! 가르쳐줬지~. 아들!

㉧ 네!

㉯ 이전에 아빠가 지수에 대해서 가르쳐줬지?

㉧ 네! 어떤 수를 지수만큼 곱한 값이 어떤 건가 할 때 쓴다고 했어요. 10^3은 10을 3번 곱한다고. 그래서 10^3은 10 × 10 × 10을 하니까 값이 1000이라고요.

㉯ 그래~ 잘 기억하고 있구나? 그럼 만약에 아빠가 10을 몇 번 곱해야 1000이라는 숫자가 나올까~ 물어본다면?

㉧ 그야~ 쉽죠. 3!

㉯ 그렇지? 로그라고 하는 게, 아빠가 질문한 내용을 수학적으로 표시할 때 나오는 표현 방법이지. log1000으로 간단하게 표현하지.

㉧ 그래요? 그게 그 말이에요? 하지만 지수로 표현을 할 때는 10을 3번 곱하라는 의미로 10을 밑수로, 3을 지수로 표현을 했잖아요. 그런데 로그에는 왜 10이란 숫자가 없나요?

㉯ 그렇지? log는 일종의 함수란다. $\log(x)=1000$과 같은 함수를 로그라고 하지. 그래서 일반적으로 로그함수라고 읽는단다.
읽는 방법은 '로그 엑스는 1000'이라고 읽지. 로그 1000은 그 값이 3이란다.

㉧ 그런데 10이라는 밑수는 어디 있어요?

㉯ 그러네? 어디 갔지?

㉧ 아~ 빠~. 실수하셨네요!

㉯ ^_^ 하하하… 그렇군~. 그럼 다시 $\log_{10}1000$으로 써야겠구나!

㉧ ^_^ 우하하하~. 아빠가 실수하셨네요.

㉯ 하하 그런가? 하지만, 아들! $\log_{10}1000$은 간단하게 표현할 때,

$\log_{\square}1000$으로도 표현할 수 있단다. 이전에 아빠가 사람들은 10을 기준으로 계산하는 것이 제일 쉬운 방법이라고 얘기했지? 그래서 숫자는 0에서 9까지만 쓰고, 그걸 기준으로 소수의 표현이 나왔다고 했던 거 기억하니?

㉵ 그럼요~ 아빠가 저 아주 어렸을 때, 소수의 0.00001과 같은 표현법이 10을 기준으로 표현을 한다고 하셨죠.

㉯ 그래~ 사람들은 10을 기준으로 하는 걸 당연하다고 생각하는 경향이 있단다. 그래서 $\log_{10}1000$을 간단하게 표현할 때, 10이란 숫자를 생략하고 $\log_{\square}1000$으로 표현하지. 그래서 log1000은 로그 10의 1000이란 표현이 된단다.

㉵ 아~ 그렇구나! 그것도 그냥 로그라고 부르나요?

㉯ 아니지! 밑수가 10인 로그를 '항상 상(常)', '쓸 용(用)', 즉 '항상 사용하는 로그'란 의미로 '상용(常用)log'라고 부른단다.

㉵ 아빠! 그럼 다른 이름의 로그도 있나요?

㉯ 있지! 고급수학에서 사용하는 특수한 숫자가 있단다.
기호로 e를 사용하는데, 이 기호 이(e)를 '자연상수'라고 부른단다.
그 자연상수 e를 밑수로 사용하는 로그를 '자연로그'라고 부른단다.

㉵ 아~ 자연상수 e를 밑수로 쓰는 로그를 '자연로그'로 부르는구나~ 그런데 자연상수…? 그건 또 뭐예요?

㉯ 아~ 자연상수라…. 아들~! 이걸 설명하려면, 물리학으로 넘어가야 하는데, 그걸 설명하기에는 네가 아직 어리니까, 조금 더 공부한 다음에 가르쳐줄게~! 일단은 그런 자연상수 e라는 것이 존재하고, 그 상수를 자연로그라 부른다고만 알고 넘어가자!

㉵ 피~ 〉..〈 알았어요. 나 다 크긴 컸는데….

좋아요! 그런데 '자연상수' 단어에서 '자연'은 알겠는데, '상수'는 무슨 뜻이에요?

(나) 그래~ 그건 아빠가 가르쳐주지! 상수(常數)는 아까 위에서 상용로그를 설명할 때 '항상 상(常)'이라는 한자를 가르쳐줬지?
거기에 '숫자 수(數)'를 사용해서 항상 같은 숫자라는 의미를 얘기한단다. 즉 변하지 않고 항상 같은 수를 상수라고 부른단다.
이에 반대되는 개념이 변하는 숫자라는 의미로 변할 변(變), 숫자 수(數)를 써서 변할 수 있는 숫자라는 의미로 변수(變數)라 하는 게 있단다.

(아) 항상 같은 수? 변하는 수?

(나) 그래~ $(2+x)^n$과 같은 수식에서 숫자 2는 변하지 않지? 그러니 2는 상수이고, x와 n은 다른 숫자를 대입해 계산할 수 있으니, 변할 수 있는 수라는 의미로 변수라고 한단다.

(아) 아~ 수학의 수식에서 변하지 않는 수가 상수, 변하는 수가 변수가 되는군요?

(나) 그렇지! 우리 아들은 정말 똑똑하다니까~.

(아) 아~ 그럼 상수는 수식에서 꼭 필요한 값이 상수가 될 수가 있겠네요? 그 값은 변하지 않고, 계속 수식에 영향을 주니, 그 수식에 특별한 역할을 하는 게 상수겠네요?

(나) 그렇지! 수식에서 어떤 현상의 대푯값이 상수일 경우가 아주 많단다. 그래서 자연상수라는 것이 아주 중요한 역할을 하는 숫자라고 볼 수가 있지. 앗! 여기까지만. 자연상수에 대해 더 말하면 말이 점점 길어진단다. 여기까지만 하자!

(아) 흐음~. 아빠를 꼬셔서 알아내려고 했는데, 안 통하네. 〉..〈;;

알겠습니다. 아빠! 나중에 꼬옥 가르쳐주세요!

㊔ 그래~ 알았다!

㊗ 앗! 아빠! 중요한 질문이 하나 빠졌어요!

㊔ 엉? ㅡ.ㅡ;;;

(무슨 질문이야! 아~ 피곤한데…)

㊗ 아빠! 그런데 정말 중요한 질문! 로그는 뭐 할 때 사용해요?

㊔ 아~ 그렇구나! 어디다 쓰면 좋은지는 아들에게 가르쳐줘야 할 중요한 내용인데, 아빠가 그걸 얘기 안 했네~.

㊗ 그쵸? 그거 어디에 쓰여요?

㊔ 그래~ 로그는 $\log_{10}1000$과 같이 표현을 하지?

'1000이란 값은 10을 몇 번 지수승 했을 때 값이 나올까?'라는 걸 계산한다고 했지?

㊗ 네~.

㊔ 아빠가 아들한테 1000원을 빌려주고, 하루에 10%의 이자를 받는다면, 3일 후에 얼마를 받아야 할까?

㊗ 그럼 1000원의 10%가 100원이고, 100원 × 3일이니까, 300원하고 1000원의 원금이 있으니까, 정답은 1300원요.

㊔ 그래~ 잘했다. 그런데 아빠가 매일 저녁 이자를 받고, 다음 날 이자와 같이 1100원을 빌려주고 그중 10%의 이자를 받는 걸 3일 동안 한다면?

㊗ 음~ 첫날 1000원 + 100원 = 1100원.

둘째 날 1100원 + 110원 = 1210원.

셋째 날 1210원 + 121원 = 1321원. 답은 1331원요.

앗! 돈이 31원 더 늘었네?

㉯ 그렇지? 이런 계산을 수학적으로 표현을 한다면 $1000 \times 1 \cdot 1^3$과 같이 표현할 수 있단다.

㉸ 아~ 이런 식으로 표현을 하는구나! 네~ 그러네요.

㉯ 이렇게 빌려준 날짜의 일수를 알고 있을 때는 지수를 사용할 수 있는데~ 만약, 아빠가 1331원을 벌고 싶은데, '10%의 이자로 며칠을 빌려줘야 1331원을 벌 수 있지?'와 같이 목표 금액은 정해졌지만 그 지수에 해당하는 것을 모를 때 그 계산에 로그를 사용한단다. 즉, $\log_{1\cdot1}$(1331원/1000원)과 같이 표현을 한단다. 여기의 값은 3이 되고, 3일이 걸린다는 것을 알아낼 수 있지.

㉸ 아~ 수식이 복잡해지기는 했는데, 아무튼 로그는 지수의 결과를 반대로 계산할 때 사용한다는 말씀이시네요?

㉯ 그렇지! 로그는 현재 상황에서 나타난 어떤 현상(1331원)이 어떤 원인(3일, 10% 이자)으로 나왔는가를 찾아내고자 할 때 아주 유용하게 사용된단다.

㉸ 아~ 그래서 물리학에서 로그를 많이 사용하는가 봐요?
물리가 현 상황을 이해하는 데 수학을 이용하니까, 상황과 같은 결과치가 먼저고, 그 원인이 무엇인가를 연구하는 학문이니까요.
그렇지요! 아빠?

㉯ 그렇지! 우리 아들이 잘 이해했네. 로그는 결과를 이미 알고 있고 그 원인을 찾아낼 때 아주 유용한 도구란다. 그래서 물리를 공부하는 사람들은 로그함수를 많이 사용하지. 물리뿐만 아니고, 아까 위에서 설명했듯이 금융권이나 통계청과 같이 상황을 분석하는 곳에서는 특정한 목표치를 가지고 있는 경우에 로그함수를 이용해서 필요한 기간 및 원인을 찾는 데 주로 사용한단다.

㉮ 여전히 어렵긴 한데, 뭐~.

아무튼, 어려운 문제를 풀 때 사용을 한다는 말씀이시죠?

㉯ 그래~ 로그는 현대 과학, 경제, 사회 등등 아주 많은 분야에서 사용된단다. 아들! 로그는 지수의 역함수란다. '바꿀 역(易)', '무역' 할 때 쓰는 역으로 '서로 바꾼다'라는 의미의 한문인데, 지수는 로그함수의 값으로 계산을 할 수 있고, 로그함수로 지수의 값을 계산할 수 있단다. 수학에서 역함수는 서로 보완관계를 가진단다. 'c = a + 1'이라는 수식이 있는데 a의 값이 2라면 'c = 2 + 1' 해서 c의 값은 3이 되지 않겠니?

㉮ 네~.

㉯ 그런데 내가 알고 있는 값이 c의 값, 즉 3을 알고 있다면?

'3(c) = a + 1'과 같이 결과치를 가지고 a를 구할 수 있겠지?

'a = 3(c) − 1'과 같이 a가 2라는 것을 쉽게 알 수 있지?

㉮ 그렇죠! 근데 아빠, 이건 수학의 교환법칙이잖아요.

㉯ 그렇지! 아빠가 역함수라는 개념을 쉽게 설명하려고 교환법칙을 이용했는데, 역함수란 이렇듯 함수에서 출력된 값을 가지고 다시 이전의 값을 구할 수 있도록 만든 함수 관계를 얘기한단다. 'f(a) = a + 1' 함수와 'f(c) = c − 1' 함수는 '서로 역함수 관계를 가진다'라고 얘기할 수 있단다.

f(a)와 f(c)에서 보는 것과 같이 로그와 지수의 관계는 서로 역함수의 관계를 맺고 있지.

㉮ 네~ 함수는 인수를 줘서 결과를 얻잖아요. 2를 f(a)에 넣으면 그 값이 3이 나오는데, 그 값을 f(c)에 넣으면 그 값이 원래 인수값 2가 나와요! 역함수는 결과값과 인수값을 서로 바꾸어 구할 수 있는 함수

의 관계를 역함수 관계라고 하잖아요!

㉯ 그래! 잘 알고 있었다. 역시~ 울 아들은 똑똑해!

㉭ 그럼요! 제가 쫌 해요! ^^;

㉯ 그럼 다른 대표적인 역함수 관계가 있는 걸 예로 들 수 있겠니?

㉭ 아~ 맞다! 싸인과 아크싸인은 서로 역함수 관계예요!
싸인은 빗변과 각도로 높이를 구할 수 있잖아요!, 그래서 높이를 알았는데, 만약에 그 높이를 이미 알고 있다면, 역함수인 아크싸인(arcsin) 함수로 그 빗변의 길이를 알 수 있어요.

㉯ 맞아! 'sin과 arcsin', 'cos과 arccos', 'tan와 arctan'는 서로 역함수 관계를 가진단다.

㉭ 음~ 수학에서는 서로 역함수 관계를 가지는 함수들이 있다는 말씀이시죠?

㉯ 그렇지! 서로 역함수 관계의 함수를 많이 알고 있다면, 수식을 간단히 하는 데 아주 많은 도움이 된단다.

㉭ 넵! 알겠습니다. 아빠! 그런데 지수와 로그는 역함수 관계인데, 어떨 때 사용하는지 예를 들어 설명해주시면 안 돼요? 너무나 어려워요.

㉯ 그렇지? 지수와 로그는 서로 역함수 관계라고 했는데, 서로 어떨 때 사용하는지 알면 좀 더 자세히 알 수 있겠지?

㉭ 그럼요. 예를 들어서 설명해주세요.

㉯ 그래! 지수는 어떠한 상황을 계속해서 반복했을 때, 최종값이 얼마인가를 알아보고자 할 때 아주 유용하단다. 그 대표적인 예가 은행에서 사용하는 '복리이자'라는 것이란다. 매달 1%의 '복리이자'를 내기로 하고 돈을 빌렸다면. 우리 아들이 1년 후에 총 얼마의 돈을 내야 하는가를 확인하고 싶다면 지수함수를 사용한단다. 원금 (1)

과 복리이자 (0.01%)를 기준으로 12개월 후의 총금액을 계산할 때, '1000(원금) × (1 + 0.01)에 12개월' 지수계산으로 최종 금액(1000 × 1.1268 = 1126.8원)을 계산해낼 수 있단다. 즉, 지수의 계산은 어떠한 현상이 계속해서 영향을 주는 상황에서 특정 시간이 지난 후 그 영향의 최종 크기를 계산하고자 하면 유용하게 사용할 수 있단다. 그래서 금융, 통계 등 지수를 사용하는 곳에서는 지수 승만큼의 '시간'이 흘렀을 때 그 영향도를 계산하는 데 많이 쓴단다. 반대로 내가 알고자 하는 최종 영향도를 정해놓고, 그 목표까지 얼만큼의 시간이 필요한지 계산하고자 할 때는 로그함수를 사용한단다.

아까와 같은 복리 계산에서 내가 벌고자 하는 금액을 원금의 2배 정도로 정하고, 그 목표까지 얼마의 시간이 필요한지를 계산하려고 할 때 $\log_{1.01}2=69.66$과 같이 로그함수를 사용하면 '약 69.66개월 후에 목표치인 2배의 금액을 만들 수 있다'라는 결론을 가져올 수 있단다.

㉮ 아~ 어떠한 영향이 지속해서 이어질 때 그 영향도나 필요한 기간을 산출할 때 유용한 도구란 말씀이신 거죠?

㉯ 그렇지. 지금 예로 든 것은 금융 쪽의 복리 계산을 예로 들었지만, '바람이 계속해서 불어올 때'라든가, '달리는 자동차에 지속적인 힘을 가할 때'와 같이 지속적인 영향을 가하는 상황에서의 수치 변화를 예측할 때 많이 사용한단다. 그래서 물리학이나 경제학, 통계학 등등의 현대 수학에서는 아주 많이 사용하는 것이 지수와 로그함수란다.

㉮ 아~ 잘은 모르겠지만 그래도 대충 이해는 가는 것 같아요.

아빠, 그럼 자연상수 e는 대답 안 해주실 거예요?

㉯ 아따~ 우리 아들 아주 집요하구나. 그래 알았다. 울 아들이 아직은 어려서 이해를 하지는 못하겠지만, 그래도 정 듣고 싶다면 설명해주지.

㉮ 네~ 좋아요. 얼른 가르쳐주세요.

㉯ 아까 '복리이자'로 계산을 하기 위해, 원금 1, 복리이자 0.01을 합쳐서 1.01을 했었지? 이렇게 내가 알고 싶은 목표치가 정확하다면 이렇게 적어놓으면 된단다. 하지만, 만약에 자연 상태에 있는 어떠한 것이 꾸준히 변하고, 그 변화율을 찾고자 할 때, 예를 든다면 쇠(金)가 공기 중에서 녹스는 시간을 계산하고자 할 때, 그 녹스는 정도를 몇으로 계산할 수 있을까?

㉮ ㅡ.ㅡ;; 잘 모르겠어요.

㉯ 그렇지? 이렇게 자연 상태, 그 상태값을 알 수 없는 경우가 아주 많단다. 인구의 변화량, 향후 주식 가격의 변화량 등등 아직 일어나지 않은 일에 대한 그 증가치는 우리가 쉽게 예측을 할 수 없단다.

㉮ 그렇겠지요. 제가 내일 용돈을 얼마 받을지는 엄마의 기분에 따라 매일매일 다른 것처럼 정확한 수치를 예측한다는 것은 알 수가 없죠.

㉯ 그래! 미래를 예측하는 것은 쉬운 게 아니란다. 그래서 나온 상수가 '자연상수 e'란다. 앞에서 얘기했지만, '자연상수 e'는 이자율의 복리 계산 방법으로 만들어졌단다. '이자율이 10%일 때 그 기간을 최소한으로 해서 계산하면, 그 최대치는 얼마나 될까?'가 '자연상수'가 태어난 조건이고, 그 변화율을 최소화한 미분값을 최대 시간만큼 적분한다. 그러면 그 최대 크기는 얼마가 될지 알아본 거란다. 그래서 나온 값이 '자연상수 e = 2.71828…'의 값이란다.

㉮ 미분? 적분? 그게 뭐예요?

㉯ ^_^ 하하하… 봐봐. 아들이 아직 배우지 않은 것이 나오잖아. 그래서 어렵다고 한 거야. 이해는 나중에 해라. 아들~.

㉮ —.—;; 알았어요. 공부는 나중에 할게요.
하지만, 그 '자연상수'의 의미는 무엇이에요?

㉯ 그래, 잘 생각했다. '자연상수 e'는 그 변화량을 예측할 수 없는 상황에서 어떠한 것을 예측하고자 할 때 필요한 상수란다.
'자연상수 e'의 수학적인 의미는 '그 변화량이 아무리 바뀐다고 해도, 그 최대치는 자연상수 2.71828…의 값을 넘지는 못한다'라는 의미지. 그래서 자연 상태로는 그 어떤 것도 변화량이 2.7배를 넘지 못하므로, 그 '자연상수 e'를 기준으로 계산을 한다면 변화량의 최대 변화치를 기준으로 계산하는 결과를 가져온단다. 그래서 예측하거나, 무엇인가를 분석하는 곳에서는 그 '자연상수 e'를 사용해서 안정적인 예측을 할 수 있게 된단다. 예를 든다면, 주식이 매일 같이 폭등한다 해도 '자연상수 e'의 변화량 이상으로는 오를 수 없단다. 그래서 그 지수값을 '자연상수 e'로 놓아 x^e와 같이 쓴다든가, 그 로그의 밑수를 '자연상수 e'로 놓아 $\log_e x$와 같이 계산한단다. 즉, 시간에 따른 변화량을 예측할 수 없는 상황에서 최대 예상치를 계산하려 할 때 '자연상수 e'를 사용해서 계산한단다. 그래서 '자연상수 e'가 적용된 대부분의 수식은 미래의 예상치를 예측하고자 하는 경우가 아주 많단다. 어때, 어렵지?

㉮ —.—; 정말로 그렇네요. 그래도 대충은 알겠어요. 시간의 흐름에 따른 변화량 예측이 불가능할 때, 그 기준치가 되어주는 것이 '자연상수 e'라는 말씀이시잖아요.

㉯ 오호, 눈치는 빠르네. 그렇지. 특히, 현시점의 값이 아니고, 시간의 흐름에 의한 변화량이 궁금한 곳에서는 그 '자연상수 e'가 많이 적용된단다. 이 자연상수는 그 정확도가 인정되어서 아주 많은 곳에서 사용하고 있고, 특히 로그(log) 쪽에는 자연상수를 밑수로 사용하는 경우가 많아 '자연로그'라는 이름도 따로 가지고 있단다. 그 표현법도 'ln'으로, '상용로그'와 더불어 밑수를 적지 않은 로그로 사용할 수 있단다. $\ln x$는 자연로그의 대표적인 표현 방법이란다. $\log_e x = \ln x$는 서로 같은 표현이란다.

㉮ 아~ 괜히 여쭤봤어요. ㅠ..ㅠ 몰라몰라~ 몰라. 암튼… 그래도 몰라요. 나중에 다시 가르쳐주세요.

㉯ 헉! 아빠 목 아프게 열심히 설명했는데, 나중에 또 가르쳐달라고? ㅠ..ㅠ;

㉮ 그래도 어쩔 수 없어요. 아빠는 내 아빠잖아요.
아빠~ 힘내세요. 아들이 있잖아요~.

㉯ 아들~ 아빠가 힘든 건 아들이 있어서란다. ^_^;;

수열

[數: 숫자 수, 列: 벌릴 렬]

㉯ 아들! 수열이란 뭘까?

㉮ 수열이요? 숫자의 나열이라는 뜻이잖아요.

㉯ 음. 잘 알고 있네. 숫자의 수(數), '줄 서다'라는 뜻의 열(列)을 써서 숫자들을 나란히 나열해놓은 것을 수열이라고 하지요.

㉮ 맞아요.

홀수 숫자들의 수열은 '1, 3, 5, 7, 9, 11, 13…' 나열하면 '홀수의 수열'이고, '2, 4, 6, 8, 10, 12…'와 같이 짝수로 된 숫자들도 나열하면 '짝수의 수열'이고요.

㉯ 그렇지. 우리 아들 잘 알고 있네.

이렇듯 수열이란 숫자들의 나열을 얘기하는 거지.

㉮ 아빠! 수열에도 종류가 있나요?

㉯ 수열은 일종의 데이터 집합이라고 할 수가 있단다.

일반 수열, 예를 든다면 5보다 작은 자연수의 수열은 { 1, 2, 3, 4 }와 같이 나열할 수도 있지만, { a_n } 이렇게 조건을 배열하는 방법도 있지. 조건을 제시하는 수식에 따라 자료의 특성을 정의할 수 있으니, 수학에서 유용하게 사용할 수 있단다.

㉸ 아빠! 이건 제가 알아서 공부할게요!

㉯ 그래 아들! 수열은 그리 어렵거나 복잡하게 계산하는 것이 아니니까, 네가 더 공부해보렴. 수열은 통계나 기초 자료를 수식으로 정리할 때 유용하게 사용할 수 있단다.

벡터

(vector)

㉮ 아빠! 벡터라는 수학 용어는 한자로 어떻게 써요? 그리고 그게 뭐예요?

㉯ 아들! 요새 벡터에 대해서 배우고 있어?

㉮ 네~. 수학 시간에 방향과 크기를 가지고 있는 걸 벡터로 부른다고 하는데, 아빠가 계속 설명해주신 방법대로 한자의 의미를 알고 싶은데, 어떤 한자를 쓰는지 모르겠어요.

㉯ 아~ 아들, 어떡하지? 벡터는 한자가 아니란다.
vector라고 쓰는데, 한국에서 읽을 땐 '벡터'라고 읽지.

㉮ 그럼 그냥 영어권에서 나온 단어예요? 왜 한국에선 한국어로 바꿔 말하지 않아요?

㉯ 그렇네~ 한국어로 바꿨으면 더 좋았을 걸 그랬나? 아무튼, 아들! 그 이유는 수학의 유래와 관련이 있다고 할 수가 있겠구나. 아들!

현대의 과학 기술은 어디서 왔는지 생각해본 적 있니?

㉵ 아니요! 원래부터 있었던 거 아니에요?

㉯ 그렇지! 원래부터 동양이건 서양이건 셈을 하는 방법인 수학은 존재했단다. 한국에서는 더하기, 빼기, 곱하기, 나누기, 하나, 둘, 셋, 넷….

중국에서는 가, 감, 승, 제, 일, 이, 삼, 사.

영어권에서는 add, subtract, multiply, divide, one, two, three, four….

일본에서는…. ─.─;;;

아빠가 일본말은 모르고, 아무튼 있어!

이집트에서는? 로마에서는? 아무튼, 모든 나라에는 수학이 있었고, 그 수학을 바탕으로 일상생활에 필요한 계산을 했지.

㉵ 그래요? 그럼 한국에도 통계, 삼각함수, 지수 등등이 다 있었단 말인가요?

㉯ 그럼. 지금과는 사용하는 이름이 다를 수는 있지만, 거의 모두 있었단다. 그중 대표적인 것으로는 '가감승제'와 같이 한자로 표현할 수 있는 것들은 대부분 있었다고 봐야지.

㉵ 그렇네요. 그럼 한자로 표현할 수 없는 수학 용어들은 대부분 현대 사회에 나왔다고 보면 되나요?

㉯ 그렇다고 보면 일반적으로 맞을 거 같구나. 그중 대표적인 것이 로그, 벡터라는 건데, 그중 벡터는 하나, 둘, 셋, 넷 등과 같이 기존의 수(數)로 표현한 수학 용어가 아니고, 특별한 형태를 설명하기 위해 나온 용어란다. 벡터는 고대 수학이나 고전 물리학에서 계산되던 수학적인 개념이 아니라, 근현대에 나오기 시작한 수학적, 물

리적 용어란다.

근현대사 수학의 중심은 영국, 프랑스, 미국 등의 학자에 의해서 발전되어왔단다. 그래서 미국, 영국 등으로 유학 가서 공부한 사람들이 한국에 다시 들어오면서 전파된 학문이라고 볼 수 있단다. 이렇게 서양의 수학, 과학의 새로운 개념을 한국어나 한자의 단어로 표현하기에는 어정쩡한 단어들이 많아, 그냥 원래의 현지 단어 그대로 사용하는 것들이 점점 많아졌지.

㉮ 아~ 그렇구나. 근현대에 새롭게 만들어진 개념들은 번역하지 않고, 그냥 사용하게 되었다~. ㅡ.ㅡ;;

그럼 한자뿐 아니라, 영어도 외워야겠네요?

㉯ ^_^ 하하하! 이번 기회에 영어도 함께 배워보렴~.

일석이조 아닐까?

㉮ ㅡ.ㅡ;; 그건 그렇고, 벡터는 어떤 거예요?

㉯ 으응~. 아까 아들이 설명했듯이, 벡터란 방향과 크기를 가진 수학적 수 개념을 말한단다. 예를 든다면, 음~ 뭐가 좋을까~.

그래! 우리가 아침에 기상예보를 듣다 보면, 바람에 관해 얘기하지? '오늘은 바람이 동남풍으로 초속 3m의 미세한 바람이 불어오겠습니다'와 같이 바람을 설명할 때 속도(길이)와 방향(동남풍)을 얘기해서 표현하지? 이것을 벡터라고 부른단다. 길이와 방향을 가지고 있는 어떠한 수학적 표현을 벡터(vector)라 부른단다.

㉮ 네? 그런 게 벡터라고요? 우리 자주 쓰는 말이잖아요.

초속 3m의 동남풍!

㉯ 그래!

'초속 3m의 동남풍'은 속도라는 길이와 방향을 가진 '벡터 정보'란다. 그럼 이 벡터 정보 값은 어떠한 방법으로 구하게 될까?

Ⓐ 바람의 방향이니까~ 제일 쉬운 방법이~ 깃발을 세우고, 깃발의 흔들리는 방향을 본다. 맞죠?

Ⓝ 그렇지! 그런데 말이야~ 우리 집 앞에서 부는 방향은 그렇게 보면 간단히 되는데, 대한민국 전체에 부는 바람 방향을 얘기할 때는 어떨까?

Ⓐ 그거야~ 우리 집뿐만 아니라 이 집, 저 집, 여러 군데에다가 놓고 그 깃발의 방향과 세기를 가지고 측정해야 하겠지요.

Ⓝ 그래! 맞아! 여러 군데에서 각각 측정한 것을 전체로 놓고, 그 값들과 방향의 값을 고려해서 대푯값을 찾아내면, 국가 전체의 바람 방향과 세기를 구할 수 있겠지?

Ⓐ 당연하지요! 한 곳의 값이 전체를 대표할 수는 없잖아요.

Ⓝ 그래~ 아들, 정말 잘했어! 그래서 벡터라는 수학적인 개념으로 이러한 관계를 계산할 수가 있단다. 또, 하나의 정확한 값으로 계산할 수 있는 것이 아니므로 다음 그림과 같이 수열, 행렬 같은 측정 데이터를 바탕으로 그 방향과 전체의 길이를 계산하게 된단다.

$$\begin{bmatrix} 1 & 0 & 2 & 0 \\ 0 & 3 & 0 & 4 \\ 0 & 0 & 5 & 0 \\ 6 & 0 & 0 & 7 \end{bmatrix} \cdot \begin{bmatrix} 2 \\ 5 \\ 1 \\ 8 \end{bmatrix} = \begin{bmatrix} 4 \\ 47 \\ 5 \\ 68 \end{bmatrix}$$

Ⓝ 즉, 벡터는 여러 측정 데이터의 방향성 및 크기를 구할 때 사용하는

경우가 많다고 볼 수 있지. 이 벡터라고 하는 것도 수학적 개념이기 때문에 덧셈, 곱셈 등등의 수학 연산이 가능하단다.

㉧ 아~ 벡터도 수학적인 개념이구나. 벡터의 방향과 세기를 기술한 수열이나 행렬로 자료를 정리하면, 이를 수학적 방법으로 연산을 할 수 있다! 이런 말씀이시군요.

아빠! 그런데 벡터는 어떨 때 사용해요?

㉯ 음~ 어떤 게 있을까? 자동차를 개발할 때 아주 중요한 것이, '빠른 속도로 달리는 자동차에 바람이 어떻게 형성되느냐?'가 자동차 속도에 영향을 준단다.

㉧ 맞아요, 태풍이 불 때 밖에 나가면, 바람의 방향에 따라 내가 걷는 것이 힘들어지기도 하고 편해지기도 하잖아요. 그래서 마파람을 피해서 건물 안에 숨었다 가기도 하고 하니까요.

㉯ 그래! 아들~.

자동차 차체의 기체 흐름

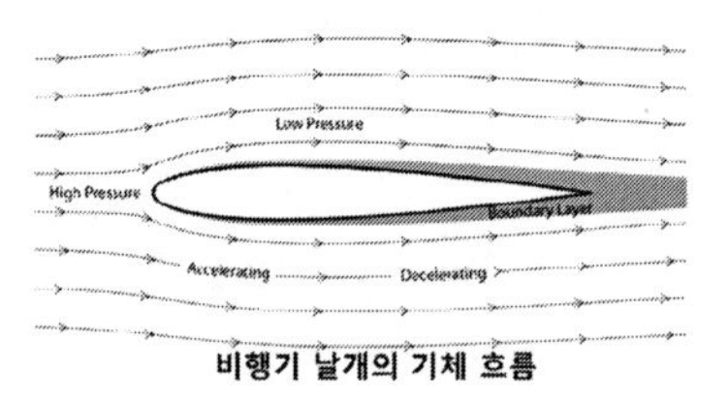

비행기 날개의 기체 흐름

㉯ 그래서 자동차를 연구할 때는 기체역학도 아주 중요하단다. 기체역학이란 공기의 기(氣), 몸 체(體), 힘 력(力), 배울 학(學), 즉 공기와 같은 기체의 흐름, 바람의 흐름 등등을 연구하는 학문을 기체역학이라 하는데, 기체역학은 바람의 방향과 같은 벡터 데이터가 기준

이 된단다. 그림에서 보는 바와 같이 자동차, 비행기, 우주선과 같은 기체역학에서도 많이 사용하지만, 사회 현상의 흐름을 연구하는 통계, 인공지능에서의 연관 관계 등등을 연구하는 거의 모든 학문에서 벡터는 아주 유용한 도구가 되는 수학적 개념이란다.

㉭ 아~ 그럼 고전 역학에서는 어떠한 현상을 직접 볼 수 있어서 사물을 직시하면서 물리 공식을 만들 수 있었는데, 자동차, 비행기, 그리고 지구의 대기 현상과 같이 흐르는 물체를 연구할 때는 그 물질의 흐름을 직접 눈으로 보기 힘들고 복잡했다. 그래서 현상에 맞는 물리 공식을 찾아내기 힘들었으며, 어려운 흐름을 표현할 방법으로 방향과 세기를 가지는 벡터라는 개념을 만들어 계산했다! 이런 말씀이시군요.

㉯ 앗! 그걸 눈치챘어? 맞아! 현대 물리에서는 이렇듯 하나로 정확하게 표현하기 힘든 물리 현상을 연구하는 경우가 많아졌지. 물리학이 아주 빠르게 다양해졌다는 얘기지.

이렇게 다양해진 현상을 연구하는 데 복잡한 수식들이 필요했고, 그러한 복합적인 현상을 연구하기에는 벡터와 행렬의 개념들이 아주 큰 도움이 되고 있단다.

㉭ 아~ 그렇군요. 알았어요. 아빠! 현대 수학은 물리학에 많은 영향을 받으면서 발전하고 있네요.

㉯ 그렇지! 현대 물리학은 현대 수학의 도움을, 현대 수학은 현대 물리학에서 영감을 얻고 있다고 봐야겠지?

㉭ 네~ 알겠습니다.

행렬

(行: 줄 행, 列: 나열할 렬)

㉯ 아들! 그럼 벡터의 값을 계산할 때 아주 유용하게 사용되는 수학적 개념이 있는데 그게 뭔지 알아?

㉮ 아빠가 아까 수열이나 행렬을 사용한다면서요?

㉯ 아~ 그랬나? 아빠가 바보였나 보다. 그래. 수열, 행렬 등을 토대로 벡터의 방향과 크기 등을 구해내지. 수열은 아빠가 앞에서 얘기했던 거 같고, 그럼 행렬은 무엇인지 알겠니?

㉮ 수열은 숫자의 나열이라고 하셨잖아요. 숫자를 { 1, 2, 3, 4, 5 }와 같이 나열해놓은 것을 수열이라고 하셨죠.
수열의 열(列)이 한자였으니까, '행'자도 한자인가요?

㉯ 그렇지! 역시 똑똑해! 수열의 열(列)은 가로로 나열하는 것을 열이라고 부른단다. 그 수열을 아래로 계속해서 또 붙여넣는 것을 행렬(行列)이라고 한단다. 하나의 완성된 수열을 1행(行)이라고 하고, 그

아래 또 수열을 늘어놓으면 행이 하나 증가했다고 하지.

㉮ 아~ 수열의 2차원 배열을 행렬이라고 부른다는 말씀이네요?

{1, 2, 3, 4, 5}

{6, 7, 8, 9, 0}

이렇게 수열을 아래로 더 늘려주면 그게 행렬이 되네요.

㉯ 그래 아들! 이러한 것을 행렬이라고 한단다. 아빠가 행렬이 벡터를 구할 때 아주 유용한 도구라고 얘기했지?

㉮ 네~ 그럼 행렬은 어디에, 또 어떻게 사용하는데요?

㉯ 만약에 어떠한 행렬의 값이 다음 표와 같이 데이터가 나와 있다면 어떨까? 이런 형태의 행렬이 있다면, 45도의 방향을 가진 '1 × 3' 길이만큼의 벡터를 뽑아낼 수 있지 않겠니?

0	0	1
0	1	0
1	0	0

㉮ 아, 그러네요. 그럼 행렬을 통해서 벡터를 구할 수 있겠네요. 그런데 벡터값을 구하는 게 이렇게 쉽나요?

㉯ 물론 아니지! 벡터를 구하기 위해서는 행렬의 곱하기, 나누기, 거듭제곱 등등의 연산을 통해서 정확한 방향과 크기를 구해야 한단다. 아빠가 이렇게 설명한 것은, 이런 특성이 있으니 벡터를 구할 수 있다는 것을 보여주기 위해 간단히 설명한 거란다.

㉮ 그렇군요. ㅠ..ㅠ 그럼, 행렬과 벡터는 서로 연관 관계가 아주 크

다는 말씀이신 거죠?

㊭ 그렇지. 벡터 데이터를 가지고, 또 다른 행렬을 만들 수도 있단다. 물리학에서는 이러한 것들을 기초로 물리량이라고 하는 것을 구하기도 하지. 그리고 통계에서는 분포도 등 행렬의 데이터를 가지고 회귀분석 등등의 방법을 통해서 향후 변화 추이 등을 예측하는데, 이도 벡터의 값을 구한다고 볼 수 있지.

㉵ 아~ 행렬, 벡터가 물리학, 경제학 등에서 아주 유용하게 사용되는구나! 행렬의 계산도 일반 수학하고 비슷하죠?

㊭ 매우 다르단다. 행렬의 계산은 { 2행, 3열 } × { 1열 }, 또는 { 3행, 3열 } × { 2행, 1열 }과 같은 계산 등 다양하므로 그 계산 방법과 특징을 열심히 공부해둘 필요가 있단다.

㉵ 아빠가 가르쳐주세요.

㊭ __;;; 하하하. 아빠도 이 계산은 복잡해서리…. ㅠ..ㅠ
아들 한번만 봐줘라~. 네가 열심히 공부해서 아빠 좀 가르쳐줘~.

㉵ ㅠ..ㅠ 아빠도 모르는 걸 아들한테 열심히 하래~.

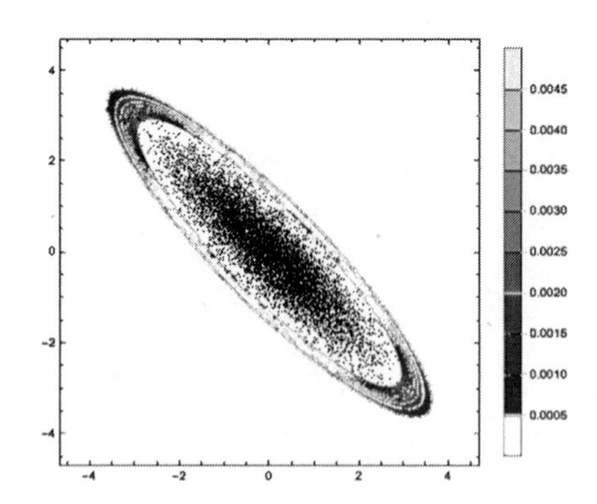

미분

(微: 미세할 미, 分: 나눌 분)

㉮ 아버지~ 질문 있습니다.

㉯ 잉? @.@; 아들! 왜 이래~. 아빠한테 뭐 잘못한 거 있어?

㉮ 아닙니다. 아버지~ 이 질문을 하려니까, 아빠라고 부르면 안 될 것만 같아서 그렇습니다.

㉯ 아들! 그냥 하던 대로 하면 안 될까? 아빠가 너무나 부담스럽다.

㉮ 아~ 빠~! 사실 나도 닭살 돋긴 했어! ㅠ..ㅠ

$$\lim_{\Delta t \to 0} \frac{s(t+\Delta t)-s(t)}{\Delta t}$$

㉮ 다른 게 아니라, 이건 기호도 많고 무슨 뜻인지도 모르겠더라고….
이게 수학이긴 한 거야? 이거 물리학 공식 아니에요?

t는 물리학에서 타임(Time), 즉 시간을 의미하잖아요.

lim이라는 것도 모르겠어요.

㉯ ^_^ 하하하. 울 아들이 드디어 어려운 수식을 보게 되는구나? 지금부터가 수포자가 되기 시작하는 지점이란다.

㉮ 도대체 이게 뭐예요? ㅠ..ㅠ

lim, 삼각형만 없어도 대충 알겠는데, 이건 숫자가 아닌 기호들이 나와요.

㉯ 혹시 이거 미분이라는 것에서 본 거 아니야?

㉮ 네~ 미분이라는 항목에서 이게 나와요. 미분이 도대체 뭐예요?

㉯ 미분이라~. 미분이란, 미세하다는 뜻의 작을 미(微), 나눌 분(分)을 사용하는 단어로 미세하게 나눈다는 뜻이 있단다.

㉮ 미세하게 나눠요? 무엇을요?

㉯ 으응~ 물리에서 무엇인가를 측정하기 위해서는 측정에 관한 기준점이 필요하단다. 그 기준점을 구하기 위해서는 오차가 가장 작은 숫자를 찾아내는 것이 아주 중요하지. 그래서 그 기준점을 찾을 때, 어떤 현상을 아주 작게 나눠 오차가 0이 될 때까지 구한다면, 그 기준점은 정확한 숫자가 되겠지?

이럴 때 미분을 사용해서 최소 오차, 즉 측정치의 오차가 0에 가까운 수를 구할 필요가 있단다. 이때 미분을 사용해서 그 값을 구하게 되지. 예를 든다면, 이 그림 기억나니? 아빠가 이전에 원을 그릴 때 얘기했었지?

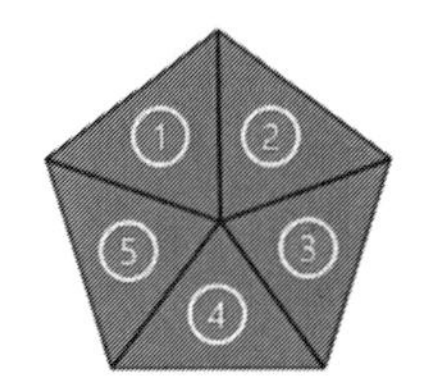

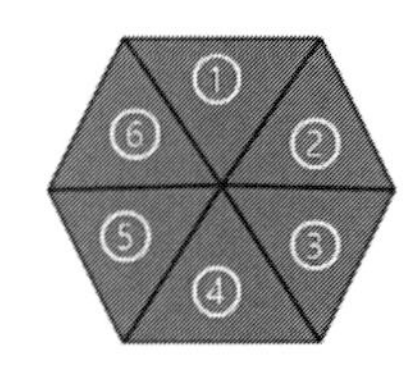

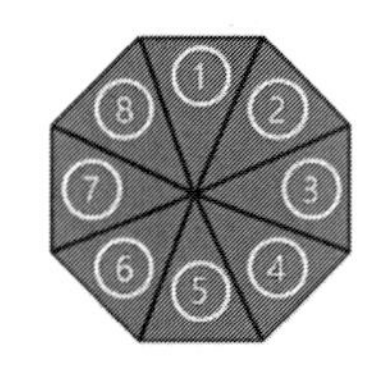

(아) 그럼요! 이 그림 기억나죠. 삼각형의 수가 점점 많아지면 많아질수록 원에 점점 가까워졌잖아요.

(나) 그렇지? 삼각형의 수가 많아진다는 것은 삼각형의 한 변의 길이가 점점 짧아진다는 거지?

(아) 그렇지요. 삼각형에서 원주에 해당하는 변의 길이가 점점 짧아지면 짧아질수록 원의 모양과 같아지는 거지요.

(나) 아들! 그럼 삼각형에서 원주에 해당하는 변의 길이가 얼마가 됐을 때, 가장 원에 가까울까?

(아) 계속해서 삼각형의 개수를 늘려보면 되지 않을까요?

(나) 그렇지! 계속해서 삼각형의 개수를 늘려가면서 그 길이를 확인하는 방법이 가장 좋은 방법이지! 옛날에 고전 수학을 하던 사람들은 그런 식으로 했단다.

(아) 고전 수학을 하던 사람들요? 그럼 지금 하는 사람들은 그렇게 계산하지 않나요?

(나) 몇 개까지 늘려야 할지도 모르고, 원의 반지름 길이마다 그 값도 다르게 나오니까 그렇게 할 수가 없겠지?

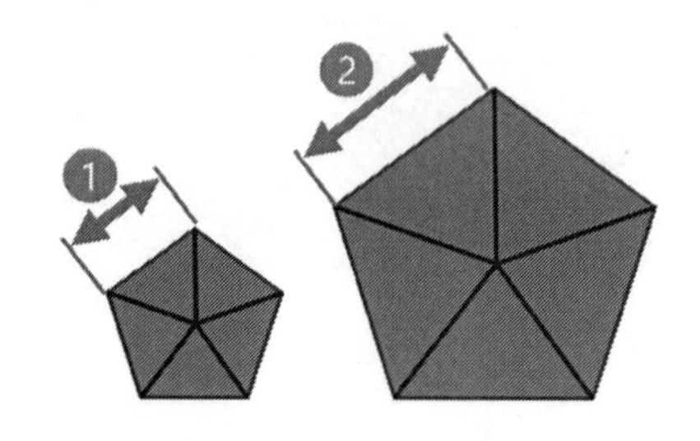

㉯ 이 그림과 같이 오각형이 커지면, 그 빗변의 길이도 커지겠지? 그럼, 매번 그걸 측정해서 알아내는 것도 매번 달라진다는 거겠지?

㉮ 아~ 그러네요. 삼각형의 개수를 늘린다고 해도 결국 그 빗변의 길이는 반지름의 길이에 영향이 가네요.

㉯ 그래! 그래서 이러한 문제를 수학적으로 풀 필요가 있었단다.

㉮ 그래서 미분방정식이 나온 건가요?

㉯ 그렇다고 봐야지. 물질의 원리를 이해하려면, 여러 종류의 물질에도 똑같이 적용할 수 있는 수학적 풀이가 필요했지. 그래서 미분이라는 수학방정식이 나온 거란다.

㉮ 아~ 빗변의 길이를 최대한으로 미세하게 나누는 방법으로 그 길이를 0에 가까운 최솟값으로 만든 다음 원을 그린다면 가장 정확한 답을 찾아낼 수 있다는 말씀이시죠?

㉯ 그렇지. 빗변 길이의 최솟값을 찾아서 삼각형을 만든다면 가장 원에 가까운 원을 그릴 수 있다고 본 거지. 아까 위에서 봤던 수식을 한번 볼까?

$$\lim_{\Delta t \to 0} \frac{s(t + \Delta t) - s(t)}{\Delta t}$$

㉯ 여기서 $\triangle t$(델타 t)는 그 빗변의 길이로 보면 된단다. s(t)는 꼭짓점의 위치이고. 그럼 's(t + $\triangle$t)'는 무엇을 의미할까?

㉮ s(t)가 꼭짓점이고, $\triangle t$가 빗변의 길이니까 's(t + $\triangle$t)'는 꼭짓점에서 빗변의 길이를 더했으니까~. 음~ 아! 알았어요. 's(t + $\triangle$t)'는 다음 꼭짓점 위치예요.

㉯ 그렇지! 역시 우리 아들은 아주 똑똑해요.

그래 맞아! 's(t + $\triangle$t)'는 다음 꼭짓점의 위치란다.

그래서 's(t + $\triangle$t) − s(t)'는 꼭짓점까지의 거리를 얘기하지. s()는 함수이니까, 그 함수를 통해서 나온 값의 변화값과 빗변의 비율을 계산하는 공식이란다. 그럼 $\lim_{\Delta t \to 0}$(공식)은 무슨 뜻일까?

㉮ $\lim_{\Delta t \to 0}$는 빗변의 길이를 0에 가까이 가져간다?

㉯ 그래, lim은 리밋(limit), 즉 극한까지 계산해본다는 의미가 있단다. 즉 빗변의 길이 $\triangle t$의 값을 0에 가장 가깝게 가져갔을 때까지 '미세하게 분해하라'라는 의미를 지닌단다.

㉮ 아~ 빗변의 길이가 최대한 0에 가까워질 때까지의 극한값을 구해라. 즉, 빗변의 길이를 최대한 0에 가깝게 구하라는 의미이군요.

㉯ 그렇지!

㉮ 그런데, 어차피 최소한의 값을 구하는 건데 그냥 0으로 하면 안 돼요?

㉯ 그렇구나. 그냥 최솟값인 $\triangle t=0$으로 등호(=)를 넣어서 하면 될 텐데 왜 화살표(→)를 넣어서 표현했을까? 이건 물리적인 환경에 따라 그 극한값이 달라질 수 있기 때문이지. 모래 위에다가 원을 그리는 것과

밀가루 위에 원을 그리는 것은 그 원의 정밀도에서 차이가 나겠지?

(아) 그렇죠! 모래의 알갱이가 밀가루의 알갱이보다는 크니까, 원의 정밀도가 다르겠지요.

밀가루 알갱이

(나) 그래! 물리학에서는 여러 다른 물질들의 측정에서도 쓰일 수 있는 수학 공식이 필요했으니 유연성이 필요했겠지? 그림에서 보는 바와 같이 모래 알갱이들 사이의 거리는 밀가루 알갱이들 사이의 거리와 차이가 나겠지? 그럼 lim으로 $\triangle t$의 길이도 차이가 날 수밖에 없단다. 그래서 공통으로 0을 사용할 수는 없는 일이지!

(아) 아~ 그러네요. 물리적 환경에 따라 그 최솟값은 차이가 나겠네요. 그래서 '$\triangle t=0$'으로 하지 않고, '$\triangle t \to 0$'과 같이 극한값으로 접근을 한다는 표현을 쓴 거군요.

(나) 그렇지! 울 아들은 이해력이 짱이네.

(아) 하하! 제가 좀 한다고 몇 번을 말씀드려요~. ^^;

아빠! 그럼 미분은 물리학에서 나온 수학 공식이에요?

(나) 하하. 수학적인 의미의 미분은 '변하는 움직임 현상에서 가장 짧은 시간에서의 변화량을 측정하는 방법'으로 나왔단다.

그래서 미분은 '물리적' 현상을 증명하기 위해서 나온 공식이지. 원래 수학이 우리 일상생활에서 나타나는 물질들을 측정하기 위해서 나온 학문이라고 말했잖니. 그리고 수학은 수를 계산하는 것을 넘어, 물질의 이해를 하기 위한 '언어'의 역할을 할 정도로 많은 역할을 한단다.

㉮ 네~ 알겠어요. 그럼 누가 처음으로 미분을 사용했어요?

㉯ 아까 위에서도 말했지만, 미분의 개념은 고대 수학자들도 대부분 알고 있었단다. 삼각형을 쪼개고 쪼개서 가장 가까운 원, 혹은 면적을 구한다는 것은 고대 수학자들도 사용했는데, 이를 수학적으로 완성을 시켜서 물리에 가장 잘 적용한 사람은 뉴턴이라는 물리학자였단다.

㉮ 뉴턴이요? '떨어지는 사과'로 유명한 그 물리학자요?

㉯ 그렇지! 고전 물리학을 완성시켰다고 알려진, '떨어지는 사과'의 뉴턴이란다. 뉴턴은 라이프니츠와 같이 자연 현상을 표현하는 방법에 미분, 적분을 이용하는 아이디어를 공유하며 발전시켰단다. 
그러면서 미분기호, 적분기호, 극한과 같은 개념들을 정리하였단다.
떨어지는 사과를 보고 세상의 모든 만물은 서로가 끌어당기는 힘이 있다는 것을 알아냄으로써 '만유인력의 법칙'을 발견했고, 우주의 행성이 원을 그리며 움직이는 모습을 관찰하며 많은 연구를 했단다. 그러한 과정에서 원의 궤도, 사과가 땅에 떨어지는 궤도 등등을 연구하면서 발전시켰고, 이러한 물리 현상을 수학적 방법으로 정리하는 과정에 미적분을 발견하고 이용한 듯하단다.

㉮ 아~. 원으로 움직이는 궤도를 정밀도 높게 측정하면서 미분, 적분

을 정립했다는 말씀이죠?

㉯ 그렇지!

얼마 후…

㉮ 아빠~! 미분으로 구해진 값은 곡선의 기울기를 나타낸다고 하던데, 미분으로 나온 값이 변화량에 대한 비율이라고 말씀하셨잖아요.

㉯ 그렇지! 변화량이라고 하면, 특정 시간에서의 가로 세로의 변화량이 되겠지? 그림과 같이 변화값이 가로가 2일 때 세로 높이 값이 1만큼 변한다면, 좌표평면에서 변화량은 $\frac{1}{2}$이겠지? 즉, 변화량 0.5. 직선에 대한 가로, 세로 $\frac{1}{2}$은 특정 시간 변화에 따른 그 직선 기울기란 표현이 되겠지! 즉, 미분을 통해서 나오는 값은 직선의 기울기라고 할 수 있단다. 그래서 미분을 설명하는 많은 문서에는 곡선에 접하는 직선의 기울기라 표현한단다.

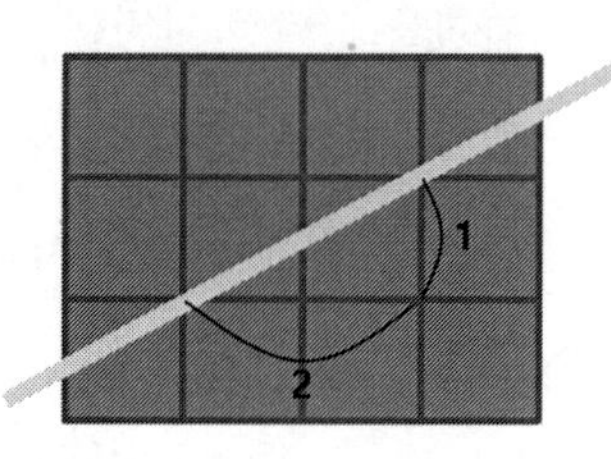

㉮ 아~ 그렇네요. 그런데 미분은 어떨 때 써요?

㉯ 미분을 사용하는 데야 많지! 이전에 벡터라고 가르쳐줬지?

㉮ 네~ 방향과 길이를 가지는 데이터를 벡터라고 표현한다고 하셨어요.

㉯ 그래~ 벡터를 구하는 목적은 아주 많이 있지만, 경제, 통계와 같은 어떤 자료가 어느 방향으로 움직이고 있는지 등을 확인하고자 할 때 벡터를 사용하는데, 그 통계자료를 바탕으로 미분하여 기울

기를 구하게 되면 그 기울기가 방향이 되지 않겠니?

㉮ 네.

㉯ 이렇듯 통계의 기초 자료로 필요한 자료를 만들 때도 많이 쓰이고, 음악을 분석하는 프로그램에서도 그 파형을 조절하고, 필터링하는 등, 여러 분야에서 사용을 하고 있단다.

㉮ 아~ 사용하는 분야가 아주 많네요?

㉯ 그렇지! 미분은 '탁!' 하고 최종적으로 사용하는 결과값을 찾아내기보다는, 다른 것을 구하기 위한 정확한 기초 데이터를 추출하는 과정에서 많이 사용되어서, 우리가 생활에서는 자주 볼 수 없는 수학 공식이란다.

㉮ 아~ 통계청에서 발표하는 통계자료나 가수가 부르는 노래처럼, 우리가 직접 보고 들을 수 있는 것이 아니므로, 우리가 자주 볼 수 있는 수학 공식은 아니라는 말씀이죠?

㉯ 그렇지! 우리는 잘 모르고 사용하고 있지만, 텔레비전, 라디오, 컴퓨터와 같은 전자제품, 주식분석, 경제발표 자료 등등은 이 미분을 바탕으로 만들어지는 것이 대부분이란다. 현대사회에서 사용하는 거의 모든 과학제품은 이 미분을 바탕으로 설계한 후 제작되어 사용하고 있단 말이지. 이렇듯 많이 사용하는 미분은 적분하고 같이 계산되는 경우가 대부분이라 미분과 적분, 즉 미적분을 통상적으로 같이 붙여서 부른단다.

㉮ 아~. 미분하고 적분은 대부분 같이 사용된다는 말씀이시죠?

㉯ 그렇지! 미분하고 적분은 서로 깊은 연관 관계를 형성하고 있단다.

㉮ 네~. A만으로의 의미보다는 B와 같이 사용할 때 가장 큰 효과를

발휘한다는 말씀이시죠?

㉯ 그렇지! 미분하고 적분은, 어떤 값을 미분해서 가장 작은 미분값을 구하고, 그 미분값을 계속 더해서 적분하면 원래 있던 값을 구할 때 가장 정확한 답을 얻을 수 있단다.

적분

(積: 쌓을 적, 分: 나눌 분)

㉯ 아들! 이 글 한번 읽어보렴.

적분이란 주어진 미분으로부터 그 양(量) 자체를 찾아내는 방법이고, 이를 제공하는 연산을 일반적으로 적분이라 부른다.

㉰ 아빠! 무슨 말이에요?

㉯ 유명한 수학자이자 물리학자인 '레온하르트 오일러'라는 사람이 한 애기란다. 미분으로부터 그 원래의 양(물질의 정확한 부피)을 계산하는 방법을 제공하는 연산을 적분이라고 했다는 말이지. 즉, 적분은 아주 미세하게 나누어놓은 미분값을 다시 쌓아놓음으로 그 물질의 정확한 양을 계산할 수 있다는 거란다. 그래서 물건들을 쌓아놓는

다고 할 때 사용하는 '쌓을 적(積)', '나눌 분(分)'을 써서 적분(積分)이 라 부르지. 즉, '나눈 것을 쌓는다'라는 의미가 있단다.

㉮ 말로는 귀에 잘 안 들어와요.

㉯ 그래?

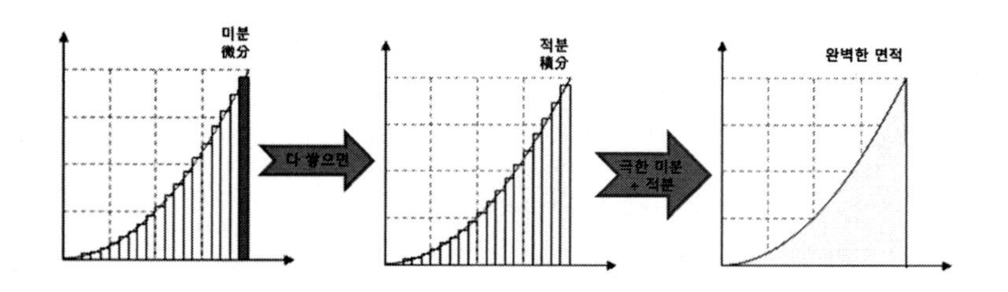

㉯ 그림에서 보는 것과 같이 곡선을 미세하게 잘라서 미분하고, 그 미분한 값을 다시 쌓아올려 더하는 적분을 하면 곡선의 정확한 면적을 구할 수 있지?

㉮ 네~ 그러네요. 미분을 극한까지 올려서 미분한 후 다시 쌓는다면, 완벽한 곡선의 면적을 계산할 수 있게 되네요!

㉯ 그래, 잘 봤다. 미분한 것이 어느 한 포인트의 기울기라면, 그 기울기를 토대로 최소 단위면적을 계산하고 그 계산된 값들을 모두 더한다면, 곡선의 정확한 면적을 계산할 수 있단다. 미분을 '$\Delta t \to 0$'과 같이 극한까지 간다면, 그 곡선의 면적을 완벽하게 구할 수 있다는 거지.

㉮ 아~ 그러네요. 미분한 값을 다시 쌓으면 내가 알고자 하는 원래의 값을 구할 수가 있네요.

㉯ 그렇단다. 적분은 미분된 값을 이용해서 다시 더하면, 더욱더 정밀

한 원래의 값을 가지게 된단다. 그래서 수학 공식에서 적분의 표현 방법은 Sum(합계, 총합)의 S자를 이용해서 ∫로 표현을 한단다. 읽는 방법은 썸(Sum)이라 읽지 않고, '인테그랄(integral)'이라 읽는데, 영어의 integral은 '통합하다'라는 의미의 integrate에서 파생된 단어란다.

㉮ 아~. 적분은 총합(Sum)의 의미가 있고, '통합하다'라는 동사, 즉 '인테그랄'로 읽는다. 아무튼, 적분은 '미분값을 쌓아라'라는 뜻으로, 한자로 쌓을 적(積)을 쓰듯이 영어로 표현해도 똑같이 통합하라는 뜻으로 사용하는구나!

㉯ 그래. 적금(積金)이 돈을 쌓는다는 뜻이듯, 적분은 '미분을 쌓아라'라는 뜻이란다. 영어권에서도 똑같은 의미로 쓰이고 있단다.

㉮ 아~. 가장 밀도를 높여서 정확한 부피를 알아낼 수 있도록 먼저 미분을 통해 가장 작은 가루로 만들고, 그 가루를 차곡차곡 쌓는 적분을 통해서 공간이 없는 정확한 부피를 찾아낸다! 마치 떡을 만드는 과정과 비슷하네요. 쌀을 잘게 갈아서 쌀가루를 만들어야, 촉촉하고 맛있는 떡을 만들 수 있는 것처럼 말이에요.

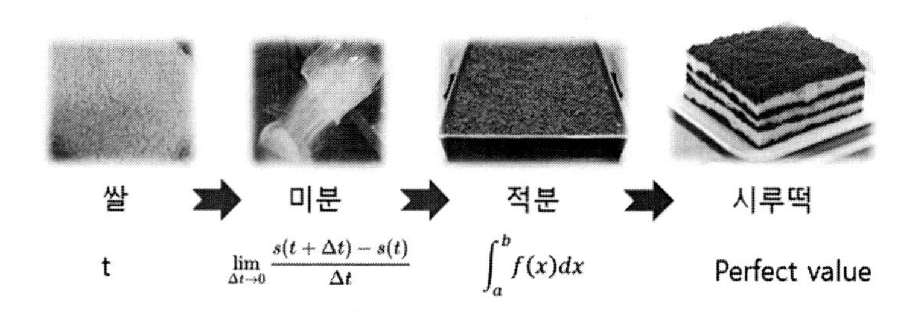

㉯ 그렇지! 먼저 0에 가깝게 미분해야, 그 미분값을 적분했을 때 공간이 없이 꽉 채워져서 가장 완벽한 부피를 계산할 수 있게 된단다.

㉮ 와~ 그래서 미적분이라고, 미분하고 적분을 같이 배우는구나.
이제야 명확해졌어요. 아빠! 감사합니다.

㉯ ^_^ 하하하. 뭘 그 정도로. 아들! 그리고 또 알아둬야 할 게 있단다. 수학은 고대 수학과, 고전 수학, 그리고 현대 수학으로 구분할 수 있는데. 고대 수학과 고전 수학의 구분점은 미분과 적분의 발견에서부터 시작되었다고 해도 과언이 아니란다.

㉮ 고대 수학, 고전 수학의 구분점이 미적분이란 말씀이세요?

㉯ 그렇지! 수학은 수학이지, 굳이 고대, 고전, 현대로 나누지는 않는단다. 다만 모든 사물에는 변곡점(變曲點: 곡선이 변하는 지점)이라고 하는 것이 있지. 그래서 아빠는 고대, 고전의 변곡점은 미적분이라고 생각한단다.

㉮ 그렇게 생각하시는 이유는요?

㉯ 고대 수학이 주로 길이, 무게, 거리 등의 측정을 위한 수학이었다면, 1600년대 이후의 고전 수학에서는 물질을 이해하는 물리학적 수학이라 생각하기 때문이란다. 고대 수학은 직선을 이용한 1차원적 증명 방법이었다면, 고전 수학은 곡선을 바탕으로 한 2차원적인 증명 방법을 사용했다는 것에서 이렇게 생각한단다.

㉮ 곡선을 바탕으로 한 증명 방법이요?

㉯ 그래~ 뉴턴에 의해 1600년대 말에 미적분이 발견되었지.
이 미적분은 곡선의 특징을 수학적으로 기술하는 데 아주 훌륭한 도구가 되어주었지. 이렇게 시작한 미적분을 통해 사물의 크기나 위치 등을 측정하던 수학의 영역이 사물(만물)의 근원을 알아내는 철학의 영역으로 확장되었단다. 현대 과학의 바탕이 되는 미적분은 자연과학을 '자연철학'의 영역으로 확장을 하게 해주었단다.

㉧ 자연과학요? 자연철학요? 아빠, 수학하고 과학, 철학이 서로 연결이 되나요?

㉯ 그렇다고 볼 수 있단다. 고대 중세시대의 철학 사상은 종교에 의해 지배를 받고 있었다고 볼 수가 있지. 그래서 자연 현상도 종교적 사상을 바탕으로 이해하고 있었단다. 로마, 프랑스, 독일 등 유럽에서는 가톨릭 사상이 그 철학 사상의 주류를 이루었고, 중국, 한국 등 동양에서는 불교, 유교 등이 그 철학의 바탕이 되었단다. 이러한 종교를 바탕으로 한 철학 사상들은 자연을 이해하고 해석하는 부분에 커다란 영향을 주었지. 그래서 가톨릭에서는 세상의 모든 사물은 '전지전능하신 하나님'에 의해서 만들어졌다는 생각으로 그 하나님이 부여하신 역할에 따라 세상의 만물을 이해하려고 했고, 동양에서는 세상의 모든 만물은 서로 윤회하며 만들어지고 소멸한다고 보았고 그 역할도 윤회의 과정에서 음양오행 등에 의해서 그 역할이 결정된다는 철학을 바탕으로 세상의 만물을 이해하려고 했지.

㉧ 아~. 그런 거 같아요! 고대 유럽에서는 천지창조, 천동설, 마녀, 종교재판 등과 같이 가톨릭의 종교적인 철학 사상으로 판단 기준을 정했던 거 같고, 아시아에서는 만물이 음양, 나무, 불, 흙, 쇠, 물과 같은 오행이 윤회하면서 돌아간다는 기준으로 정해져 있었던 것 같아요.

㉯ 그래! 아들. 이러한 종교적 해석에 의한 만물의 법칙들이, 뉴턴이 미적분을 발견한 것을 계기로 자연철학에도 수학이 들어오기 시작했단다.

㉧ 수학이 어떤 형태로 들어와요?

㉯ 뉴턴의 미적분 발견 및 사용은 주로 원, 파동 등과 같이 곡선에서의

수학적 계산을 하기 위해 연구하면서 만들어졌단다. 그래서 미적분은 포물선, 바람의 흐름, 물의 흐름 등 파동을 연구하는 데 아주 효과적인 도구가 되어줬단다.

㉮ 아~. 미분하고 적분을 적용하면서부터 바람, 물, 불 등과 같이 자기 마음대로 움직이는 현상들을 이해하기 시작했다는 말씀인 거죠?

㉯ 그렇지! 바람이 불고, 비가 오고, 눈이 오고 하는 것들은 고대에는 부처님, 하나님 등과 같은 신(神)만이 할 수 있는 일이라 판단했는데, 현대에 와서는 그 원인이 공기의 흐름, 태양에너지의 흐름 등과 같이 사물의 흐름에 좌우된다는 것을 알 수 있게 되지 않았니? 즉, 수학이 인간의 철학적 사상을 신의 영역에서 자연의 영역으로 이끌어올 수 있게 해주었지.

㉮ 아~. 알겠어요. 고대에는 번개 치고, 비를 내려주고 하는 등의 일을 하나님과 같은 신(神)만이 할 수 있다고 믿었고, 그러한 신비한 일들은 신만이 내려주는 것이라고 믿었다는 말씀이시죠? 하지만 지금은 그것이 공기, 물, 에너지의 흐름에 의해서 이루어진다는 것이 수학으로 증명되었고, 이로 인해 바람 불고, 비 오고, 번개 치고, 지진이 일어나고, 홍수가 나고 하는 현상이 신의 현상이 아닌 자연 현상이란 것을 수학적인 방법으로 증명할 수 있게 되었고, 이로 인해 자연 현상이 신의 영역에서 자연의 영역으로 올 수 있었다는 거죠?

㉯ 그렇지! 무서운 자연 현상이 신이 만들어내는 신기한 현상이 아닌, 자연 그 자체에서 스스로 일어나는 현상이라는 것을 알게 된 거지. 이렇듯 파동의 흐름, 파동의 크기, 파동의 방향 등을 정밀하게 계산할 수 있게 된 것은 수학의 미적분 발견부터라고 볼 수 있단다.

㉮ 아~ 그렇겠구나. 그럼 아이작 뉴턴의 미적분 발견은 정말로 대단한 발견이네요! 그래서 뉴턴이 대단한 과학자구나. 그런데, 왜 발견이라고 했나요? 발명이 아니고?

㉯ 음~. 발명과 발견에는 약간의 차이가 있단다. 기존에 없는 것을 만들면 발명이라 하고, 기존에 존재했던 것의 새로운 사용법을 찾아내는 것은 발견이라고 한단다. 우리 아들도 알다시피, 미적분의 기본이 되는 기술인 삼각함수, 싸인, 코싸인 등등은 고대부터 사용해오던 계산법으로 오랜 시간 천천히 발전해왔단다. 원의 원주를 구하기 위해 피타고라스의 정리가 이용된 것처럼, 그 접근 방법도 고대부터 내려왔단다. 즉, 없었던 수학을 새로 만들어낸 것이 아니니 발명이라 하지 않고 발견이라 하는 견해가 더 우수하다고 할 수 있단다.

㉮ 아~ 기존에 있었던 수학을 집대성해서 정리했다고 할 수가 있는 거군요. 알겠습니다. 아~ 빠~.

자연철학

뉴턴과 라이프니츠가 일으킨 수학적 전동은 18세기에 더욱 번성해, 수학자들이 미적분학을 배우기 시작하고 미적분학을 좀 더 깔끔하게 정리하게 된다.
수학에서 사용하는 분석적 방법을 운동에 적용하는 것은 '합리적 운동학' 또는 '고전 역학'으로 불리게 되었다.

㉯ 아들~ '그래도 지구는 돈다'라는 말 들어봤어?

㉵ 네~. 지동설을 주장한 '갈릴레오 갈릴레이'라는 철학자가 한 유명한 말이잖아요.

㉯ 그렇지! 역시 우리 아들이다. 그래~ 갈릴레오는 '종교적인 철학'을 바탕으로 한 철학 사상에 반대하다가 돌아가신 아주 유명한 철학자 겸 수학자이시지. 갈릴레이가 활동하던 17세기 초까지 유럽은 가

톨릭 종교에 의해 지배되던 시대였단다. 이때쯤 아주 깊게 사유(思惟: 생각 사, 생각 유)를 하던 철학자 겸 물리학자인 갈릴레오는 그 당시 많은 철학자와 물리학자들이 그러했듯 우주의 별들을 관찰하면서 깊은 사유(思惟)를 하였지. 별들의 위치를 측정하고, 빛의 밝기 등으로 거리를 유추하면서 시간을 보냈단다. 그러던 중, 우주의 별들이 지구를 중심으로 돌아가는 것이 아니라 지구가 태양의 주위를 돌고 있다는 것을 알게 되었지. 그럼 갈릴레오는 지구가 태양의 주위를 돈다는 것을 어떻게 알았을까?

㉾ 하하하. ㅡ.ㅡ;; 매일 하늘의 별을 보고, 별 위치를 확인하고, 그 위치를 종이 위에 올려놓고 좌표화해서, 음….

㉯ 그래~ 잘했어! 그때도 삼각형으로 거리와 높이를 측정하는 삼각함수는 있었고, 빛의 밝기로 거리를 유추하는 방법들도 있었으니, 별의 위치를 확인할 수 있었단다. 아들! 그래서 그걸 측정해서 무엇을 알아냈을까?

㉾ 별들이 움직이고 있다는 걸 알아냈겠죠?

㉯ 그래, 별들이 움직이고 그 움직임의 중심점이 어디 있는지를 삼각함수를 통해 확인해볼 수 있었겠지?

㉾ 네~. 거리와 각도를 알면, 중심점이 어디 있는지를 계산할 수 있을 테니까요!

㉯ 그래! 정답! 그 중심점을 수학적인 계산으로 알아낸 갈릴레오는 무엇이라고 했을까?

㉾ '지구는 돈다.' ㅡ.ㅡ;; (찍었당!)

㉯ 오~! 울 아들 똑똑하다는 건 알았지만, 이렇게까지 똑똑할 줄이야! 그래! 갈릴레오는 태양을 중심으로 별들이 돌아간다는 사실을 알아

냈고, 가톨릭의 철학 사상인 천동설이 틀렸다는 것을 알게 되었지. 그래서 지구가 태양을 주위로 돈다는 지동설을 주장하게 되었단다. '땅 지(地)', '움직일 동(動)', '말씀 설(說)', 즉 '지구가 움직인다는 학설'의 뜻을 가진 지동설(地動說)을 주장했단다. 그 당시는 '지구는 하늘의 중심이고, 하늘이 지구 주위를 움직인다'라는 의미의 천동설(天動說)이 그 당시 가톨릭의 주요 개념이었고, 갈릴레오의 지동설 주장은 이에 어긋나는 주장이었단다. 즉, 지동설을 주장한 갈릴레오는 그 당시 종교적 사상인 천동설에 어긋난다고 종교재판에 부쳐졌지. 그 종교재판의 재판 과정 중 종교 지도자들의 압력을 이겨내지 못한 갈릴레오는 '천동설이 맞습니다'라고 거짓말을 한 후에야 재판정에서 나갈 수 있었지. 그렇게 문밖으로 나온 갈릴레오가 '흥! 그래도 지구는 돌고 있다'라고 말했다는 유명한 애기가 있지.

㉠ 네~ 맞아요! 영화도 많이 만들어졌고, 자연의 현상을 이해하는 철학자들 사이에서 자주 회자되는 말이잖아요.

㉯ 그래! 맞아! 갈릴레오가 지동설을 증명한 것과 같이 수학이 자연 현상을 이해하는 데 커다란 도움을 주었고, 이렇게 자연 현상을 이해하는 방법으로 수학을 도구로 사용하자는 철학이 17세기경에 대두가 되는데, 이러한 철학 사상을 '자연철학'이라 한단다.

㉠ 자연철학요? 자연을 이해하는 데 수학을 이용해 그 현상을 증명해 보자는 철학 사상이란 말씀인가요?

㉯ 그렇지! 삼각법, 삼각함수 등의 고대 수학이 수리적 탐구 능력을 어느 정도 뒷받침해줄 수 있게 되자, 별을 관찰하고 연구하던 많은 천문학자는 수학을 사용하였지. 즉, 수학을 바탕으로 천체(天體)의 비밀을 풀어보고자 했던 것이지. 17세기에 많은 물리학자 사이에서

그러한 바람이 강하게 불어, 수학을 이용해 자연 현상을 증명하려 했었단다. 이러한 철학적 사고방식이 자연철학의 시작이라고 할 수 있단다.

㉮ 아~ 자연 현상의 원인을 수학적 사고를 통해서 사유해보는 철학적 사고방식을 자연철학이라 부른다는 말씀이네요.

㉯ 그렇지. 이러한 자연철학이 천동설을 지동설로 바꾸고, 태풍, 지진 등은 신이 내리는 재앙이 아니라 자연 현상으로 이루어졌음을 알게 됨으로써 시작된 철학 사상이라 할 수 있겠지.

㉮ 아~ 그러네요.

㉯ 그렇지? 자연 현상 증명법에 수학이 들어옴으로써, 자연 현상은 과학, 수학의 틀을 가지게 되었고, 그 후부터 자연과학, 현대 과학 등이 태동했다고 볼 수 있단다.

전자기학

(電: 전기 전, 磁: 자석 자, 氣: 기운 기, 學: 배울 학)

㉤ 아빠! 전자기학이 뭐예요?

㉯ 전자기학? 으음~. 전자기학이란, 우리가 일반적으로 집에서 쓰는 전기를 의미하는 '전기 전(電)', 금속을 붙이는 자석의 '자(磁)'를 쓰는 자기(磁氣)가 합쳐져, '전기(電氣) + 자기(磁氣)'라는 뜻으로 전자기라고 부른단다. 그리고 그 전기와 자기를 연구하는 학문을 전자기학(電磁氣學)이라고 하지.

㉤ 전기? 우리가 집에서 쓰는 220V 전기를 말씀하시는 거예요?

㉯ 그래! 집에서 사용하는 전기.

㉤ 그 전기와 금속을 붙이는 데 사용하는 자석이 서로 관계가 있어요?

㉯ 그럼~ 전기와 자기는 아주 연관성이 깊단다. 그래서 전기(電氣)와 자기(磁氣)를 함께 연구하는 학문이 옛날부터 발전했지.

㉤ 어떻게 관련이 있는데요?

㊖ 으~ 응! 아들, '자연철학'이 뭐라고 했지?

㉧ 자연 현상을 수학적 사고로 증명하는 물리 철학이라 하셨어요.

㊖ 그래! 아들. 자연철학의 등장이 고전 물리학의 시작이라 했지?

㉧ 네!

㊖ 고전 물리학은 어떤 것이 발견되면서 급속하게 발전했다고 했지?

㉧ 미적분요!

㊖ 그래! 유럽의 17세기에는 수학적 도구를 이용해 자연 현상에 접근하려고 했지. 자연 현상은 우주뿐 아니라, 공기 중에 번개가 치는 현상도 포함이 되어 있지.

㉧ 그렇죠!

옛날부터 번개는 '못된 인간을 혼내기 위해 하늘이 내리는 벌'이라고 했잖아요.

㊖ 그렇지! 번개는 옛날부터 알고 싶어 하던 신비한 현상 중 하나였단다. 그리고 전기뱀장어와 같이 전기를 내뿜는 물고기는 옛날부터 존재했으니, 많은 고대 물리학자들은 그 전기 현상에 대한 궁금증이 많았단다. 하지만, 고대에는 그것을 증명할 방법도 없었고 확인할 방법도 없었단다. 그러다 보니 단순 호기심의 대상일 뿐이었었지.

㉧ 그랬을 거 같아요. 그래서 하늘이 내리는 벌이라고만 했죠.

㊖ 그러다, 미적분의 등장으로 자연철학이 대두되면서 그 전기 현상에 더욱더 집중할 수 있었고, 그 전기의 존재를 인정하게 되었지. 그 존재를 인정한 후에는 전기에 관한 연구를 더욱더 깊게 하였지. 하지만, 그 당시에는 번개를 재현해서 만들어낼 수가 없었으므로 전기를 완벽하게 이해하기가 힘들었단다.

전기의 전(電)을 한국에서는 '번개 전(電)'이라 해석을 하는 것과 같이, 전기를 테스트하기 위해서는 천둥과 번개가 치는 날에만 테스트할 수 있었단다. 이렇게 번개를 발생시키는 것은 너무나 어려운 문제였지. 그래서 지난 100년 동안 전기의 존재만 알고, 그 특징을 확인할 수 없었단다.

㉮ 아~ 번개 맞으면 사람이 죽었을 테니, 그 누구도 번개를 가지고 실험하는 것을 원치 않았을 거 같아요.

㉯ 그렇지! 그러던 중 자석을 구리 사이로 왔다갔다하면, 전기가 발생한다는 사실을 알게 되었지. 우리 아들도 알지?
현대사회에서 전기를 만들어내는 원리!

㉮ 네! 구리 선을 둥글게 둥글게 말아놓고, 그 안에 자석을 넣고, 자석을 돌리면 전기가 발생하죠. 이걸 발전터빈이라 부르잖아요!

㉯ 그래! 발전기는 자석과 구리를 이용해서 전기 만드는 장치지. 이렇게 자석과 구리를 이용한 방법은 수력, 풍력, 원자력을 막론하고 다 같은 방법으로 전기를 만들어낸단다. 자석의 자력을 이용해서 전기를 만들어내는 것이 가장 좋은 방법이란 말이지. 이렇듯, 전기와 자기는 같은 원리를 가지고 있으며, 이렇게 전기와 자기의 생성

원리가 같다는 것은 자연철학이 등장하고서도 100년이 지나서야 알게 됐단다.

㉵ 아~ 그럼 자석의 자력이 전기와 같다는 건가요?

㉯ 그렇지! 아래의 정리는 위키백과의 '전기의 역사'를 인용해서 옮겨 적어놓은 거란다. 한번 읽어보렴.

1800년 알렉산드로 볼타는 아연판과 구리판을 겹쳐 만든 볼타 전지를 개발하여 과학자들이 그전까지 사용되던 정전기 기계보다 안정적으로 전기를 사용할 수 있게 하였다.
1819년~1820년에는 한스 크리스티안 외르스테드와 앙드레 마리 앙페르가 전기 현상과 자기 현상이 사실 같은 것이라는 전자기개념의 실마리를 발견했다.
1821년 마이클 패러데이는 전동기를 발명했고, 1827년에는 게오르크 옴이 전기회로를 수학적으로 분석해냈다.
그리고, 1861년~1862년, 제임스 클러크 맥스웰이 유명한 논문 「물리적 역선에 관하여」에서 전기와 자기(와 빛)를 하나로 통합하였다.

㉵ 아~ 아무튼, 전기와 자기는 같은 것이구나!
알겠습니다. 아버지!

㉯ 그렇지! 그래서 전기와 자기를 같이 다뤄 '전자기'라고 부른단다.
이렇게 전기와 자기가 같다는 것은 어떻게 증명했을까?

㉵ 수학으로요!
(크크, 이젠 눈치챘음. ^^)

㉯ 그렇지! 그걸 증명하기 위해 많은 수학이 동원됐겠지?

앙페르-맥스웰 회로 법칙

출처: 위키백과

앙페르 회로 법칙은 전류가 흐르는 전선에 따라 자기장이 발생한다는 것이다. 맥스웰은 앙페르 회로 법칙을 확장하여 전기장의 강도가 변화하면 자기장이 발생하는 것으로 파악하였고, 축전기를 이용한 실험을 통해 이를 입증하였다.
즉, 축전기 자체는 전류를 이동시키지 못하지만 전계의 변화를 전달한다. 맥스웰은 축전기에서 전계가 변화할 때 자기장이 발생하는 것을 측정하였고 이로써 전선뿐만 아니라 전계의 강도가 변화하는 모든 곳에서 자기장이 발생함을 증명하였다. 전류 변화로 자기장이 발생하는 것을 이용한 도구로는 전자석, 전동기와 같은 것이 있다.

㉯ 맥스웰은 이러한 것을 증명하면서 아래와 같은 맥스웰 방정식을 만들었단다.

미분형(점형)	적분형	
$\nabla \cdot \mathbf{D} = \rho$	$\oint_S \mathbf{D} \cdot d\mathbf{S} = \int_V \rho dV$	가우스법칙
$\nabla \cdot \mathbf{B} = 0$	$\oint_S \mathbf{B} \cdot d\mathbf{S} = 0$	단일 자극 없음
$\nabla \times \mathbf{E} = 0$	$\oint_C \mathbf{E} \cdot d\mathbf{l} = 0$	(정 전기장) 보존성
$\nabla \times \mathbf{H} = \mathbf{J}$	$\oint_C \mathbf{H} \cdot d\mathbf{l} = \int \mathbf{J} \cdot d\mathbf{S}$	(정 자기장) 암페르법칙

㉮ 아~ 빠~. 너~ 무~ 어려워~ 요~! ㅠ..ㅠ

이걸 다 공부해야 해요?

㉯ 아~ 들~. 꼬~ 옥~ 그럴 필요는 없어요. 전부를 공부할 필요는 없

고, 그 의미와 뜻을 알면 돼. 맥스웰 방정식을 언제 어떻게 사용하는지만 알면 된단다. 저 방정식들은 이미 증명된 것이기 때문에, 전자기를 이용해서 무엇인가를 하려 한다면 이 방정식을 이용해서 계산하면 그 답이 나오니까, 꼬~ 오~ 옥! 완벽하게 이해를 할 필요는 없단다. 하지만, 방정식에서 보듯 미분과 적분을 이용해서 증명되었단다. 미적분이 없었으면 이러한 증명도 할 수가 없었겠지? 미적분이 어려우니 다 이해하긴 힘들 수 있단다. 그리니 꼭 완벽하게 이해할 필요는 없단다. 하지만, 여유가 되면 이걸 이해하려고 노력해볼 수는 있겠지! +—.—;

㉮ 으~ 공부하란 말씀이세요? 하지 말라는 말씀이세요?

㉯ 하하! 쫄기는! 수학은 문제를 풀어가는 기술이 필요하기는 하지만, 그 기술적인 요소보단 언어적인 요소가 더 크다고 했지?

㉮ 네~. 수학은 언어라고 말씀하셨어요.

㉯ 그래 아들! 언어란 그 단어의 의미를 알고 잘 써야지 다른 사람과 말이 잘 통하지? 그러니까, 네가 물리학자나 수학자가 되려는 것이 아니라면 굳이 전부 외울 필요는 없단다. 하지만, 저걸 어디에 왜 쓰는지 정확하게 이해해야 다른 사람과 얘기할 때 잘 통하지 않겠니?

㉮ 그럴 거 같아요! 길게 설명해야 할 걸, 그냥 짧게 수학식의 이름을 얘기해주면 되잖아요.

㉯ 그렇지! 서로가 대화할 때 단어의 뜻을 모른다면 길게 설명해야 하는데, 뜻을 안다면 그냥 단어 하나로 쉽게 설명할 수 있으니까.

㉮ 맞아요! 제가 아빠한테 '급식체'로 얘기하면 아빠가 못 알아들어서 멍하니 있는 것처럼, 그 의미를 모르면 멍하니 있는 아빠처럼 될 거 아니에요?

㉯ 그렇지! 문제를 풀지는 못해도, 뭐 할 때 쓰는지만이라도 안다면 서로 대화를 할 수 있지 않을까? 그래서 아빠가 이렇게 설명해주는 거란다.

㉰ 넵! 알겠습니다. 수학은 참 지리네~. ^^;

㉯ @.@! 뭐~ 뭐라고?

㉰ 아빠! 그럼 맥스웰 방정식의 의미를 설명해주세요.

㉯ 그… 그럴까? 전기라는 것에는 아들이 알고 있다시피, +의 양전하가 있고, −의 음전하가 있단다. 양전하는 햇볕을 뜻하는 '빛 양(陽)'을 사용하고, 음전하는 '그늘 음(陰)'자를 사용해 그 용도가 햇빛처럼 밝은 것과 그늘처럼 어두운 것을 의미한단다. 이 두 전하는 서로 반대되는 개념의 전기적 성질이 있단다. 그러한 양(+)과 음(−)은 각각의 성질을 띤 물체로, − 전하가 + 전하로 이동하면서 에너지를 발생시킨다는 것이 전기의 실체란다. 전자기학에서는 −의 음(陰)전하가 에너지를 가지고 있다고 보지. 전자기학은 그 에너지의 양을 어떻게 측정하는지, 그것이 어떤 현상을 일으키는지 연구하는 학문이란다. 에너지가 이동하는 과정에서 자석과 같이 무언가를 끌어당기는 자기력이 생기는 것을 전자기라고 한단다.

그럼 먼저 가우스 법칙이란 것에 관해 설명해줄게. 가우스의 법칙은 그 하나의 전하에서 만들어지는 자력의 세기, 즉 자기장의 크기를 계산할 수 있는 방정식이란다. 하나의 전하가 흘러가는 과정에 얼마나 큰 자기장을 만들어내는가를 의미하게 되지. 전기가 흐르면서 생기는 '자력의 장'이라는 의미로 '전자기장'이라고 얘기한단다. 그리고 가우스의 자기법칙(위의 수식에서 단일자극 없음)은, 전자기장이 발생하면 그 전자기의 밖으로 나오는 양과 다시 안으로 들어가는 양이 서로 같으므로, 그 자력장 외부에서는 자기력의 영향을 받지 않는다는 말이지. 그래서 그 내부에는 N극과 S극의 구분이 없다는 말이지. 자력이 나가는 양과 들어오는 양이 같으므로 자기장 내부는 자력의 힘을 발휘하지 못한다는 말이 된단다.

㉧ 아~ 돼지 저금통에서 동전을 아래로 빼서 위로 다시 넣으면, 그 돼지 저금통 내부의 돈은 그대로 있는 것과 같다는 말씀이네요?

㉯ 그렇지! 내가 내 것을 빼서 다시 넣어봐야 그 양은 변하지 않지? 잘했어~ 아들! 또 패러데이 전자기 유도 법칙이란 돼지 저금통에서 동전을 아래에서 빼서 위로 다시 넣는 과정에, 엄마가 와서 동전을 빼앗아가면 그 동전은 엄마의 손으로 넘어가는 것같이, 그 자기력의 유도 과정 중 자기력 주변에 또 다른 자기 변화가 일어나면 그 자기력이 외부로 전달이 된다는 것이란다. 전기는 자기로 유도될 수 있고, 자기가 곧 전기로 유도된다는 법칙이란다. 즉! 자기력의 궤도에 외부에서 또 다른 궤도가 영향을 준다면, 내 쪽의 자기력이 다른 궤도 안으로 유도가 될 수 있다는 법칙이란다.

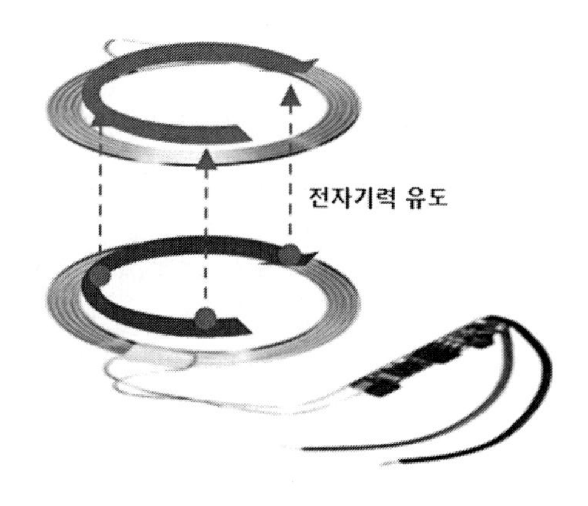

㉯ 그래서 자기력을 발생하는 자기장의 외부에 또 다른 구리 코일을 가져가면, 그 전기가 다른 구리 코일을 타고 옮겨 갈 수 있다는 말이란다. 두 개의 물체가 서로 완전히 붙어 있지 않아도, 자기장의 궤도를 타고 다른 물체로 전기를 유도해낼 수 있다는 의미란다.

㉰ 아~ 무선 충전기처럼 핸드폰과 선을 연결하지 않았는데도 충전되는 원리가 '전자기 유도 법칙'에 따른 것인가요?

㉯ 그렇지! 역시 우리 아들 똑똑해요. 무선 충전기에 전기를 꽂으면, 무선 충전기에는 전기로 만든 자석의 힘, 전자기력이 생긴단다.

무선 충전기 위에 핸드폰을 올려놓으면, 무선 충전기의 전자기력이 핸드폰으로 이동하여 무선으로 원거리 충전하게 되는 원리란다. 무선 충전기의 코일에 전기를 공급하면 그 코일 주변으로 자력이 생기고, 그 자력장 근처에 다른 코일(핸드폰 내부의 코일)이 있다면, 그 코일을 타고 자력장이 유도가 되어 전기가 전달된다는 의미란다. 즉, 직접 접촉을 하지 않고도 자기장을 통해 전기를 전달할 수 있다는 법칙이지.

㉰ 아~ 그럼 핸드폰에는 구리를 돌돌 말은 구리 코일이 존재하겠네요?

㉯ 그렇지! 핸드폰과 무선 충전기 안에는 왼쪽의 그림과 같은 구리 코일이 들어 있단다. 이렇게 구리 코일에 전기를 흘려서 전자기력을 발생시키면, 서로 떨어져 있어도 전하의 힘을 다른 곳으로 이동시킬 수 있다는 것이 맥스웰의 제3 법칙인 '전자기 유도 법칙'이란다. 맥스웰

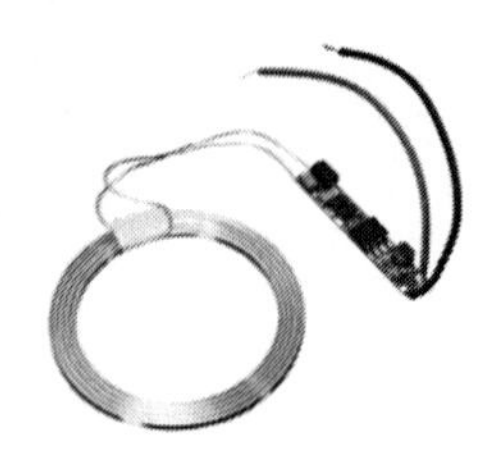

의 제3 법칙은 집에서 사용하는 인덕션에도 사용되고 있단다.

인덕션

인덕션 내부

㉮ 아~. 수학이 이런 물리 현상까지 증명해주는 거구나~. 정말 수학은 아주 중요하네요. 그럼 마지막 법칙은 뭐예요?

㉯ 마지막 법칙으로는 앙페르 회로 법칙이 있단다. 이건 구리선에 전류를 흘리면, 자석과 같은 자력이 생겨 그걸 전자기력이라고 부른다고 했지? 이 그림과 같이 자기력이 생기는데, 그 자석의 힘(자기력의 세기)이 얼마나 센지를 예측할 수 있도록 만든 방정식이란다. 즉, 전류를 얼마 흘렸을 때 자석의 힘이 얼마나 센가를 예측해볼 수 있도록 고안된 수학 공식이라고 볼 수 있단다. 이는 전류를 통해 자력을 만들 수 있고, 또 자력을 통해 전류를 만들 수 있다는 의미가 있단다. 즉 전류로 전기 모터를 돌릴 수 있고, 반대로 전기 모터를 돌리면 전류가 만들어진다는 말과도 같은 의미를 내포하고 있단다.

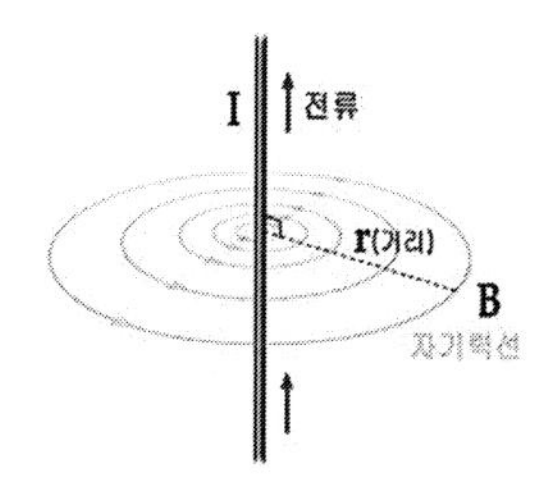

㉮ 아~ 아빠! 그럼, 전자석을 만든다면 그 전자석 힘의 크기를 확인하기 위해 앙페르 회로 법칙을 이용한다. 그 자석의 세기를 확인함으로써 원하는 세기의 전자석을 설계할 수도 있겠네요?

㉯ 그렇지! 전자제품 중에는 전자기력을 이용한 제품들이 아주 많단다. 울 아들이 쉽게 볼 수 있는 제품으로는 매일 듣고 다니는 이어폰, 텔레비전의 스피커 같은 것이 있고, 이와 같이 소리를 다루는 물건은 전자기력을 이용해서 만들었단다. 스피커에 전압 세기를 조금씩 다르게 보내면, 스피커는 전자석으로 바뀌고, 그 변화된 힘으로 밀고 당기기를 한단다. 스피커나 이어폰에 보면 그림과 같은 전기 코일이 들어있고, 그 주위에 자석을 붙여놓았단다. 아래 코일에 전기를 흘리면, 스피커는 전류의 양에 따라 전자기력의 세기가 달라져 들어갔다 나왔다 하면서 소리를 만들어낸단다.

㉮ 아~. 그럼 우리가 사용하는 많은 곳에 맥스웰 방정식이 있네요.

㉯ 그렇지! 우리가 쉽게 흘리는 많은 분야에서 수학은 모든 곳에 이미 들어가 있단다.

열역학

[熱: 뜨거울 열, 力: 힘 력, 學: 배울 학]

㉯ 아들! 아들! 열역학이란 게 있는데 혹시 들어봤니?

㉰ 아~ 니~ 요~!

열나게 역한 것을 열역학이라고 하나요? —.—;

㉯ 아니! 비슷하긴 했는데 그 의미는 아니란다. 열불나게 한다는 의미의 '뜨거울 열(熱)', '힘 력(力)', '배울 학(學)'을 쓰는 열역학(熱力學)을 물어보는 거란다.

㉰ 딩동댕! 열나게 힘쓰는 것을 배우는 학문!

㉯ 하하! 비슷하단다. 뜨겁다는 것이 물체에 어떠한 영향을 주느냐를 연구하는 것이 열역학이란다.

㉰ 아~. 라면을 끓이려 가스레인지에 냄비를 올려놓으면 냄비 속 물이 끓는 원리, 쇠를 달궜을 때 쇠가 녹는 원리 같은 것을 공부하는 학문이 열역학이라는 말씀이신가요?

㉯ 그래! 물이 끓을 때 물이 끓는 이유, 물속에 기포가 생기는 이유와 같이 열이 어떠한 형태로 전달이 되고, 또 어떻게 변환되는지를 연구하는 것을 열역학(熱力學)이라고 한단다.

우리가 흔히 실생활에서 많이 보고 들었던 열에 관한 모든 것을 연구하는 학문인 거지.

㉵ 물을 불 위에 올려놓으면 당연히 끓잖아요. 그런데, 이렇게 당연한 걸 학문적으로 공부해야 하나요?

그냥 쓰면 되는 거 아녜요?

㉯ 그렇지? 아빠도 그렇게 생각한단다. 배가 고프면 밥을 먹어야 하듯, 물을 불 위에 올리면 당연히 끓는 건데, 뭘 하려고 이것을 공부하고 연구하는지 모르겠단다.

㉵ 네! 이건 공부하지 마요.

㉯ 그럴까? 하지만 아들! 우리가 불이라고 하는 게 무엇일까?

㉵ 불이요? 가스레인지에서 나오는 빨갛고, 노랗고, 파랗고 하는 활활 타오르는 것을 불이라고 하는 것 아닌가요?

㉯ 그렇지? 우리가 흔히 불이라고 하는 것은 석탄, 석유, 나무, 가스 등을 태워 나오는 것을 불이라고 하지?

㉵ 네! 그게 불이잖아요!

㉯ 맞아! 하지만, 현대사회에는 새로운 불이 존재한단다.

먼저, 전자기학에서 아빠가 얘기했었던, '전자기 유도'라는 법칙 기억하니?

㉵ 네! 패러데이의 '전자기 유도 법칙'이라고, 전자기장은 다른 곳으로 옮겨갈 수 있다는 법칙이잖아요. 이걸 설명하시면서 무선 충전기, 그리고 인덕션을 예로 말씀해주셨어요!

아~ 하~.

인덕션은 가스레인지처럼 물을 끓일 수가 있네요! 그리고 무선 충전기도 충전하다 보면 뜨겁게 열이 발생하고요!

㉯ 그렇지? 그럼 불이라고 하는 건 무엇일까?

㉮ —.—;;;

나무? 석유? 가스? 거기에다가 전자기?

아빠! 불이라는 게 뭐예요?

㉯ 그래! 아들! 불이라고 하는 것은 물을 끓일 열을 만들어주는 것이지! 그 열이라고 하는 것이 바로 에너지라는 것이란다. 에너지는 어떤 다른 형태로도 나타날 수 있다는 것이 현대 물리학의 해석이란다.

㉮ 다른 형태로 나타난다? 무슨 뜻이에요?

㉯ '뜨겁다'라는 뜻의 '뜨거울 열(熱)'은, 사실은 에너지를 말하는 것이란다. 그래서 열역학에서는 뜨겁다는 뜻, 혹은 에너지라는 뜻을 모두 가지고 있다는 의미로 '엔트로피(entropy)'라는 단어를 사용해서 열을 표현한단다. 즉, 열역학에서 사용하는 '열' 혹은 '에너지'를 엔트로피라고 표현을 한단다. 아무튼 그 엔트로피라고 하는 놈은, 특정하게 열(熱)만으로 나타나는 것이 아니라, 어떨 때는 빛으로, 어떨 때는 운동(運動)의 형태 등등 다른 형태로 나타난다는 것이란다. 그 대표적인 것이, 증기기관차라고 할 수 있단다.

㉮ 증기기관차요?

㉯ 그래! 석탄이나 나무를 태우면, 석탄이나 나무에 있는 엔트로피, 즉 에너지가 열의 형태로 옮겨간 것이지. 그렇게 옮겨간 에너지는 물의 온도를 증가시키고, 온도가 증가하면, 그 부피가 점점 커져서

결국에는 수증기 형태로 '삐~ 이~' 하면서 밖으로 나오게 된단다. 그럼 그 뜨거워진 수증기는 피스톤을 밀어내는 힘(力)의 형태로 바꾸어서 증기기관차를 앞으로 달리게 한단다.

㉮ 아~. 증기기관차는 '열'이라는 것이 '힘'의 형태로 나타나게 하는 대표적인 것이네요.

㉯ 그렇지! 우리가 집에서 쓰는 인덕션도, 전기라는 형태의 전자기 에너지가 물을 끓이는 열에너지 형태로 변환하여 사용되는 것이란다.

㉮ 아~ 그렇네요. 그럼 열역학이라고 하는 것은 에너지에 따른 힘의 변화를 측정하는 학문이라고 할 수 있겠네요.

㉯ 그렇단다. 에너지의 흐름이 물질에 어떠한 영향을 주느냐를 연구하는 학문인데, 그 영향을 주는 항목 중에 '열(熱)', 즉 우리가 흔히 볼 수 있는 온도에 따른 물질의 영향을 연구하는 학문이란다.

㉮ 아~ 에너지라는 것이 열의 형태로 표출될 때의 물질 변화를 연구하는 학문이란 말씀이네요!

㉯ 그렇지! 역시 우리 아들은 똑똑해요!

㉮ 허허허. ㅡ.ㅡ;;

도대체 몇 번을 얘기해야 해요~. 저 좀 한다니까요!

㉯ 그래! 아들! 그럼 열역학도 학문이잖니? 그러니까 거기에도 법칙이 있겠지? 그 법칙이 무엇이 있을까?

㉮ ㅡ.ㅡ;; 아빠! 그… 건… 아직 안 배웠어요!

㉯ 그렇지? 열역학에는 다음과 같은 4개의 법칙이 있단다. 무슨 뜻인지 얘기해보렴.

열역학 제0 법칙	열평형의 법칙
열역학 제1 법칙	에너지 보존의 법칙
열역학 제2 법칙	엔트로피 증가의 법칙
열역학 제3 법칙	절대영도 도달 불가의 법칙

㉠ 아~. 법칙은 너무 어려워요! 제0 법칙, 열평형의 법칙. 열이 평형을 이룬다는 법칙인가요?

㉡ 와~ 똑똑해요! 그래~ 열은 평형을 유지하기 위해 애를 쓴다는 법칙이란다.

㉠ 열이 평형을 이뤄요?

㉡ 그래, 아들! 뜨거운 물하고 차가운 물하고 같이 섞어놓으면 어떻게 되지?

㉠ 그야~ 미지근한 물이 되지요! 그게 열평형의 법칙이에요?

㉡ 그래! 아주 쉽지? 뜨거운 물과 차가운 물은 서로 온도가 다른데, 가까이 붙여놓으면 온도가 같아질 때까지, 뜨거운 물은 열을 내놓고, 차가운 물은 열을 받아들인다는 원칙이지. 즉, 서로의 온도가 같아지면 더는 에너지를 주고받지 않아도 된다는 말이란다.

㉠ 잉? 그렇게 간단한 게 법칙이에요?

㉡ 그~ 럼! 법칙이라는 건 간단했을 때 법칙의 효력을 발휘한단다. 우리가 손가락이 뜨거울 때 귓불을 잡으면 시원해지는 것은 우리 신체 중 귓불이 제일 온도가 낮기 때문이란다. 즉, 귓불을 잡는 것은 열역학 제0 법칙을 수행하는 행위란다.

㉠ 아~. 그럼 손 시릴 때 따뜻한 물컵을 잡으면 기분이 좋은 것도, 열역학 제0 법칙을 수행하는 것이네요?

㉯ 그렇지! 그럼 열역학 제1 법칙, 에너지 보존의 법칙은 무엇일까?

㉮ 이건 알아요! '원판 불변의 법칙'이라고, 성형수술로 아무리 바꾸려고 해도 그 원래의 얼굴에서 크게 벗어날 수 없다는 법칙이에요!

㉯ ㅡ.ㅡ;;; 그건 아빠 어렸을 때 자주 했던 말인데.

그래~ 맞다. 열역학에서의 열은 에너지를 뜻한다고 했지?

㉮ 네~.

㉯ 그래! 에너지는 그 형태를 열 또는 힘, 또는 빛 등 다른 형태로 변화시킬 수는 있지만, 그 에너지 총량은 변하지 않는다는 법칙이란다. 즉, 석탄을 태울 때 나오는 에너지는 뜨겁게 달구는 에너지로, 또 펄펄 끓는 수증기로, 수증기의 부피가 증가하여 피스톤을 밀어내는 힘의 에너지로 변하는 것처럼 그 형태가 변할 수는 있지만, 그 에너지의 총량은 석탄에서 나온 에너지의 총량과 같다는 의미지. 그래서 에너지의 총량은 변하지 않는다. '에너지는 그 총량을 보존한다'라고 해서 열역학 제1 법칙은 에너지 보존의 법칙이란다.

㉮ 아~. 제가 용돈 10,000원으로 과자를 사 먹고, 학용품을 사고, 노래방을 가고 하는 것이 바뀔 수는 있지만, 제 용돈은 10,000원밖에 안 된다는, 용돈 불변의 법칙과 같은 뜻이군요. ㅡ..ㅡ;; 용돈 좀 올려주세요.

㉯ ㅡ.ㅡ;; 그래 아들. 아빠의 월급이 오르지 않는 이상은 용돈을 10,000원으로 보존해야 한단다. 그게 에너지 보존 법칙이다.

㉮ 잉? 아빠가 밖에서 돈을 더 벌어오지 않으면, 제 용돈의 인상은 없다는 말씀이신 건가요?

㉯ 그렇다고 봐야지! ^_^ 하하하.

아빠가 밖에서 돈을 더 벌어온다면, 우리 아들의 용돈은 올라가겠지? 그게 열역학 제2 법칙 엔트로피 증가의 법칙이란다.

㉮ 네? ─.─;

㉯ 밀폐된 공간에서는 어떠한 에너지도 증감되지 않는단다.

그래서 그 에너지는 보존되지. 하지만, 밀폐된 공간이 아니라면, 외부에서 들어오는 에너지에 의한 엔트로피 증가가 가능하다는 것이 열역학 제2 법칙 '엔트로피 증가의 법칙'이란다.

자연 상태의 에너지는 다른 형태로 변하면서, 서로 제0 법칙인 열평형을 이루기 위해서 노력을 한단다. 그래서 열평형이 이루어진다면 절대 변화를 하지 않는데, 태양, 우주와 같이 외부로부터 들어오는 에너지에 의해서는 그 엔트로피가 증가한다는 의미란다. 단, 우주라고 하는 것도 밀폐된 공간으로 간주한다면 에너지 평형을 이루면 더는 변화가 없단다. 그러니까, 외부에서 들어오는 돈의 양이 계속해서 존재한다면, 울 아들 용돈은 계속해서 올라간다는 것이지. ^_^ 하하하.

㉮ ─.─;; 그럼 경제가 계속 발전하지 않으면, 제 용돈도 동결이 되나요?

㉯ 당연하지! 우리 집도 열역학 0, 1, 2 법칙을 그대로 지켜나간단다.

㉮ 그럼! 제3 법칙에 희망을 걸 수밖에 없겠네요.

제3 법칙은 무엇인가요?

㉯ 하하. 아빠가 돈을 못 벌어 우리 아들의 용돈을 줄여야 한다고 해보자. 우리 아들 용돈이 줄고, 또 줄고, 또 줄어도, 결국은 절대적인 용돈 0원이 된다면, 그 0원보다 밑으로는 갈 수 없겠지?

㉮ 허~ 억~! 그럼 용돈을 못 받을 수도 있다는 말씀이신가요?

그리고 제가 아빠한테 거꾸로 용돈을 줘야 한다는 말씀인가요?

그건 있을 수 없는 일이에요! +_._+

㊉ 그렇지! 만약 그렇게 된다고 해도, 아빠가 아들의 용돈을 0원보다는 더 밑으로 줄 수가 없지?

㊀ 당연하지요.

㊉ 그렇듯, 열역학에서도 아무리 온도가 내려간다고 해도 '절대온도 0도' 밑으로는 내려가지 않는다는 법칙이 열역학 제3 법칙 '절대영도 도달 불가의 법칙'이란다.

㊀ 아~ 다행이네요. _._;; 저한테 돈을 빌리지는 않으신다는 말씀이시죠? '용돈환급 불가의 원칙'이 저에게도 있어요!

㊉ 그래~ 그래~ 그게 '절대영도 도달 불가의 법칙'이란다.

㊀ 아빠, 그럼 우리가 얘기하는 섭씨 0도를 얘기하는 것인가요?

㊉ 아~. 그건 아니란다.

우리가 섭씨 0도라고 하면서 사용하는 온도는 물이 액체에서 고체로 변하는 온도, 즉 물이 얼어서 얼음이 되는 온도를 0도라고 한단다. 절대온도는 그 섭씨온도하고는 다르단다.

절대온도라고 하는 것은 1800년도 켈빈이라는 물리학자가 열역학을 연구하면서 정의한 온도란다. 섭씨로 따지면 섭씨 −273.15℃를 절대 0도라고 했지. 켈빈이란 수리 물리학자가 열역학 제2 법칙을 발표하기도 했단다.

㊀ 어? 온도라고 하는 것도 여러 종류가 있나요?

섭씨, 화씨, 절대온도?

㊉ 그래! 섭씨는 물의 어는점을 기준으로 정해진 온도란다.

그 기호는 ℃를 사용해서 우리가 흔히 쓰는 온도체계지.

또 화씨는 ℉를 사용하는 온도체계로 주로 미국에서 사용하는 온도체계인데, 독일인 파렌하이트(Fahrenheit)가 정의한 온도이며 그의 이름을 따서 화씨(°F)라 부른단다. 섭씨온도와 화씨온도에는 차이가 있는데, 물이 어는 섭씨 0℃는 화씨 32°F, 물이 끓는 섭씨 100℃는 화씨로는 212°F로 그 차이가 있단다.

ⓐ 아~. 우리가 얘기하는 온도도 그 정의에 따라 다른 거구나.

그럼 지금은 전 세계가 섭씨온도를 사용하는 거 같은데, 그건 전 세계에 존재하는 물이라는 자연 물질 때문에 통일이 되었다고 볼 수 있겠네요?

ⓝ 그렇다고 볼 수 있단다.

울 아들, 열역학의 법칙은 이제 알 수 있겠지?

ⓐ 네~.

열역학 제0 법칙	열평형의 법칙
열역학 제1 법칙	에너지 보존의 법칙
열역학 제2 법칙	엔트로피 증가의 법칙
열역학 제3 법칙	절대영도 도달 불가의 법칙

ⓐ 이거잖아요. 간단하네요!

그런데, 이 열역학을 배우면 어디에다가 써먹어요?

ⓝ ㅡ.ㅡ;;;

그렇지? 열역학을 배우면 어디에다 써먹을지!

열역학은 아주 많은 분야에서 사용한단다.

어떠한 물질에 열을 가하면, 그 에너지에 의해서 부피가 증가한다는 것은 알고 있지?

㉮ 네~ 아빠가 증기기관차를 예로 들어서 아주 아주 많이 설명하셨어요.

㉯ 그래! 만약 네가 철도를 놓는 철도설계를 하는 사람이라면, 쇠로 만든 철로를 설계해야 하겠지? 그런데, 우리나라 날씨가 여름에는 섭씨 32℃ 이상이 되고, 겨울에는 −20℃ 이하로도 될 수 있지 않니? 이렇게 온도 변화가 큰 상황이라, 쇠도 열이 올라가면 부피가 늘어나고, 추워지면 부피가 줄어든단다. 이렇게 온도에 따라 철로의 길이가 늘어나고 줄어드는 것은, 열역학이 없으면 그 변화량을 찾아내는 게 극도로 어려워지지 않겠니? 즉, 아들이 물리학자가 아니고 건축설계를 한다 해도 열역학은 필요하단다. 또한, 공학자가 돼서 '재료공학'을 공부할 때도 열역학은 기본이 된단다. 얼마 전에 핸드폰의 배터리를 충전하는 중에, 배불뚝이가 되어서 터졌던 거 기억하지? 핸드폰에서 열이 나면서 배터리의 부피가 증가하고, 그 때 발생하는 열로 회로에 영향을 주는 것을 연구하려면 이 열역학이 필요하단다.

㉮ ㅡ.ㅡ;;; 쩝! 제가 자동차를 만들고, 토목설계, 건축설계를 해도 열역학은 필요한 거네요? 물리학에서 나오는 것은 전부 다 필요에 의해 만들어진 학문이네요. (ㅡ.ㅡ);;

㉯ 그렇지? 엄마가 다이어트한다고 매일 열량을 따져 음식을 먹고, 운동 소모량을 따져서 운동도 하잖니? 그럴 때도 얼마나 운동해야 열량을 소모할 수 있는가를 알려면 열역학의 이론이 적용돼야 한단다. 또한, 원자력 발전소에서는 원자력으로 바로 전기를 만들어내는 것이 아니고, 원자력으로 물을 데워 수증기를 만든 후 그 수증기의 힘으로 발전기를 돌려 전기를 생산한단다. 먼저 열을 발생시

키고, 그 열의 힘으로 발전기를 돌리는 것은 열(熱), 역(力), 학(學)에 의해서 만들어낸 원리라고 볼 수 있겠지? 이렇듯, 열역학에서 만들어진 공식은 우리 생활 속, 여러 분야에서 사용되고 있단다.

㉮ 네~. 우리가 생활하는 환경 속에 수학, 물리학은 가득 차 있네요. 그걸 알아야 그 원인을 이해할 수 있을 듯싶긴 하네요.

그래도 공부를 너무 많이 해야 해서 싫네요. ㅠ..ㅠ

통계역학

(통계물리학)

㉮ 아빠! 아빠! 통계와 물리가 합쳐졌어요?

㉯ 왜 아들? 통계는 통계고 물리학은 물리학이지.

㉮ 이번에 보니까, 통계역학이라고 찾아보니 통계물리학이라고도 하더라고요. 통계와 물리학이 서로 연결이 되나요?

㉯ 아~ 아들! 현대의 물리학은 하나의 수학 수식이나 물리학 공식만으로 끝나는 것이 아니고, 여태까지 발견된 많은 수학적, 물리학적인 기술들을 바탕으로 세상의 현상을 파악한단다. 그래서 그동안 아들이 봐왔었던 많은 공식 및 원리들을 서로 연결하여 통합해서 보는 경향이 있지. 고대 물리학에서는 사과가 나무에서 떨어지는 것, 물이 위에서 아래로 흐르는 것과 같이 눈에 보이는 현상들을 연구했지만, 현대 물리학에서는 공기의 흐름과 같은 기체역학, 물과 같은 액체의 흐름을 연구하는 유체역학, 빛과 같은 광자를 연구

하는 입자물리학 등등, 눈으로 확인할 수 없는 것을 연구하게 되었고, 이러한 연구를 하기 위해서 많은 수학적 정리를 바탕으로 현상을 증명하고 있단다.

(아) 아~. 현대 물리학은 눈으로 직접 확인하기 힘든 현상들을 연구하다 보니, 현상들을 측정하기도 그리 쉽지는 않겠네요. 아빠가 이전에 설명해줬던 기체역학만 보더라도 그렇네요.

자동차 차체의 기체 흐름　　비행기 날개의 기체 흐름

(아) 기체의 흐름을 연구한다면, 그 기체의 흐름을 확인해야 하고, 그 흐름을 확인하기 위해 중간에 깃발 하나만 설치하더라도 그 기체의 흐름이 그림과 같이 변하니, 그 흐름 역시 측정하기가 힘들겠네요. 그리고 그 현상들이 항상 뒤바뀌게 될 수도 있고요.

(나) 그렇지! 역시 똑똑하구나! 우리 아들!

맞아, 현대 물리학은 어떠한 현상을 관찰하고 측정하기 위한 기술의 집합이라고 해도 과언이 아니란다. 고전 역학에서는 사과, 물, 공 등과 같이 아주 큰 입자에 관한 연구였다면, 현대 물리학은 기체, 물 분자, 원자, 전자와 같은 아주 작은 입자의 흐름을 관찰하고 측정하는 것이 그 핵심이라고 할 수가 있단다.

(아) 그럼 아빠! 현대 물리학에서는 그 측정을 어떠한 방법으로 하나요?

전자현미경 같은 걸로 측정하나요?

㉯ 그 측정 방법은 아주 다양하단다. 빛의 색을 이용한 방법도 있고, X선으로 촬영해서 측정하는 방법도 있고, 물질의 충돌을 이용해 측정하는 방법 등, 현대 인류가 사용할 수 있는 모든 방법을 동원해서 그 현상을 측정한단다.

㉬ 전자현미경은 어떤 원리로 사물을 보는 건가요?

㉯ 전자현미경이라~ 아들 번개 알지? 하늘에서 뻥 하고 터지는 것! 그 번개와 같은 고압의 전자선을 측정하고자 하는 물체에 쏴서 거기에 맞고 돌아오는 것을 보고 그 모양을 확인하는 현미경이란다. 여기에 방법은 반사를 이용한 방법, 회절을 이용한 방법 등 많은 방법이 있는데, 이러한 방법으로 전자현미경을 만들고 있단다.

㉬ 아~. 속도가 아주 빠른 전기장을 발사해서 거기에 부딪쳐 나오는 각도나 세기 등을 확인해서 물체의 모양을 유추한다는 말씀이시네요?

㉯ 그렇지! 초음파를 이용한 바닷속 지형을 확인하는 방법과도 같은 방법이란다. 이렇게 눈으로 직접 보이지 않는 현상을 여러 방법으로 측정하다 보니, 그 측정값이 정확한지 확인이 어렵단다. 시각적인 확신만 있다면 그 오차의 원인분석에 큰 어려움이 없을 테지만, 보이지 않는 아주 작은 것, 또는 멀리 떨어져 있는 것을 측정하려니 그 현상에 대한 확신이 없었단다. 그래서 그러한 측정을 한 번에 끝내는 것이 아니라, 여러 차례에 걸쳐서 측정하고 그 측정된 값을 데이터화해 통계치를 냈단다. 그리고 여러 차례 측정한 통계값을 상호비교하는 방법이 현대 물리학에 나타나기 시작했단다.

㉬ 아~. 그래서 현대 물리학에서는 통계와 물리학이 서로 밀접한 관계를 형성하게 되었겠네요?

㊏ 그렇지! 지구의 중력이라고 하는 것이 현대 물리학에서는 아주 중요한 비중을 차지하고 있단다. 사과가 나무에서 떨어지는 원리가 만유인력의 법칙을 찾을 수 있도록 했는데, 그 만유인력이 서로 다른 물체끼리 끌어당기는 원리는 고전 물리학에서도 계산했단다. 하지만, 그 물체의 범위가 우주, 별과 같이 아주 멀리 떨어져 있거나, 원자, 전자 등의 아주 작은 단위로 내려갈수록 그 계산식에는 오차가 발생하기 시작했지. 이렇게 오차가 발생하는데, 그 원인을 찾으려고 하다 보니 기존과 같이 명확한 증명을 하기가 점점 어려워지기 시작했단다.

그러다 보니 측정을 더 많이 하고 환경 변수들을 더 많이 줘서, 그에 따른 결과값을 비교하는 방식으로 현상들을 증명하기 시작했단다. 이렇듯, 변수가 많아지고 그에 따른 값들의 경우의 수가 많아지다 보니, 이를 바탕으로 수학적 정리를 할 방법이 많지 않았단다. 그래서 통계를 이용한 증명 방법을 사용하게 되었지. 현상이 나타나는 숫자를 표준화하기 위해 통계 속에서 미분하고, 미분한 것을 적분하여 표준화를 했고, 그렇게 표준화된 숫자를 이용하여 방향성을 찾아내기 위해 통계의 벡터 공식을 이용하였단다. 이렇게 추출된 벡터 데이터가 변화되는 현상을 바탕으로 여러 현상을 증명할 수 있었단다. 이렇다 보니, 통계물리학은 현대 물리학의 기초가 되었다고 할 수 있단다.

㉮ 아~. 문제는 측정에 따른 문제라고 할 수가 있겠네요?

측정이 미세하거나, 아주 큰 경우에 그 현상을 직접 측정하기 힘들다 보니, 통계를 바탕으로 여러 번 측정하는 물리학이 태동했다고 볼 수 있겠네요?

㉯ 그렇지! 그래서 기체역학, 열역학, 양자역학 등은 그 증명 방법이 통계역학에 있다고 볼 수 있단다. 그래서 현대 물리학자들은 그 확률의 정확도를 높이기 위해 부단한 노력을 하고 있단다. 세계적인 물리학자 아인슈타인 알지?

㉮ 네~. 특수상대성이론과 일반상대성이론 등, 현대 물리학의 기틀을 다진 천재 중의 천재 물리학자시잖아요.

㉯ 그래~. 아인슈타인은 통계를 이용한 물리학을 인정하고 싶지 않아 아주 오랫동안 통계물리학의 불합리함을 증명하기 위해 노력했단다. 또 한 축으로는 닐스보어라는 사람이 있는데, 닐스보어가 주장한 '양자역학'에서는 그 통계를 바탕으로 현상을 증명하였는데, 그 닐스보어가 통계물리학의 대표주자라고 할 수 있단다. 하지만 아인슈타인은 양자역학의 닐스보어와의 물리학 토론 중에 '신은 주사위를 던지지 않는다'라는 말을 할 정도로 통계를 이용한 물리학을 인정하지 않으셨단다.

㉮ 아~. '주사위를 10번 던져서 3이 나올 확률', '5가 나올 확률'과 같은 통계학의 예제마저도 아인슈타인은 거부했군요.

㉯ 그렇지! 아인슈타인은 세상의 모든 원리를 수학적으로 증명할 수 있다고 믿고 있는 대표적인 분이셨단다.

㉮ 그럼, 통계는 수학이 아니라는 말씀이신가요?

㉯ 통계는 전통적인 수학이라고 하기에는 힘들단다. 전통적인 수학은, 공리를 바탕으로 한 정확한 증명을 그 생명이라고 할 수 있는데, 통계는 그 공리를 바탕으로 한 수학적 증명 방법이라고 할 수는 없지. 그래서 많은 고전 수학자와 물리학자 중에는 통계를 싫어하는 학자도 많았단다.

㉮ 그래요? 그럼 통계는 그에 따른 공리를 가지고 있지 않나요?

㉯ 아니지! 지금은 그 확률에 대한 공리를 가지고 있단다.

하지만 그 공리가 고전 수학에서 제시하는 공리와는 다르게 명확성 없이, 범위를 지정하는 방법 등으로 확률적 공리를 제시하고 있단다.

㉮ 아빠! 그런데 공리가 뭐예요?

㉯ 음! 아빠가 실수했구나. 공리에 대한 설명도 없이 설명했으니 말이다. 공리란 공평한 이론이란 뜻으로 '공평할 공(公)', '이론 리(理)'를 쓰는 단어인데, 무엇인가를 증명하고자 할 때 모든 사람이 이해할 수 있도록 그 기준을 제시하는 것을 공리(公理)라고 한단다. 그 대표적인 예가, 기원전 300년경에 그리스에서 쓰인 '에우클레이데스의 원론'을 들 수 있는데, 그 원론에 정의된 '평행선의 공리'가 그 대표적이라 할 수 있단다. 즉, 평행선이라는 것을 증명하기 위해서는 아래의 내용을 바탕으로 증명해야 한다는 것이지.

첫째, 두 점이 주어졌을 때, 그 두 점을 통과하는 직선을 그을 수 있다.
둘째, 임의의 선분을 직선으로 연장할 수 있다.
셋째, 한 점을 중심으로 임의의 반경의 원을 그릴 수 있다.
넷째, 모든 직각은 서로 같다.
다섯째, 임의의 직선이 두 직선과 교차할 때, 교차되는 각의 내각의 합이 두 직각(180도)보다 작을 때, 두 직선을 계속 연장하면 두 각의 합이 두 직각보다 작은 쪽에서 교차한다.

㉮ 아~ 평행선의 공리, 혹은 유클리드 '제5 공리'라 불리는 그 공리를 말씀하시는 거구나.

㉯ 엉? 유클리드의 제5 공리를 알고 있었어?
그런데 왜 공리를 모른다고 했어.

㉮ 들어는 봤죠! 그런데, 그게 정확히 무엇을 위한 것인지 명확하지 않아서 그랬어요.

㉯ 그래! 맞다. 많은 학자도 어떠한 것에 있어서는 그냥 쓰는 경우들이 많단다. 워낙 다양한 지식을 바탕으로 연구하는 것이 학자들이기 때문에, 어떠한 경우에는 그냥 그런 것이 있구나 하면서, 의심하지 않고 쓰는 경우들이 많단다. 우리 아들도 그냥 듣기만 했지, 그 공리라는 것이 정확히 무엇을 위한 것인지는 생각해보지 못했나 보다.

㉮ 네~ 그런 거 같아요. 앞으로는 무엇을 의미하는지를 한 번 더 생각해보는 계기가 될 거 같아요.

㉯ 그래! 아들! 지금 통계에서도 무엇을 증명하기 위해서는 이렇듯 공리를 바탕으로 증명을 하려고 한단다.
그럼 이 공리는 무엇을 의미할까?

1. 사건 E가 일어날 확률은 항상 0 이상 1 이하이다.
2. 표본공간 전체가 일어날 확률은 1이다.
3. (배반사건)의 확률의 합들은 각각의 확률의 합과 같다.

㉮ 응? 공리라고 하기에는 명확하지가 않네요?

항상 0 이상 1 이하여야 한다? 정확한 수치가 아니고 어디부터 어디까지라는 범위가 들어가네요?

㊇ 그렇지? 공리의 형태가 명확성을 많이 잃어버렸지?

하지만, 이러한 공리를 가지고 증명해도 현대 물리학에서는 어떤 현상을 증명하는 것에는 충분하단다. 아니 충분하다기보다는 더욱 더 명확히 증명하게 됐다고 할 수 있지.

하지만, 아인슈타인과 같은 고전 물리학자들은 범위를 지정하고 증명하는 것과 같은 증명 방법을 아주 아주 싫어했단다. 그래서 '신은 주사위를 던지지 않는다'라는 말을 하면서, 통계를 물리에 사용하는 것을 극도로 싫어하셨지.

㋐ 아빠! 그럼 아인슈타인 이후의 현대 물리학에서는 대부분 통계를 바탕으로 한 증명법을 사용하나요?

㊇ 그렇다고 볼 수 있단다. 현대 물리학, 또는 양자역학이라 하는 것은 통계를 바탕으로 한 물리학이란다. 그래서 양자역학의 공식을 보면, 미적분, 통계에 따른 물리학 공식들이 즐비하지. 그리고 그 확률의 값이 가중치(weight: 무게)라는 의미로 여러 분야에 적용이 된단다.

㋐ 아빠! 양자역학은 잘 모르겠고요.

천재 중의 천재 아인슈타인에 대해 말씀해주세요.

㊇ 그래! 아빠가 아인슈타인에 관해 얘기해주지. 그 전에 꼭 알아야 할 방정식이 있단다.

㋐ 그게 무엇인데요?

㊇ 뉴턴이 미분과 적분을 발견하고 난 후에 가장 빠르게 발전한 분야가 무엇일까?

㉮ 음~. 미분, 적분이라~.

미분은 곡선에서의 변화를 아주 작고 작게 미세하게 잘라서 그 변화율을 찾는다고 했고, 적분은 그 변화율을 바탕으로 계속해서 쌓아서 그 면적이나 변화 상태를 확인할 수 있다고 하셨어요. 그렇다면 미분, 적분이 곡선의 변화에 관한 것을 가장 잘 기술한다고 했으니, 아무래도 계속해서 반복하는 곡선을 바탕으로 한 분야가 빠르게 발전하지 않았을까요?

㉯ 그래~ 아주 자알 맞혔어.

미분, 적분은 곡선의 값을 가장 잘 표현하는 수학적 표현법이지.

그래서 어떠한 분야가 발전했을까?

㉮ 음~.

곡선이라면, 그래! 음악이요.

음악은 주파수라고 하는, 계속 반복하는 곡선을 가지고 있으니까요.

파동방정식

[波: 물결 파, 動: 움직일 동, 方程式: 방정식]

㉯ 그래! 아주 잘 맞혔단다. 음악이 주파수로 되어 있지, 그래서 음악은 싸인, 코싸인과 같은 삼각함수의 미적분을 통해서 아주 잘 구해 낼 수 있었고, 음의 전달이 파동이라는 것이라는 것을 아주 잘 증명해주었단다. 그리고 전기장, 자기장 역시 둥글게 둥글게 파동의 형태를 띠고 있다는 것도 알게 되었지. 또한, 열역학과 같이 열을 다루는 분야에서도 그 전달 과정에는 파동의 형태를 띠고 있다는 것도 알게 되었단다. 또한, 빛 발현 및 이동에서도 파동의 형태를 띠고 있다는 것도 알게 되었단다.

㉵ 정말요? 소리, 물결, 공기, 빛 등등 거의 모든 분야에서도 그 형태는 파동의 모양을 띠고 있다는 말씀이세요?

㉯ 그렇지! 우리가 듣는 음악은, 우리 아들도 알다시피 10㎐, 20㎐, 30㎐ 등과 같이 파동의 형태로 표현을 할 수 있었단다. 그리고 무

지개에서도 볼 수 있듯이 햇빛을 분해해서 '빨, 주, 노, 초, 파, 남, 보'와 같은 가시광선의 형태를 분석하는 것도 그 파동의 주파수대에 따라 다른 색을 보인다는 것도 알게 되었단다. 빨간색은 400에서 484테라헤르츠(㎔)의 범위를 가지고, 보라색은 668~789㎔를 갖는 주파수의 형태라는 것을 알게 되었단다. 여기서 ㎔(테라헤르츠)는 10^{12}에 해당하는 아주 큰 수란다.

㉶ 아~ 그럼 빛, 소리 등등이 그 파동 주파수에는 차이가 있을지 몰라도, 그 기본 형태는 주파수의 형태를 띠고 있는 파동이란 말씀이시죠?

㉯ 그렇지! 열, 빛, 공기, 물 등을 다루는 물리학에서 파동을 이용한 증명법이 나와서 아주 빠르게 발전을 할 수 있었단다. 그래서 1700년대에서 1800년대까지 파동을 이용한 증명 방법이 가장 많이 발전했다고 할 수 있단다.

㉶ 아빠! 신기해요! 우리가 사는 세상에 많은 부분이 파동의 형태를 띠고 있다는 것이요.

㉯ 그래 아들! 우리의 일상생활은 파동 형태를 띠고 있는 현상의 집합 속에 산다 해도 과언이 아니란다. 파동이라는 말은 '물결 파(波)', '움직일 동(動)'으로, 물결의 움직임을 가지는 현상이란 뜻이란다. 그 물결의 모양으로 소리를 표현할 수 있는데, 이를 '소리 음(音)', '파동 파(波)'라 해서 음파(音波)라고 부른단다. 또한, 빛을 표현할 때는 '빛 광(光)', '파동 파(波)'라 해서 빛의 파동이라는 뜻의 광파(光波)로 부른단다.

【파도의 모양을 가진 삼각함수의 싸인 파동(波動)】

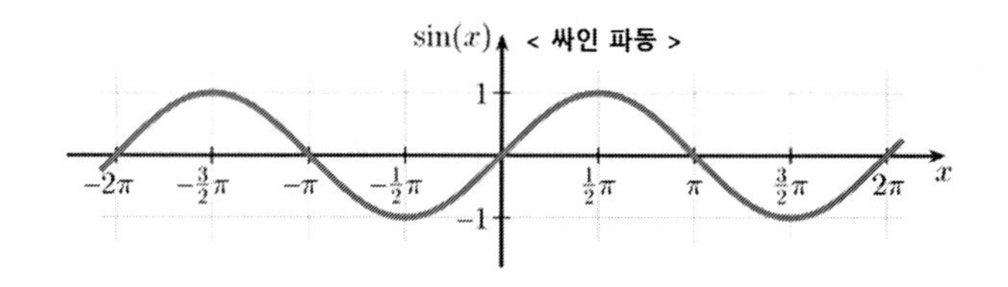

【빛을 이루고 있는 파동의 주파수】

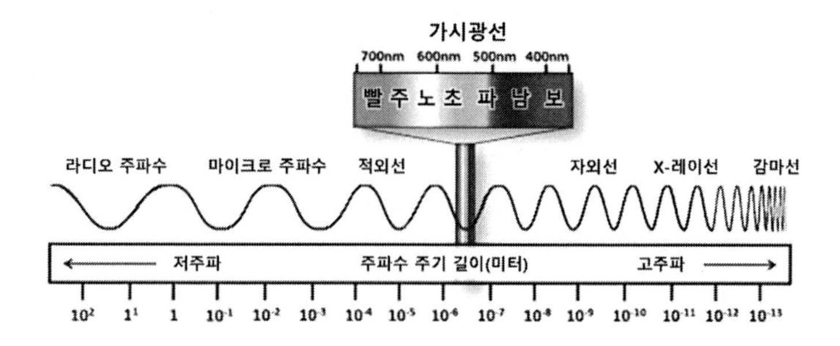

㉣ 맞아요. 아빠! 모든 것이 파동의 형태로 표현을 할 수가 있네요. 사람의 신체 상태를 표현하는 신체 리듬(바이오 리듬)도, 사람의 몸 상태 역시 주파수로 표현하기도 하네요.

㉯ 그렇단다. 아들! 우리 실생활의 많은 현상은 위의 그림에서 보는 바와 같이 파형의 형태로 표현을 할 수가 있단다. 이렇게 파동 형태로 표현을 할 수 있는 것은 미적분 발견부터 시작했다고 해도 과언이 아니란다.

㉣ 아~ 그렇네요. 그래서 뉴턴을 고전 역학의 가장 위대한 물리학자라고 하나 봐요.

㉯ 그렇지! 뉴턴이 사과가 떨어지는 모습을 보고 만유인력의 법칙을

발견했다는 것도 아주 중요한 것이지만, 만유인력의 법칙을 증명하는 방법으로 미적분을 발견한 것이 현대 물리학의 가장 큰 성과라고 아빠는 생각한단다.

㉧ 아빠! 제 생각도 아빠 생각과 같아요.

그런데, 만유인력의 법칙은 뭐예요? @.@;;

㉯ 하하. 울 아들, 아주 똑똑한 줄 알았는데, 만유인력의 법칙을 모른단 말이야?

㉧ 아~ 빠~. '물체는 서로가 끌어당긴다'라는 정도는 저도 알고 있어요. 하지만 아빠한테서 더욱더 자세하게 듣고 싶다는 것이지요.

㉯ 하하~ 알았다. '일만 만(萬)', '있을 유(有)', '당기다 인(引)', '힘 력(力)'을 한자로 쓰는 법칙인데 '세상의 모든 물질은 서로 끌어당기는 힘을 가지고 있다'라는 뜻이란다. 여기서 일만 가지를 뜻하는 '일만 만(萬)'은 세상의 모든 것을 의미하는 경우가 많단다. 그래서, '만일 시험에서 100점을 받을 경우, 아빠가 큰 선물 줄게'에서 '만일(萬一)'이라는 단어는 '세상 모든 일 중 하나'라는 의미인데, 이처럼 '일만 만(萬)'자는 세상의 모든 것, 다시 말해 '만유인력'은 모든 물건은 서로 끌어당긴다는 말이지. 그래서 지구와 달은 서로 당기는 힘으로 항상 같이 움직이고, 태양과 지구, 엄마와 아빠도 서로 끌어당기는 힘이 있어서 항상 같이 다니는 현상이 나타난다는 의미지.

그러한 법칙을 만유인력의 법칙이라고 부른단다.

㉧ 아~ 엄마, 아빠 사이에는 '부부 인력의 법칙'이 존재해서 엄마, 아빠가 그렇게 딱 붙어서 떨어지지 않는군요! ㅡ.ㅡ+;;

㉯ 그렇다고 봐야지. 사과와 지구가 서로 끌어당기는 힘이 있어, 사과가 지구로 떨어져 땅에 딱 달라붙는 것이 만유인력의 법칙의 시작

이라고 할 수 있겠지?

㉦ 아~ 그래서 뉴턴의 '떨어지는 사과'가 굉장한 발견이었구나. 사과가 떨어지는 현상은 모든 사람이 볼 수 있었지만, 아무도 그 현상에 의문을 가지지 않았는데, 뉴턴이 그 떨어지는 현상이 왜 일어나는가를 의심하면서 시작됐다고 볼 수 있겠네요.

㉯ 그렇지! 모두가 의심 없이 바라보는 현상에 의구심을 가지고 보는 것이 물리학의 시작이란다. 뉴턴이 사과가 땅에 떨어지는 현상을 본 후, 그 현상을 증명하기 위해 노력했고, 서로가 끌어당기는 힘이 모든 만물에 존재한다는 것을 알아냄으로써 만유인력의 법칙이 탄생된 것이 아닐까?

㉦ 아~ 그런 거 같아요. 서로 왜 붙으려고 할까~ 연구하다 보니, 인력이 작용한다는 것을 알았고, 그 인력의 형태가 모든 만물에 존재했고, 그 인력이 지구에서는 '중력'이라는 형태로 나타난다는 것을 알았을 거 같아요. 중력이 지구 내에서 나타나는 만유인력의 형태이니까요! 맞죠?

㉯ 역시! 우리 아들의 창의력은 대단하단 말씀이지.

㉦ 하하. 제가 좀 해~ 요~.

㉯ 그래! 좀 하는 울 아들! 그러면 여기서 질문!

㉦ 네? @.@ 또 질문이에요?

㉯ 그래! 질문! 아까 빛도 파동으로 되어 있다고 했지?

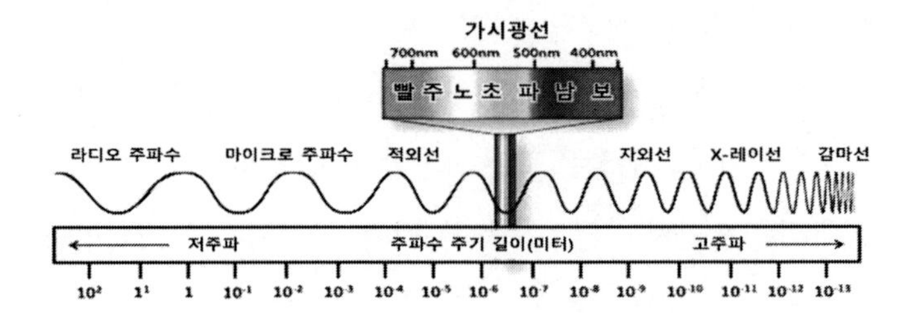

㉮ 네~ 아까 그림으로 설명하셨잖아요.

㉯ 그렇지! 가시광선의 영역에는 '빨, 주, 노, 초, 파, 남, 보'가 있고 그것 역시 파동의 형태로 돼 있다고 했지?

㉮ 네! 아빠, 여기서 아빠한테 질문!

㉯ 엥? @.@

(아빠 질문 시간인데… 쩝)

그래, 뭔데?

㉮ 가시광선이 무슨 뜻이에요? 그리고 적외선, 자외선은요?

㉯ 흐음!

(또 알면서 물어보는군. —.—;;)

오호라~. 알았다. 설명해주지.

가시광선(可視光線), '가능할 가(可)', '볼 시(視)', '빛 광(光)', '줄 선(線)', 즉 '눈으로 보는 것이 가능한 빛의 줄기'란 뜻이란다. 눈으로 볼 수 있는 빛줄기란 뜻이지. 여기서도 빛을 줄기라고 표현한 것처럼, 빛은 파형의 형태로 움직인다고 할 수가 있겠지? 그리고, 적외선(赤外線)은 '빨강 적(赤)', '바깥 외(外)', '줄 선(線)', 풀어서 읽으면 빨간색 밖의 빛줄기라는 뜻이고, 자외선(紫外線)은 자주색(紫朱色:보라색)의 밖에 있는 빛줄기라는 뜻이 있단다.

㉮ 아~ 역시 아빠와 같이 한자를 풀어서 설명하는 방법은 정말로 명확한 설명 방법이에요! 가시광선, 적외선, 자외선의 의미는 알았는데, 사실 어떤 한자를 쓰는지는 잘 몰라서 아빠께 여쭤본 거예요. —.—;;;

㉯ ^_^ 하하하…. 아빠는 이미 눈치챘단다. 그래서 알면서도 한자를 풀어서 설명한 거란다.

㉮ 그러니까, 가시광선의 스펙트럼에서 빨간색보다 주파수가 낮은 것은 적외선이고, 보라색보다 주파수가 높은 것은 자외선이란 뜻이죠?

㉯ 그렇지! 적외선은 주파수가 낮아서 사람의 신체 리듬을 파괴하지 않아서 신체에 무리를 주지 않는데, 자외선 같은 경우는 주파수가 높아 사람의 신체 리듬을 파괴하는 현상이 일어난단다. 그래서 자외선이 많은 뜨거운 여름에는 밖에 나가서 햇빛에 노출되는 걸 줄이라고 얘기하지? 그리고 그림에서 보면, 주파수가 자외선보다 높은 곳에 엑스레이선이 있잖니?

㉮ 네! 자외선보다도 더 높은 주파수를 가지고 있어요.

㉯ 그래! 그 엑스선은 병원에서 X-Ray(엑스레이)를 찍을 때 사용하는 빛이란다. 엑스레이를 찍으면, 그 엑스레이는 피부 및 지방 등 살은 뚫고 지나가지만, 뼈를 뚫고 지나가지는 못하는 고주파의 빛이란다. 살은 뚫지만 뼈는 뚫고 지나가지 못하고 뼈에 맞고 반사되어 나오는 빛을 이용해 뼈 사진을 찍을 수 있는 것이란다.

㉮ 아~. 엑스레이를 찍는 것은 반사된 빛을 잡아서 사진을 찍는 원리구나. 가시광선은 피부를 뚫지 못하는데, 엑스레이는 피부와 살을 뚫고 지나갈 수 있다는 거예요?

㉯ 그렇지! 그래서 엑스레이보다 더 높은 주파수인 감마선은 사람의 뼈도 뚫고 지나갈 수 있어 동물에게 치명적인 손상을 입히게 된단다. 주파수가 높다는 것은 그 운동에너지가 많다는 뜻이란다. 아들 친구 중에 에너지 넘치는 친구들 있지?

㉵ 네! 뭔 에너지가 그렇게 넘치는지 잠시도 가만히 있지를 못해요. 이리 뛰고, 저리 뛰고, 왔다리갔다리….
휴~ 정신없어요.

㉯ 그래~ 에너지가 많다는 것은 그 운동량이 많다는 것이란다.
운동량이 많으니, 왔다리갔다리도 자주 하지. 그래서 주파수가 높다는 것은 에너지가 많다는 것이란다.

㉵ 그러네요! 그럼 엑스선은 주파수가 높으니까 에너지가 많고, 그 많은 에너지가 사람 몸을 통과할 때 몸에 해를 입힌다는 말씀인가요? 에너지가 넘치는 친구 때문에 제가 피곤한 것처럼요?

㉯ 그렇지! 엑스선보다 주파수가 높은 감마선이나 알파선, 베타선 등은 에너지가 아주 높은 주파수지. 아들! 원자력 방사능이라고 들어 봤지?

㉵ 네~ 그 위험하다는 방사능이잖아요. 방사능에서 나오는 빛 주파수가 감마선이에요?

㉯ 그렇지! 우리가 방사능이라고 부르는 빛 주파수대역이 알파, 베타, 감마의 주파수를 가진 빛 주파수란다. 그 주파수는 에너지가 아주 많아 몸의 뼈도 뚫고 지나가고, 콘크리트 벽도 뚫고 지나가고 하지. 따라서 감마선은 살아 있는 동물, 식물을 뚫고 지나가 마치 총을 쏘듯이 동식물의 몸을 뚫어 내상을 입힌단다. 참! 아들, 방사능이 무슨 뜻인지 아니?

㉧ 방사능? 그것도 한자로 풀어주시게요? 우리가 방사능이라고 부르는 빛 주파수대역이 알파, 베타, 감마의 주파수를 가진 빛 주파수잖아요.

㉯ 그렇지! 정답! 방사능(放射能)은 '풀어놓을 방(放)', '쏠 사(射)', '능력 능(能)'을 쓰는 단어로, 풀어놓고 아무렇게나 쏴대는 에너지(能)란 뜻이란다. 특정한 방향 없이 사방으로 쏴대는 에너지란 뜻이지. 일본 만화 '드래곤볼' 같은 만화를 보면, 화가 났을 때 온몸에 불이 올라오지 않니? 그렇게, 몸 전체를 타고 흘러나오는 에너지를 방사능이라 부른단다. 세상의 모든 사물에서는 방사능이 나오는데, 그 에너지의 양이 얼마나 많은지에 따라 위험한 방사능이냐 아니냐를 따지는 것이란다.

㉧ 아~. '만유 방사능'의 법칙인가요? ^^;; 그리고 마치 무협지 속 '온몸에 흐르는 기(氣)'와 같은 것들이 방사능의 일종이라는 말씀이시죠?

㉯ 그래. 그렇게 흘러나오는 방사능에 얼마나 많은 에너지가 있느냐가, 위험한지 아니면 위험하지 않은지를 판단하는 기준이 되는 것이란다. 핵무기를 만드는 우라늄은 내부에 에너지가 아주 많아서, 에너지가 아주 많은 감마 에너지를 그 주위에 방사하는 물질이라 아주 위험한 물질로 취급되고 있단다.

㉧ 아~. 얼마 전에 '라돈 침대'가 문제가 된 적이 있었는데, 그 라돈 침대도 감마선을 방출하는 물질이란 말씀이신가요?

㉯ 그래~ 1990년대에 우리나라에 '몸에 좋은 음이온'이 나온다고 해 음이온 발생기, 음이온 침대, 음이온 뭐 뭐 하는 등 많은 음이온 제품이 나온 적이 있지. 문자적인 의미로는 그 음이온 제품도 모두 방사능을 방출하는 제품들이란다. '게르마늄 돼지'에서 게르마늄도

대부분 방사능을 방출하는 제품이지. 만약에 음이온, 게르마늄을 광고할 때 방사선을 방출한다고 광고를 했다면, 그 제품은 아무도 사지 않았겠지?

㉮ 그렇겠지요! 누구도 방사선을 방출하는 제품을 쓰지 않을 테니까요. 방사선은 아주 위험한 물건이잖아요.

㉯ 그래~ 방사능, 방사선이 현재는 위험한 것으로 인식이 되어 있는데, 사실 그 방사선이라는 단어보다는 어떤 주파수의 방사선을 내뿜느냐가 위험하냐 위험하지 않으냐의 기준이 되어야 한단다. 방사선은 '전리방사선(이온화 방사선)'과 '비전리방사선(비이온화 방사선)'으로 나뉘는데, 몸에 해로운 방사선은 전리방사선이고, 몸에 영향을 미치지 않는 방사선은 비전리방사선이라고 한단다.

㉮ 아~. 라돈은 감마선을 방출하는 물질이니까 위험하다. 우라늄도 알파, 베타, 감마 등의 에너지를 방출하니까 위험하다는 식으로 나눠서 생각해야 한다는 말씀이죠?

㉯ 그렇지! 물질에서 어떠한 주파수대의 에너지를 방출하느냐를 알아야 하지!

㉮ 그런데, 그런 주파수가 있다는 것을 어떻게 알 수가 있어요? 물질은 알파면 알파! 베타면 베타! 감마면 감마! 이런 식으로 정해진 주파수 에너지만을 방출하나요?

㉯ 물론! 아니지! 아~ 맞다! 아빠가 질문했던 게 이걸 묻고 싶었던 것이었는데, 아들 질문 때문에 방사능까지 와버렸다.

㉮ 아~ 그러네요. 아빠 질문이 뭐였죠?

㉯ 가시광선의 영역에는 '빨, 주, 노, 초, 파, 남, 보'가 있다고 했는데 그것 역시 파동의 형태로 있다고 했지?

㉦ 아~. 맞다 맞아! 네, 가시광선에는 '빨, 주, 노, 초, 파, 남, 보'의 주파수가 있다고 하셨어요!

㉯ 그래! 그런데 말이다. 아빠가 좋아하는 색깔은 흰색하고 검은색인데, 그 색은 왜 가시광선의 영역에 없지? 검정하고 흰색은 빛의 색이 아닌가?

㉦ 에~ 이~. 아니죠!

아빠, 미술 시간에 안 배우셨어요?

빛의 삼원색, '빨강, 녹색, 파랑'.

그리고 색의 삼원색, '빨강, 노랑, 파랑'.

㉯ 알지! 그런데 흰색하고, 검은색은?

㉦ 빛의 삼원색 '빨강, 녹색, 파랑'의 색을 다 섞으면 흰색이 되잖아요! 그것도 몰라요?

㉯ 그렇지? 흰색에는 '빨녹파' 빛의 삼원색이 아래의 그림과 같이 섞여 있단다.

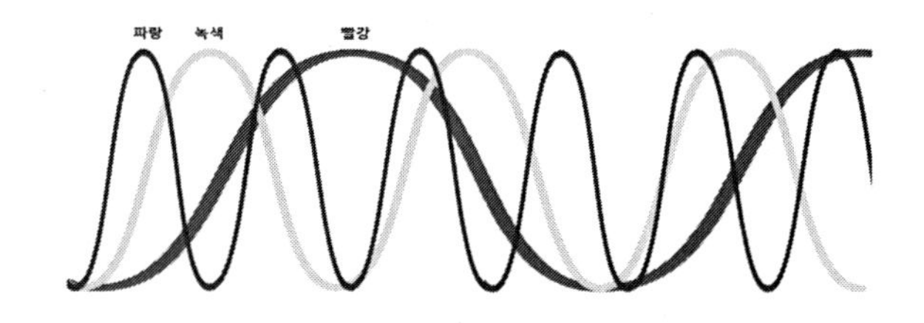

㉦ 아~. 복잡하게 섞여 있네요!

㉯ 그렇지? 이렇게 각각의 색에 해당하는 주파수대가 같이 합쳐져 있으면, 아주 복잡하게 섞이게 되어 그 원래 주파수가 몇인지 확인하

는 것도 힘들어진단다.

㉮ 그럴 거 같아요! 이렇게 복잡한데 어떻게 해당 주파수의 존재 여부를 확인할 수 있어요?

㉯ 그렇지? 뉴턴의 미적분 발견으로, 주파수로 사물의 분석이 가능하다는 사실을 알 수 있었는데, 세상에는 특정한 한 주파수만 있는 것이 아니고 흰색의 빛에서 보듯이 아주 복잡하게 섞여 있다는 것을 알게 되었지. 그러다 보니, 그 복잡한 주파수를 분해해서 해석할 수 있는 특별한 도구가 필요하게 되었단다.

㉮ 그게 뭐예요? 빨리 가르쳐주세요!

저 아~ 주~ 궁! 금! 해! 요!

^_^;;;

㉯ 그래! 알았다!

푸리에변환

㉯ 이렇게 아주 많은 것들이 복합적으로 섞여 있으므로 물리학자들은 몹시 어려움을 겪게 되었지. 모든 것을 파동함수를 통해서 표현할 수 있었는데, 그 파동함수만으로는 현실 세계를 표현하기엔 아주 큰 어려움이 있었단다. 파동함수를 이용해서 만들어낸 빛을 섞으면 흰색이 된다는 것은 알 수가 있었는데, 그 섞여 있는 빛에서 다시 원색의 함량을 뽑아내야 현실의 세계를 정의할 수 있는데, 그것은 너무나 힘들었지.

㉮ 그래서요? 그래서 어떻게 했는데요?

㉯ 합성하기는 쉬웠는데, 그걸 다시 분리하는 것은 너무나 어려웠지. 그래서 파동함수의 역함수를 만들어야 했단다.

아들, 역함수 알지?

㉮ 네~. '바꿀 역(易)'을 쓰는 함수요. A에서 B를 만드는 함수를 원함

수라고 한다면, B에서 다시 A를 알아내는 함수를 바꿀 역(易)자를 쓴 역함수라고 하셨잖아요.

㉯ 그래! 수학에서는 원함수도 중요하지만, 역함수의 역할이 정말로 중요하단다. 그래서 섞여 있는 주파수에서 특정 주파수를 뽑아내는 것에 대해 많은 연구를 했는데, 그중 가장 강력하고 효과가 입증된 변환 방법이 '푸리에변환'이라는 방법이란다.

㉵ 푸리에변환이요?

㉯ 그래! 푸리에변환(Fourier transform, FT).

1800년도 초반, 프랑스의 수학자이자 물리학자인 '장 바티스트 조제프 푸리에'에 의해서 정의된 변환 방법인데, 섞여 있는 주파수에서 그 주파수 내에 어떤 주파수가 얼마나 섞여 있는지 삼각함수, 미분, 적분 등을 이용해 구해내는 주파수 분해변환 방법이란다.

㉵ 아~. 그럼 푸리에가 만들어서 푸리에변환이라 부르는구나!

앗! 영문 표기법 'Fourier transform'의 약자가 FT네요?

혹시 제가 알고 있는 FFT(에프에프티)와 같은 건가요?

그거 있잖아요! 음악 플레이어를 실행시키면, 불꽃 막대자가 오르락내리락하는 그거요!

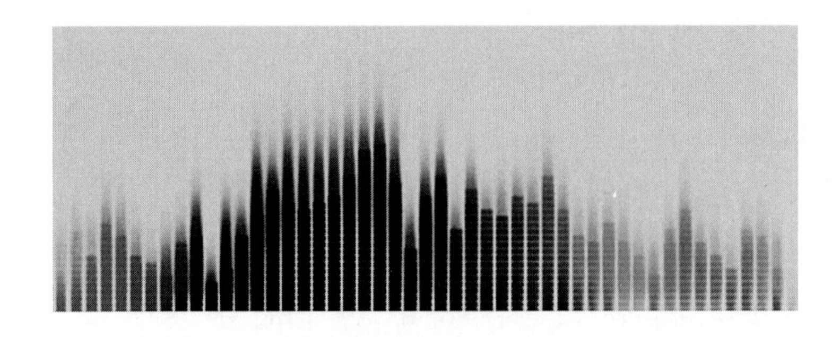

㉯ 그래! 그 소리 레벨 미터를 표시하기 위해 음악 안 특정 주파수의 크기를 가져오도록 하는 것이 그 푸리에변환을 이용해서 만든 거란다. 푸리에가 푸리에변환을 만든 다음에 많은 물리학자가 그 변환 방법을 더 빠르게 하려고 고민해 만든 변환이 빠른(Fast) 푸리에(Fourier) 변환(Transform)이라는 뜻으로 요즘 쓰는 FFT라는 변환 방법이란다.

㉵ 아~ 그렇구나! 그럼 푸리에는 빛이나 소리를 분석하기 위해 푸리에변환을 만들었나요?

㉯ 그렇진 않단다. 푸리에는 열역학에 관심이 많은 물리학자였지. 열에너지의 표현 방법도 파형의 형태로 표현할 수 있다고 아빠가 말했지?

㉵ 네~.

㉯ 그렇듯, 뉴턴이 미적분을 발견한 후에 거의 모든 분야에서는 파동을 중심으로 한 연구가 활발히 진행되었고, 그중 열에너지에 관해 연구하는 많은 수학자, 물리학자도 미적분을 이용한 파동방정식으로 연구를 하였지! 푸리에도 그중 한 사람이었단다.
푸리에 역시 파동을 이용한 증명 방법을 선택하였기에 복잡하게 섞여 있는 파동에서 특정 파동을 뽑아낼 필요가 있었단다. 그래서 그걸 정리하려다 보니, 열전도 방정식, 푸리에 급수 등이 만들어졌고, 이를 전반적으로 정리해 푸리에변환을 만들어냈단다.

㉵ 아~. 미적분의 발견 후, 여러 분야에서 파동을 이용해 물리를 해석했고, 그 파동이 삼각함수와 연결이 되어 있다 보니, 삼각함수를 이용해 급수를 만들어낸 후, 그 급수의 값에 따라 최종값을 뽑아내는 푸리에변환이 만들어졌다는 말씀?

㉯ 그렇지! 울 아들 똑똑한 건 알았지만, 개떡같이 말해도 찰떡같이 알아듣는 아주 똑똑한 아들이네~.

@.@ 아빠 너무나 놀랐단다.

㉮ 그리고 또 있어요! 아직 놀라기는 일러요! 비록 열역학을 통해 만들어진 푸리에변환법이지만, 파동을 이용한 분석법이다 보니 빛을 연구하는 다른 광학 물리학자, 소리를 연구하는 음향 물리학자들도 모두 파동을 이용한 푸리에변환법을 사용하기 시작했다는 말씀이시잖아요. 움하하하하하하하하~. 아빠~. 나 아무래도 하산할 때가 된 거 같아요!

㉯ 맞다! 맞아! 그 푸리에변환법을 통해서 많은 것이 증명되었고, 그 푸리에변환법은 현대 물리학에서도 많은 부분에서 쓰이고 있단다. 그 대표적인 것이 FFT라고 할 수 있고, FFT를 더 빠르게 증명한 '이산(離散) 코싸인 변환법(DCT)'이라는 방법도, 그 모태는 푸리에 변환에서 파생된 수학적 표현법이라고 할 수 있단다.

㉮ 이산(離散), 코싸인 변환이요? 그건 또 뭐예요?

㉯ 아~. 그건 네가 요새 듣고 있는 엠피쓰리(MP3) 음악 알지?

㉮ 네~ 거의 매일 듣고 다니지요!

㉯ 그래! 그 MP3의 기본 기술 중의 하나가 DCT라는 '이산 코싸인 변환법'이란다. Discrete(이산: 분리해서 계산하다), Cosine(코싸인) Transform(변환)의 약자로….

음~. 설명이~ 어렵네!

'이별' 할 때 '이(離)', '산만하다' 할 때의 '산(散)', '떠날 리(離)', '흩어질 산(散)'을 쓰는 한자로, 떨어뜨려 따로따로 계산하는 방법이라는 뜻이란다. 어떠한 현상을 부분부분 나눠서 계산하는 것인데, 그 변환 방법으로 코싸인을 이용해 변환한다는 의미가 있단다.

㉮ 음, 어렵네요.

㉯ 그래! 좀 어렵지? DCT는 특정한 구역(시간이나 화면상의 블록)을 나눠서 그 부분을 코싸인을 이용해 변환한다는 뜻이란다.

㉮ 아~. 음악이나 영상 같은 경우에는 소리나 색깔 등이 연속적으로 연결되는 경우가 많은데, 그렇게 연결된 상태를 통째로 계산을 하는 게 아니고, 부분부분 나눠서 계산한다는 말씀인가요?

㉯ 그렇지! 그렇게 계산하는 DCT 역시, 푸리에변환을 모태로 발전된 계산방식으로 자리매김했단다. 이러한 기술이 지금의 음악 파일(MP3), 영상 파일(MP4) 등등 많은 분야에 영향을 주었기 때문에 파동을 바탕으로 한 푸리에변환은 현대 물리학까지 아주 큰 영향을 미친 중요한 발견이라고 할 수 있단다.

㉮ 아빠. 푸리에변환의 공식은 어떻게 돼요?

㉯ 이 그림이 푸리에 반환식이란다. 이거 외울 필요는 없으니, 구성이 어떻게 되어 있는지만 한번 봐 봐. 적분하고 파이(π)가 있는 것을 보면 삼각함수와 연관이 되어 있지?

$$F(\omega) = \int_{-\infty}^{\infty} f(t)e^{-i\omega t}dt$$

$$f(t) = \frac{1}{2\pi}\int_{-\infty}^{\infty} F(\omega)e^{i\omega t}d\omega$$

이러한 형식으로 변환을 하면 그 해당 주파수에 대한 값을 반환해 준단다. 수식은 필요할 때 찾아서 보면 되니까, 우선 대충 이런 구성으로 되어 있다는 것만 알아두라고 수식을 보여준 거니, 나중에 깊게 공부를 할 때 자세히 들여다보렴.

㉮ 여~ 억~ 시! 아빠 짱!

이거 공부하라고 했으면, 정말 슬펐을 거예요. ㅠ..ㅠ

(나) 그래~. 먼저 이해를 하고 그다음에 깊게 알아보는 것을 아빠는 제일 좋은 공부 방법이라고 생각한단다. 어떠한 것들이 있는가를 먼저 알아보고, 아주 큰 시야가 확보되었을 때 자세하게 공부를 한다면, 한 곳에 빠져 허우적대지는 않을 듯싶구나.

(아) 네~ 알! 겠! 습! 니! 다!

(나) 아들! 1800년대 말에 고전 물리학계에서는 파동을 이용한 물리 현상의 증명 방법이 성행했단다. 이를 통해서 거의 모든 물리학적 해석은 끝났다고 생각했단다.

광자 물리학, 열역학, 음향 물리학, 기체역학, 전자기학, 유체역학 등등, 거의 모든 분야의 물리학이 수학을 이용한 증명 방법을 사용함으로써 '합리적 운동학' 혹은 '고전 역학'이라는 학문은 '더는 증명이 필요 없다'라는 판단이 내려질 정도로 발전했단다. 그 당시, 19세기의 물리학자였던 켈빈은 '이제 물리학자들이 할 일은 소수점 아래 자리를 늘리는 것뿐입니다'라고 선언을 할 정도였으니, 지구 내에서의 물리학적 원리는 전부 밝혔다고 믿었단다.

(아) 네~. 알겠어요. 모든 물리적 증명은 스펙트럼과 같은 파동을 바탕으로 한 분석 방법이 그 역할을 했다고 말씀하시는 거잖아요. 자신감이 넘치네요. 짝짝짝!

(나) 그렇지! 인간이란 참 대단한 거 같아!

이제 '더는 증명할 자연 현상이 없다'는 자신감이 들 때쯤, 풀지 못하는 문제가 나타나는데, 그것이 바로 '블랙박스'라는 것이었단다.

(아) 블랙박스요? 자동차에 달고 다니는 그 블랙박스요?

그 당시에도 자동차에 블랙박스를 설치하고 다녔나요?

(나) 헉! 〉.,〈;;; 아니~ 아니다!

블랙박스가 아니고 '블랙보디(Black Body)'라는 놈이다!

㉮ 블랙보디요? '검은색 몸'이란 뜻인가요?

㉯ 아니! 목욕을 안 한 몸은 아니고.

블랙박스처럼 내부를 알 수 없는 몸이란 뜻으로 블랙보디.

한국에서는 '검을 흑(黑)', '몸 체(體)'를 써서 '흑체(黑體)'라 불렀지!

㉮ 엥? 영어를 그냥 한자로 옮겨놓은 단어네요….

Black, 검을 흑(黑).

Body, 몸 체(體).

㉯ 그렇지! 미적분에 의해 발달한 고전 물리학은 뉴턴이 영국사람이다 보니, 그 당시의 물리학은 유럽에서 빠르게 발전했고, 고전 물리학에서 발달한, 파동을 통한 물리학도 모두 유럽이 중심이었단다. 고전 물리학은 동양에서는 새로운 학문이었지! 그렇다 보니, 거기에 맞는 단어가 존재치 않았고, 그 단어의 뜻을 그대로 한자로 옮겨서 쓰는 정도가 그 당시 동양 학자들이 할 수 있었던 전부였단다.

㉮ 아~. 그렇구나! 아이작 뉴턴이 1642년 12월 25일에 태어나 1727년 3월 20일에 사망을 했으니, 1700년대부터 유럽에서 발전한 학문 이후부터 약 200년에 가까운 짧은 시간 안에 발전했네요. 약 200년 가까운 기술 발전이 얼마나 빨랐으면, 5000년 역사의 한국과 중국의 과학 기술을 뛰어넘는 결과를 낳았을까요!

㉯ 그렇지! 그 당시 동양에서는 유교, 불교의 종교적 철학 사상이 주를 이뤄서, 과학 기술을 등한시했는데, 그 사이 유럽에서는 과학 기술 발전이 빠르게 되었단다.

아하~ 또 다른 곳으로 빠져버렸구나.

㉮ 맞아요! 아까 검은 몸체라는 뜻의 흑체, 즉 블랙보디에 대해 말씀

하다 말았어요!

㉯ 그래! 그 블랙보디는 블랙박스처럼 아주 까만 상자였단다.

그 상자 안에는 빛을 주파수별로 집어넣으면, 그 빛이 다시 밖으로 나오지 못하도록 꽉 막아놓았지. 그렇게 막아놓으면, 상자 안 에너지의 양에 따라 튀어나오는 빛(주파수)이 다르게 보이는데, 이 빛을 확인해 상자 안에 얼마나 많은 에너지가 존재하는지 확인하는 검은색 상자였단다. 빛이 밖으로 새어나오지 않는 상자이다 보니, 어떤 색도 보이지 않고 검은색으로만 보여 블랙보디라 불렀단다.

㉰ 아~. 빛이 새어나오지 않도록 꽉 틀어막아놓으면, 색깔에 해당하는 주파수대역의 빛이 하나도 안 나오니, 검게 보일 것이다! 하지만 에너지가 상자에 꽉 차서 어쩔 수 없이 새어나오는 에너지가 있고, 새어나오는 에너지의 주파수를 측정하면 흑체 안의 에너지가 어떤 에너지인지 확인할 수 있다?

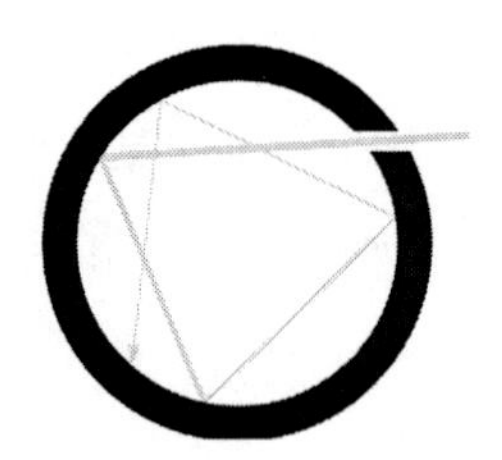

㉰ 그때 새어나오는 에너지의 주파수를 확인하면, 즉 그 주파수에 해당하는 색깔을 확인하므로, 그 안에 어떤 에너지가 있는지 확인할 수 있다?

㉯ 그렇지! 정말 똑똑하다 우리 아들! 그래, 그렇게 새어나오는 에너

지를 흑체에서 에너지를 방출한다는 의미로 '흑체복사'라 부른단다. 맞다! 이렇게 흑체복사로 측정하는 장비가 현대사회에 있는데 그게 뭔지 알겠니?

㉧ 흑체복사를 이용한 제품이 현대사회에서 사용되고 있다고요?

㉯ 있지! 있고말고! 아들, '열화상 카메라' 알아?

㉧ 네! 알죠! 공항 같은 데서 독감 걸린 사람 찾아내려 할 때, 멀리서 총 같은 거로 찍어서 열이 나는지 확인해볼 수 있도록 만든 카메라요!

㉯ 그래, 아들!

㉯ 열화상 카메라로 찍으면 각 부위별 온도가 위쪽 그림처럼 나타나지 않니? 그 온도를 측정할 수 있는 것은, 열화상 카메라가 흑체복사를 이용해 열에너지를 측정하기 때문이란다. 포유류와 같은 항온동물은 그 온도를 유지하기 위해, 몸속에서 에너지를 태워 꾸준히 열을 발생시킨단다. 이렇게 발생한 열에너지는 몸속에 있는 흑체에 에너지를 계속해서 공급하게 되지. 이렇게 흑체에 에너지가 계속해서 공급되면, 그중 밖으로 방사되는 복사에너지의 파형을 측정 분석하여 보여주는 것이 열화상 카메라지.

㉮ 아~. 열화상 카메라가 그 흑체복사를 이용한 제품이란 말씀이네요? 그럼 적외선 온도계도 흑체복사를 이용한 온도 측정 제품인가요?

㉯ 그렇단다. 아무튼, 열역학에서 흑체라 하는 것은 그 당시 아주 중요한 연구 과제였단다. 그래서 흑체를 연구하는데, 고전 역학의 관점에서 하나의 문제가 발생했단다.

㉮ 어떤 문제요?

㉮ 네~ 주파수가 크면 클수록 내부 에너지의 양도 비례해 많아진다고 했어요. 그래서 엑스선은 적외선보다 에너지가 많아서 몸을 다 뚫고 지나간다고 하셨어요.

㉯ 그래! 저주파의 영역에서는 그 원리가 아주 잘 맞았단다.
그런데, 주파수가 높아지면 높아질수록, 다시 말해 파장의 길이가 짧으면 짧을수록 '에너지의 양도 비례하여 높아진다'라는 고전 물리학의 판단이, 실제 고주파를 측정하는 실험에서는 맞아떨어지지 않게 되었단다.

㉮ 그래요? 그럼 그 이론이 잘 맞지 않았다는 건가요? 그럼 물리학자들이 틀린 거잖아요?

㉯ '틀렸다'라기보다는 파장의 길이가 어느 수준을 넘어 짧아졌을 때가 문제가 됐던 거지. 하지만 결론적으로는 틀렸다고 볼 수 있지. 19세기의 물리학자들은 이제 더는 연구할 것이 없다는 결론을 내려는데, 그 '흑체복사'라는 것이 그들의 발목을 잡았단다.

㉮ 발목을 잡아요? 어떻게 발목 잡았다는 건가요?

㉯ 응~.

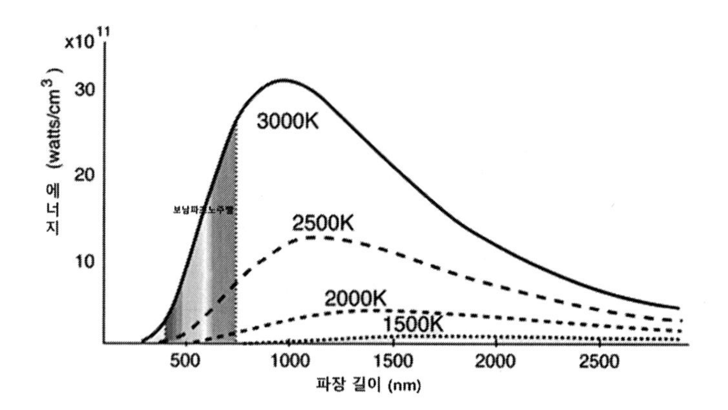

㉯ 주파수 파장이 짧으면 에너지의 양이 높다는 것이 고전 물리학의 판단이었는데, 파장이 짧을수록 거기에 비례하여 에너지가 무한정으로 높아져야 하는데 파장이 짧아짐이 어느 수준을 넘어서면 무한정으로 높아지지 않고, 오히려 0에 가깝게 줄어드는 현상이 발생하는 거였지. 그림에서 보는 바와 같이 오른쪽으로 갈수록 파장이 짧아질 때마다 에너지 양이 줄어드는 것을 볼 수 있지? 이러한 현상을 '자외선 파탄(ultraviolet catastrophe)'이라 불렀고, 파탄이라 부를 만큼 고민거리가 되었단다.

㉮ 아~ 정말로 그렇네요. 파장이 특정 길이를 넘어서면 고전 물리학의 이론이 맞지 않았네요. 그럼 그 뒤에는 어떻게 됐어요?

㉯ 뭘 어떻게 돼! 또 연구해야지! 이 흑체복사를 연구하던 많은 물리학자가 있었는데, 그중 '막스 플랑크'라는 학자는 이 자외선 파탄을 보완하려고 큰 노력을 기울였던 학자 중의 한 사람이란다. 그리고 이때쯤 나오기 시작한 것이 양자역학이란다.

㉮ '막스 플랑크'요?

㉯ 그래! 그 사람이 '자외선 파탄' 현상을 보완하려 연구하면서, '빛은 파동으로서 그 에너지는 연속적이지 않을 수 있다'라는 가설을 발표하였단다. 하지만 그 개념은 고전적 개념과 배치되었고 무시되었지만, 이러한 것이 '플랑크의 양자가설'이라고 하여 후에 양자역학의 토대를 이루게 된단다.

㉮ 아~. 그럼 양자역학이라는 것도 '갑툭튀'로 갑자기 툭 튀어나온 학문은 아니네요?

㉯ 그렇지! 기존 물리학에서는 통계를 바탕으로 한 통계역학이 크게 인정받지 못했지. 하지만 어느 순간부터 그 통계를 바탕으로 한 물리학이 현실에서 인정을 받으면서 현대 물리학의 바탕이 되었단다. 이렇듯 가설로 시작해서 이론이 될 때까지는 많은 학자가 싸우고, 다듬고 하여 이론으로 거듭날 수 있는 것이란다. 지금도 많은 학자는 자신의 가설을 증명하기 위해 부단히 노력하고 있으니, 그중 어떤 가설이 이론으로, 또 법칙으로 증명이 될지는 아직도 모른단다.

㉮ 그런가 봐요. 세계의 많은 학자가 자신의 가설을 증명하려 노력하는 걸 보면 마치 싸움터 같다는 생각도 드니까 말이에요.

㉯ 그렇지! 많은 토론과 다른 학자들의 도움으로 이론이 나오고, 법칙이 나오는 것이니 말이다. 그 중 대표적인 가설 중 하나가 아인슈타인의 상대성이론 아니겠니?

㉮ 상대성이론요? 근대 최고의 천재 물리학자 아인슈타인이 말하는 상대성이론을 말씀하시는 건가요?

아인슈타인

㉯ 그래! 근대 최고의 천재 물리학자 아인슈타인.

아빠보다 어린 35살에 「움직이는 물체의 전기동역학에 관해서」라는 논문을 발표하며, 기존의 고전 물리학에 도전장을 던졌단다.

㉮ 움직이는 물체의 전기동역학요?

무슨 뜻이에요? 말이 너무 어렵잖아요.

(근데, 그동안 아빠는 뭐 했대~ 아인슈타인은 훌륭한 도전도 했는데…)

㉯ 그렇지? 아빠가 생각해도 학자들은 말을 너무 어렵게 써!

간단히 말하면, 움직이는 물체와 빛의 속도와의 관계란다.

만약에 빛이 동쪽으로 날아가고 있을 때, 나도 같이 동쪽으로 달려간다면, 내가 보고 있는 빛의 속도는 몇 킬로미터로 날아가고 있는 것일까?

㉯ 이런 질문이란다.

(요놈의 자식 봐라… 아빠는 너 키우느라 아무것도 못 했다…. 쩝 —.—)

㉮ 아~ 빠~. 이 말도 너무 어려워요!

㉯ 좋아! 너와 네 친구가 100m 달리기를 하는데, 아들이 친구보다 조금 느려! 그래도 100m 경주를 한다면 친구는 아들보다 얼마나 더 빨리 달리지?

㉮ 친구가 나보다 조금 빠르긴 하지만, 나도 열심히 달렸으니까, 약 1초 정도 차이 날 거 같은데! 친구가 조금 더 빠른 거지! 한 발짝만 더 빨랐으면 내가 친구를 앞지를 수도 있을 테니.

㉯ 그렇지? 만약 네 친구가 빛이라고 하고, 아들이 어떠한 물체라고 한다면, 서로 달리기를 했을 때, 빛은 너보다 얼마나 빠를까?

㉮ 그야~ 조금 더 '빛 속도 빼기 내 속도'만큼 빠르겠지!

㉯ 그래! 바로 그거야!

'움직이는 두 물체의 상대적 역학 관계'를 말하는 것이지.

고전 물리학은 뉴턴의 미적분을 통해 많은 분야에서 발전했다고 했지? 그리고 대부분이 파장의 형태로 증명을 할 수 있었고! 그래서 전기라고 하는 것이 자석의 자기장하고 같다는 것도 증명했고?

㉮ 네~. 아빠가 '맥스웰 방정식'을 말씀하시면서 전자기장을 설명하셨어요.

㉯ 그래! 잘 기억하고 있구나. 그래, 맥스웰 방정식을 전개하여 전자기파의 속도가 빛의 속도와 비슷하다는 것이 나왔고, 이를 근거로 맥스웰은 빛 역시 전자기파라고 결론을 내렸단다. 그 빛의 속도는 초속 약 299,792㎞라는 상수란다.

㉮ 아~ 빛의 속도가 초속 약 30만㎞네요. 굉장히 빠르네요.

전자기파가 빛의 속도로 이동을 하니까, 전자기파 역시 빛이라고 했다는 말씀이신 거죠?

㉯ 그래! 고대부터 천체(天體)를 보면서 빛의 속도를 측정하고자 할 때, 그 측정 방법을 많이 연구했지만, 지구 안에서만 측정해야 하므로 그 정확도가 많이 떨어졌단다.

1800년도에 여러 학자들이 빛의 속도를 측정하려 했고, 맥스웰 방정식에 나온 전자기파가 빛의 속도와 거의 같게 나왔기 때문에 빛은 전자기파라고 정의를 했단다. 그 후로도 많은 학자가 빛의 속도를 측정하려 노력을 했단다. 그중 프랑스의 물리학자 푸코(J. B. L. Foucault)는 회전 거울을 이용해 빛의 속도를 정밀하게 측정하였고, 그 속도가 초속 약 30만km였지. 공기뿐 아니라 물과 같은 다른 매질 속에서도 속도를 측정했고, 빛의 파동성이 인정되었단다.

㉻ 아~ 그럼 맥스웰 방정식이 맞았네요?

특수상대성이론

㉯ 그렇지! 하지만 빛의 속도가 특별한 이유 없이 항상 같은 수, 즉 상수로 정의된다는 것에 아인슈타인은 의문을 제시했단다. 즉 주변의 상황이 아무리 변해도 빛의 속도를 항상 30만㎞로 고정해놓고 계산한다는 것에 의문을 가졌지. 만약 어떠한 물체가 빛과 같은 방향으로 날아간다면, 그 물체에서 보는 빛의 속도는 상대적인 속도를 가지고 있을 텐데, 물리학에서는 움직이건 안 움직이건 다 똑같이 빛의 속도인 30만㎞로 계산한다는 것에 문제를 제기했단다.

㉵ 아~. 그럼 빛의 속도도 변할 수 있다는 말씀인가요?

㉯ 아니지! 빛의 속도는 일정하지만, 그 측정하는 주체의 상태에 따라, 측정하는 사람의 체감 속도는 바뀔 수 있다는 것이지. 너와 네 친구가 같이 달리면, 옆에서 응원하는 친구들에게는 아주 빠르게 보이겠지만, 같이 달리는 아들에게는 겨우 1초의 속도 차이밖에 안

느껴지겠지?

㉧ 아~. 고속도로에서 빨리 달리는 차들끼리는 마치 천천히 가는 느낌이 드는 것처럼 말씀이죠?

㉯ 그렇지! 특수상대성이론은 나의 상태에 따라 빛의 속도가 바뀐다는 이론이고, 빛의 속도가 상대적으로 바뀌면서 나에게 나타나는 현상도 다르게 보인다는 것이지.

㉧ 그런 현상이 어떤 것들이 있을까요?

㉯ 특수상대성이론을 바탕으로 나타날 수 있는 현상은, 첫째, 시간의 왜곡이 발생할 수 있단다. 그 운동 상황에 따라 시간이 길어지기도 하고 짧아지기도 하단다. 고속도로를 빠르게 달리는데 옆의 차도 같은 속도로 달린다면, 우리 차가 마치 서 있는 것 같은 느낌, 즉 시간의 왜곡 현상이 발생하고, 느리게 가는 차들 사이로 내 차가 빨리 달리면 내 차 속도가 엄청 빨라지는 것 같은 느낌, 즉 시간이 짧아지는 것 같은 착각이 들기도 하는 것처럼 내 상태에 따라 그 시간이 확장되거나 축소되는 왜곡 현상이 일어날 수 있다는 것이지.

㉧ 아~. 정말 그렇네요.

㉯ 둘째, '한 사건은 똑같은 시간에 발생한다'와 같은 '시간의 동시성' 왜곡이 발생할 수 있단다.

㉧ 네? 시간의 동시성이요?

㉯ 그래! 어떠한 사건이 같은 공간에서 일어난다고 해도, 나의 움직임에 따라 그 사건은 빨리 일어날 수도 있고, 늦게 일어날 수도 있으며, 또한 일어나지 않을 수도 있다는 것이지. 고속도로를 달리는데 아주 빨리 달리는 사람은 옆의 차에서 침을 뱉는 모습을 먼저 볼 수 있고, 뒤에 오는 사람은 조금 늦게 볼 수 있지. 아주 빨리 달리면

그 모습을 못 보고 지나칠 수도 있다는 말이란다. 즉, 똑같은 사건이 일어나도, 움직이는 상태에 따라 그 사건은 동시에 일어나지 않는다는 것이지.

㉮ 아~. 사건은 같은 시간에 발생하지만, 그 사건의 인식은 서로 다르게 할 수 있다는 말씀이신 거네요?

㉯ 그렇지! 우리가 일상생활에서 느낄 수 있는 현상이라 해도, 그 시간이라 하는 것은 내 상태에 따라 왜곡이 발생할 수 있다는 말이란다. 그리고, 세 번째로는 '공간의 왜곡 현상'이 일어날 수도 있단다.

㉮ 공간도 왜곡이 발생해요?

㉯ 그렇지! 요새 초등학교 앞에 가면 '천천히'라는 글자가 그림에서 보는 바와 같이 길게 쓰여 있지?

㉮ 네~. 화살표도 아주 길게 그려놨어요.

㉯ 그렇지! 이건 공간에서의 길이도 왜곡이 일어난다는 것이지. 관찰자의 속도에 따라 내 이동 방향에 맞춰 점점 길이가 짧아지는 경향이 있단다. 이렇게 글씨를 길게 써놓은 이유는 자동차 속도가 빠른 상황에서 글씨 길이가 짧게 보이는 것을 고려해 일부러 길게 그려

놓은 거란다.

㉯ 아~. 그럼 도로에 그려진 글자나 그림들은 특수상대성이론이 적용된 것이네요?

㉯ ^_^ 하하하. 그렇다고 볼 수 있지. 아인슈타인의 특수상대성이론은 기존 고전 물리학에서의 주장이 현실 세계에는 다 맞지 않을 수 있다는 것을 보여주었단다.

㉯ ^_^ 하하하.

그런데 특수상대성이론 하면 $e = mc^2$이란 공식이 나오는데, 이건 무슨 뜻이에요?

㉯ ㅡ.ㅡ;;;;

(또 어려운 거 물어보네)

음~. 그건 특수상대성이론을 표현하는 공식이고, 아인슈타인의 대표적인 물리학 공식이라고 할 수 있단다. 물리학에서는 에너지라는 것을 측정하기 위해 노력하고 시대에 따라 그 에너지와 질량의 관계를 이용해 에너지의 양을 측정(확인)했단다.

㉯ 질량이요? 그건 또 뭐예요?

㉯ 아~. 질량이라고 하는 것은 우리가 물체를 볼 때 그 물체가 가지는 에너지의 양(크기)을 질량이라고 한단다.

물질(物質)의 '바탕 질(質)'과 수량(數量)의 '헤아릴 량(量)'을 쓰는 단어로, 어떤 물질의 바탕이 되는 에너지의 양(量), 즉 어떤 물질이 근본적으로 얼마나 많은 에너지를 가지는지를 질량(質量)이라 말한단다.

㉯ 아~. 어떤 물질이 가지고 있는 에너지의 양을 질량(質量)이라 하는구나~.

㉯ 그래! 고대부터 현대까지는 그 에너지의 양을 측정하기 위해 많은

물리학자가 노력했는데, 아인슈타인이 특수상대성이론을 내놓기 전까지는 '중력질량'과 '관성질량'처럼 서로 다른 질량을 사용했지. 중력질량은 지구 중력 아래에서의 질량, 즉 움직이지 않았을 때의 질량을 중력질량이라 하고, 움직이는 상태에서의 질량을 관성질량이라 했단다. 하지만, 아인슈타인이 움직이는 물체의 움직임에 의해 질량이 왜곡될 수 있는 현상을 발표함으로써 두 종류의 질량을 하나로 합칠 수 있었다.

관성질량에서 속도를 제외하면 중력질량과 관성질량은 근본적으로 같다는 것을 증명하였단다.

㉮ 아~. 뉴턴의 떨어지는 사과에서 보듯이, 에너지가 위치에 따라 바뀌는 위치에너지, 속도에 의해 바뀌는 관성에너지도 '그 근본인 물질의 에너지는 같다'라는 의미인가 보네요?

㉯ 그렇다고 볼 수 있단다. 그래서, $e = mc^2$의 특수상대성이론 공식은 '질량은 곧 에너지다'라고 증명한 아주 훌륭한 공식이란다.

$$e(\text{에너지}) = m(\text{질량}) \times c(\text{광속})^2$$

㉯ 여기에 보면 빛의 속도가 곱해지지 않니? 즉, 질량이 속도의 영향을 받아 에너지의 양이 결정된다는 것이지.

즉, 중력질량과 관성질량을 나눠 쓰던 것을 질량 하나로 통합했고, 거기에 속도라는 것을 추가시켜 물질의 근본적 질량은 같다는 결론을 끄집어내었단다.

㉧ 아~ 그래도 잘 모르겠어용~. ㅡ..ㅡ;

㉯ 아냐~ 아들! 이 정도만 알아도 돼! 움하하하하하하~.

㉧ ㅡ.ㅡ;;;;

(뭐지, 이 찝찝함은?)

㉯ 아들! 대신 특수상대성이론이 나옴으로써 우리 아들은 재미있는 영화를 볼 수 있게 됐잖니?

㉧ 네? 무슨 영화요?

㉯ '백 투 더 퓨처(미래로부터의 귀환)', '터미네이터'!

㉧ 백… 투… 더…. @.@ 뭐라고요? 그게 영화 이름이에요?

㉯ 엉? 이 영화 몰라? 타임머신을 타고서 과거로 가서 지구를 구하는 영화?

㉧ 타임머신요?

㉯ 그래~! 특수상대성이론에 의해 '빛의 속도를 앞질러 간다면, 시간을 거꾸로 돌릴 수 있다. 빛보다 빠른 속도로 과거로 돌아가 망해버린 지구를 다시 구한다'라는 상상력으로 만들어진 영화.
즉, 시간도 왜곡될 수 있다는 물리적 성질을 이용해, 빛보다 빠르게 거꾸로 가면 시간마저 되돌릴 수 있다는 상상력. 그 상상력으로 만든 영화.

㉧ 아~. 시간여행 영화요? 얼마 전에 tvN에서 시간을 거꾸로 돌려 결혼 이전으로 간다는 드라마 본 적 있는데, 그렇게 시간을 거꾸로 돌릴 수 있다는 건가요?

㉯ ㅡ.ㅡ;;;

(우리 아들은 못 본 옛날 영화구나…. 쩝)

그래 아들! 특수상대성이론을 통해, 시간이 왜곡될 수 있다는 전제로, 빛보다 빠른 속도로 빛을 따라잡으면 과거와 미래를 왔다갔다 할 수 있다는 영화적인 상상이 만들어낸 영화가 그 '터미네이터', '백 투 더 퓨처'라는 영화란다.

ⓐ 재미있어요?

ⓝ 그러~ 엄! 아주 재미있지!

ⓐ 그럼! 보여주세요. 저도 특수상대성이론을 경험해보고 싶어요.

ⓝ 그… 그… 그래!

ⓐ 아빠! 그런데 궁금한 점 있어요!

ⓝ 어~ 뭔데요?

ⓐ 특수상대성이론이잖아요? 그런데 뭐가 특수해서 특수상대성이론이에요?

ⓝ 아~ 특수상대성이론(特殊相對性理論)?

상대성이론이면 상대성이론이지, 거기에 왜 특수가 들어갔냐고?

ⓐ 네~.

ⓝ 특수하게 쓰이는 상대성이론이란 뜻이란다. 특수상대성이론은 '특수'하게 '빛의 속도'만을 바탕으로 만들어진 이론이란다.

그래서 '빛'이라는 특수한 속성만을 바탕으로 한 상대성이론이란 뜻이 된단다.

ⓐ 네? 그럼 특수하지 않은 상대성이론도 존재한다는 말씀이세요?

ⓝ 그렇겠지? 아인슈타인이 상대성이론을 생각하게 된 것은 '빛의 속도'를 의심하면서부터 시작되었지만, 아인슈타인도 물리학자이니, 그것을 일반화하는 이론으로 확장하고자 했단다.

ⓐ 특수한 것을 일반화했다는 말씀이세요?

일반상대성이론

㉯ 그렇지! 그럼 물리학자에게 '일반'이란 무슨 뜻일까?

㉮ ㅡ.ㅡ;; 모르겠어요.

㉯ 그래~ 물리학자에게 일반화란, 우리가 사는 현실 세계에 적용하는 것을 일반화라고 한단다. 즉, 현실 세계에 적용이 잘 되는 법칙을 만들고 싶어 하지.

㉮ 아~. 현실 세계에 적용되는 법칙요? 우리가 지구에 살고 있으니, 지구에 관계된 법칙을 만들고 싶었다~. 이런 말씀이세요?

㉯ 그렇지! 특수상대성이론은 빛이 대상이었다면, 일반상대성이론에서는 지구 물리법칙에 가장 많은 영향을 주는 뉴턴의 만유인력의 법칙이 대상이 됐단다. 지구의 입장에서 만유인력의 법칙에 해당하는 것은 지구의 중력이란다. 그래서 고전 물리학자의 공식에는 그 중력을 기준으로 계산하는 공식이 많이 있었지. 중력은 영어로 그

래비티(gravity)라고 한단다. 그래서 물리 공식에는 G를 기호로 사용하는 중력이 많이 쓰인단다. 그 대표적인 공식을 보면 물질의 무게를 계산하는 'w = m × g'에서도 보면 알 수 있지. 'w(무게)는 m(질량) 곱하기 g(중력가속도)이다'라는 뜻으로, 질량에 중력가속도를 곱하면 무게를 구할 수 있다는 공식이지.

㉮ 아~. 우리는 무거운 정도를 '무게'라는 단어로 표현하는데, 물리학자들은 그 무게를 표시하기 위해 'w=mg'라는 공식으로 표현한다는 말이죠? 전에 아빠가 수학은 물리를 표현하는 언어라고 말씀하셨으니, 물리적 언어로 무게를 말하려면 'w는 mg다'라고 얘기해야 한다는 말씀이시죠?

㉯ 그렇지! 아무튼, 이러한 물리학적 언어인 물리 공식에는 보는 바와 같이 중력을 바탕으로 표현되는 것들이 많이 있단다. 그 정도로 중력은 현실 세계를 표현하는 아주 중요한 요소지.

㉮ 아~. 그렇겠네요. 우리가 지구에 살고 있으니, 그 중력이 우리의 삶에 중심이 되어 있겠네요. 떨어지는 사과도 결국 중력에 의해 떨어지는 것이니까요. 원의 중심으로 떨어지니 가운데 중(中), 힘 력(力)을 사용하는 중력인가요?

㉯ ^_^ 하하하! 우리 아들이 이제는 한자 유추도 하는구나?
하지만 안타깝게도 가운데 중을 쓰는 한자는 아니란다.

㉮ —.—;;; 그래요? 그럼 무슨 한자를 쓰나요?

㉯ 중력이란 단어는 중력(重力)과 같이 '무거울 중(重)'을 쓴단다.

㉮ 네? 중량(重量)이라고 무게를 나타낼 때 쓰는 그 '무거울 중(重)'을 쓴다는 말씀이에요?

㉯ 그렇지! 만유인력의 법칙 기억하지?

㉯ 네~. '세상의 모든 물체는 서로 끌어당기는 힘을 가지고 있다'라는 뜻이잖아요!

㉯ 그렇지! 그 '끌어당기는 힘'은 무게가 무거울수록 그 힘이 세진다고 봤단다.

㉯ 아~. 그래서 '중량, 즉 무게에 의해서 나타나는 힘'이라는 뜻으로 '중력(重力)'이라 했다는 말씀이신 거네요?

㉯ 그렇지! 중력은 그 무게에 의해 중력의 힘이 결정이 난단다.

㉯ 아빠! 그런데 우리 일상생활에서는 '질량'이라고 하면 무게라는 의미로도 쓰이잖아요. 그럼 '질량'하고 '중량'은 다른 거예요?

㉯ 그렇지! 우리는 일상생활에서 물 100g의 질량이라는 말을 자주 쓰지 않니? 하지만 물리학에서는 그런 식으로 사용하면 틀린 표현이 된단다. 무게는 질량(m)에 중력가속도(g)를 곱해야 무게라는 표현이 되는 거란다. 물리학에서는 질량과 중량은 조금 다른 의미란다. 그래서 우리는 가끔가다 무게라는 말 대신 질량이란 말로 잘못 사용하고 있단다. 물리에서 질량은 영어로 매스(mass)로 표현하는데, 이 매스(mass)는 '덩어리'로 해석이 되는 영어 단어란다. 즉 질량(mass)은 어떤 물질 덩어리라는 뜻이 더 정확하겠지.

㉯ 아~. 물리에서 질량(mass)이라는 단어는 어떠한 물질을 이루고 있는 '에너지 덩어리'라고 해석을 하는 게 더 정확한 표현이라 할 수 있겠네요?

㉯ 그래! 그래서 어떤 사람들은 '무게가 곧 에너지야'라고 말하는 경우가 있는데, 무게가 아닌 '질량은 에너지다'가 더 맞는 표현이란다. 또 다른 데로 빠졌구나. ㅡ.ㅡ;; 중력이라 하는 것은 '질량이 크면 그 끌어당기는 힘도 크다'라는 뜻을 내포하고 있지.

㉧ 네~ 알겠어요.

㉯ 아인슈타인은 우리가 사는 지구의 중력, 그 중력(gravity)에 의해 '물리 현상도 왜곡될 수 있다'라고 생각하게 됐을 거야. 그래서 그 중력에 따라 상대적으로 바뀌는 물리법칙을 발표하게 되는데, 그게 일반 상황에서 쓰이는 상대성 원리라고 해서 '일반상대성이론(general relativity)'이라고 발표했단다.

㉧ 아~. 빛의 속도를 바탕으로 한 상대성이론은 '특수상대성이론'. 중력을 중심으로 한 상대성이론은 '일반상대성이론'이라 부른다는 말씀이군요.

㉯ 그렇지! 그럼 중력이라고 하는 것이 어떠한 형태를 취하고 있는지 알아봐야겠지?

㉧ 네~. 요새 지구의 중력을 설명할 때 보면, 남극과 북극을 자석으로 보고 설명을 하던데, 중력의 형태가 자석과 같은 형태 아닌가요?

㉯ 오~ 호~. 그래~. 그래서 중력도 전자기파의 형태로 설명할 수 있단다. 그래서 중력도 중력장이라고 표현하고 전자기파와 같은 공식으로 설명할 수 있었단다.

㉧ 아빠! 특수상대성이론에서는 속도에 의해 시간과 공간이 왜곡될 수 있다고 했는데, 그럼 일반상대성이론에 의하면 중력에 의해 시간과 공간이 왜곡될 수 있다는 말도 가능한 거예요?

㉯ 그렇지! 일반상대성이론은 이러한 중력에 의해 상대적으로 시공간의 왜곡이 발생한다는 것이지. 그래서 일반상대성이론을 설명할 때는 중력장에 의한 우주 공간 왜곡이 발생하는 그림으로 설명을 많이 한단다.

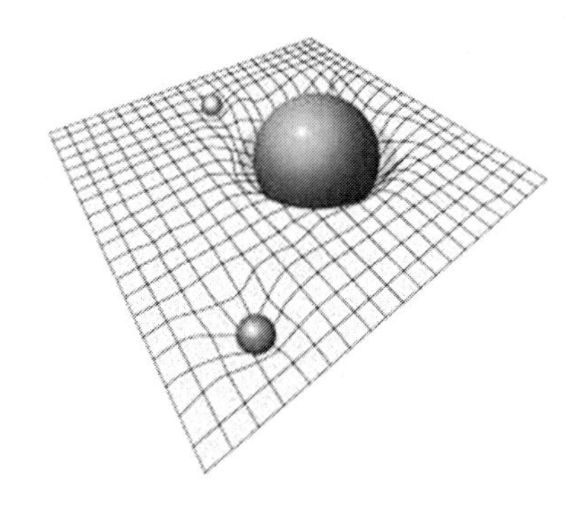

㉯ 지구 내부의 중력장에 의한 상대성을 증명하기도 했지만, 지구 밖, 즉 우주에서의 상대적인 왜곡을 증명할 때 많이 사용되는 것이 일반상대성이론이란다. 그림을 보면 먼 쪽에 있는 별의 빛은 직진하지 않고, 중간에 중력장으로 인해 빛이 왜곡을 일으켜 휘어서 다른 별에 도달하는 것을 볼 수 있지. 그러므로 그 별의 위치는 정확하게 그 위치에 있지 않을 수도 있다는 결론을 낼 수 있단다. 즉, 우리가 지구에서 보는 별의 위치도 중력장에 의해 왜곡되어 실제로는 그 위치에 존재하지 않을 수도 있다는 것을 설명할 때 중력장에 의한 우주 평면의 왜곡을 사용한단다.

이 우주 평면에서는 시공간의 왜곡이 일어나는데, 그곳에서는 위치와 크기도 왜곡될 수 있고, 시간도 길어지거나 짧아지거나 할 수 있단다. 그래서 시간과 공간의 왜곡, 시공간의 왜곡이 발생한단다. 이러한 상상력으로 '외계의 별에 갔다 오면 더 빨리 늙는다'와 같은 영화적 상상력을 만들기도 한단다.

'특정 구간에 들어가면 공간이 왜곡되어 다른 우주로 순간이동을 할 수 있다.' 등등….

㉮ ㅠ..ㅠ 아빠! 일반상대성이론과 특수상대성이론에 의하면, 지금 우리가 보고 듣고 하는 거의 모든 것이 실제와 다르게 왜곡되어 있을 수 있다는 말씀이네요?

㉯ 그렇다고 할 수 있지. 19세기 말에 '소수점의 정확도를 올리는 일만 남았지, 물리의 증명은 모두 끝났다'라고 외치며 즐거워했던 물리학계에 또 다른 질문을 던지는 계기가 되었다고 볼 수 있지. 일반상대성이론이 나오면서 고전 물리학과 현대 물리학이 서로 나뉘게 되었고, 이렇게 사물을 보는 관점이 바뀌면서 또 다른 혼돈의 세계로 빠지게 되었단다.

㉮ ㅠ..ㅠ 그럼 또 공부해야 하는 거네요? 그 어렵다는 미적분도 이제 시작해서 아직 정확히 모르겠는데, 또 다른 세계가 열려버렸으니, 아빠~. 나 어떡해요~.

㉯ 아~ 들~ 그렇게 걱정하지 않아도 돼요~.

그래서 수학자와 물리학자가 있는 것 아니겠니? 수학자와 물리학자들이 우리 아들이 이렇게 힘들어하는 것을 알고, 아주 좋은 계산 방법 및 접근 방법을 연구해서 세상에 내놓았단다.

㉮ 네? 그럼 어렵게 계산을 하지 않아도 되는 거예요? 미적분 공부할 때처럼, 일일이 다 계산해보지 않아도 되는 거예요?

㉯ 아~ 들~. 그래도 논리적 사고는 꼭 해야 한단다.

㉮ 그게 뭐예요? 결국은 그래도 수학적으로 계산해봐야 한다는 거 아니에요?

㉯ ^_^ 하하하. 아들! '자연철학'이 무엇이라고 했지?

㉮ 자연의 현상을 수학적으로 해석하려….

㉯ 그래 아들~. 뉴턴이 미적분을 발견한 후 많은 수학자, 물리학자가

좀 더 미세하게 물리 현상을 파악할 수 있었고, 그 미적분을 이용해서 자연 현상을 자연철학의 영역으로 가져올 수 있게 되었다고 얘기했지?

㉮ 네~.

㉯ 그런데, 아인슈타인의 특수상대성이론과 일반상대성이론으로 모든 자연 현상이 왜곡될 수 있다는 것을 사람들이 알게 되면서 자연계를 보는 관점이 바뀌게 되었단다.

㉮ 네~. 우리가 보는 세상이 왜곡될 수 있다는 전제는, 물리학자의 세상 보는 관점이 바뀌어, 점차 수리적인 관점에서 관념적 관점으로 바뀌게 된 것 같아요.

㉯ 그렇지. 그동안의 물리적 관점은 갈릴레오, 피타고라스 등과 같은 고대 수학자의 법칙을 바탕으로 한 수치적 정확성에 바탕을 두었고, 맥스웰 방정식과 같은 파동 바탕으로 한 고전 물리학의 출현으로 지구의 중력 안에서의 현상을 이해할 수 있게 되었단다. 그래서 우리가 사는 자연 현상계는 고전 물리학이 거의 모두 증명했다고 해도 과언이 아니란다. 그 후로 특수상대성이론과 일반상대성이론으로 세상을 보는 관점이 바뀌었다고 말할 수는 있지만, 그 관점이 바뀐 것은 지구 중력 하에서의 관점이라기보다는, 우주 같은 거시 물리학, 혹은 원자나 전자와 같은 미시 물리학을 바라보는 관점이 바뀌었을 뿐 현상 세계에서의 물리학적인 관점은 고전 물리학에서 보는 관점으로 봐도 무관하다고 할 수 있단다.

㉮ 아~. 그럼 인간의 현시 세계는 그동안의 자연철학 관점을 그대로 유지해도 된다는 말씀이신 거죠? 현대 물리학에서는 우주와 같은 거시적 물리, 혹은 원자나 전자와 같은 미시적 물리 세계를 보는 관

점이 바뀌었다고 볼 수가 있겠네요.

㉯ 그렇지!

㉮ 그럼! 뭐 더 공부 안 해도 될 거 같네요. ^^;;

아빠 저 이제 하산할게요!

㉯ ㅡ.ㅡ;;; 그래.

미적분까지 배웠으니, 이제는 하산하도록 하여라~.

그런데 아들! 요새, 양자역학이니 하는 것이 현대 물리학이라 해서 나오고 있는데, 그거는 공부하고 싶지 않니?

㉮ 양자역학이요? 그건 무슨 소리인지 하나도 모르겠던데~.

뭐~ '있는 것 같기도 하고, 없는 것 같기도 하다'라고 설명하고, '하나의 공간에 있는 것과 없는 것이 동시에 존재한다'라고도 하고, 4차원 얘기도 하고, 도대체 무슨 말인지 모르겠어요.

그래서 공부 안 하기로 했어요. ^_^ 하하하….

㉯ ㅡ.ㅡ;;;

(쩝!)

그렇긴 하지. '고양이가 죽어 있냐, 살아 있냐, 아니다. 살았기도 하고 죽었기도 하다'라며 '사실 잘 모르겠다'라고 설명을 하니 아빠가 생각해도 그건 아니라고 생각한단다.

하지만 아~ 들~! 그럼 머신러닝, 딥러닝은?

㉮ @.@ ? 엥? 딥러닝? 인공지능?

그거 요새 아주 핫하게 뜨고 있는 것이잖아요! 그게 물리학, 수학과 연결되나요?

㉯ 오~ 케~ 이~.

(걸려들었어!)

그럼~. 현대 물리학이 그러한 것의 바탕이 된단다.

딥러닝, 인공지능의 물리학적 바탕은 현대 물리학이란다.

㉮ 그럼! 이야기해주세요!

㉯ 그래 아들! 우리가 사는 현실 세계의 현상에 대한 거의 모든 것은 뉴턴이 발견한 미적분을 통해서 거의 다 증명을 했다고 했지?

㉮ 네~. 그래서 1800년대 물리학자들은 '소수점의 정확도를 올리는 일만 남았지, 물리의 증명은 모두 끝났다'라고 할 정도로 거의 모든 현상을 증명해냈지요.

㉯ 그래! 현상 세계를 모두 증명한 물리학자들은 물리의 근본이 되는 것에 눈을 돌렸단다. 그게 무엇인지 알겠니?

㉮ ㅡ.ㅡ;;; 질량?

㉯ 하하…. 그렇지! 하지만 그 질량보다도 더 근본이 되는 것이란다. 고대 철학자부터 현대 물리학자까지 정말로 알고 싶어 하는 것!

㉮ 그게 뭔데요?

㉯ 그건~ 바로 원자란다. 어떠한 것에 근원이 된다는 '근원 원(原)'과 명사화를 시켜주는 어미글자인 '아들 자(子)'를 합쳐서 근원이 되는 것이란 뜻의 원자(原子)가 바로 그것이란다.

㉮ 아~. 어떠한 것의 근본이 되는 물질이란 뜻으로 원자(原子)라고 부른다는 말씀이죠?

㉯ 그렇지! 고대부터 현대까지 그 원자(原子)가 무엇인지 알고 싶어 했다는 것이지.

㉮ 아빠! 현대 물리학자들은 원자가 무언지 다 알잖아요! 그러니까 원자탄을 만들었잖아요!

㉯ 그렇지! 원자(原子)가 존재한다는 것은 이미 알고 있었단다. 하지

만, 아직 그것이 정확하게 무엇인지 아직 증명이 안 돼 있다 할 수 있지. 원자의 모형을 한번 볼래?

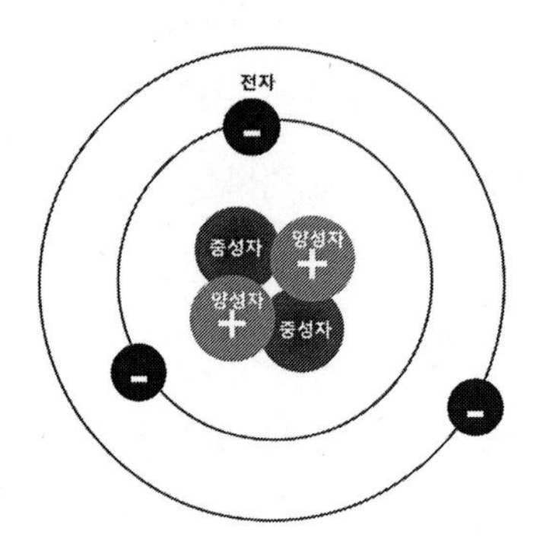

㉯ 그림에서 보는 것과 같이 원자는 전자, 양성자, 중성자와 같이 3개의 원소를 가지고 있단다. 원래 양성자와 전자만 있다고 했다가, 중성자라는 것이 추가되었단다. 그리고 또 변한 것이, 전자 위치가 구름 모양으로 되어 있다고 한단다. 이처럼 계속해서 그 모양이 변하고 있지.

㉮ 아~. 아빠! 이 그림 봤어요!

원자라고 찾으면 이런 그림이 많이 나와요!

㉯ 그래! 아들! 하지만 원자라는 것은 아직은 명확하게 '무엇이다'라고 정의를 내리지 못하고 있지.

㉮ ㅡ.ㅡ;;;; 네? 우리가 그동안 배웠던 전자, 양성자, 중성자, 원자는 무엇이에요? 그리고 원자탄, 중성자탄 이런 건 도대체 무엇인가요?

㉯ 아~. 아빠의 얘기를 오해했나 보구나? 원자가 무엇인지를 정확하게 모른다는 것뿐이지, 원자의 존재, 그리고 그 원자는 전자, 양성

자, 중성자라는 원소로 되어 있다는 것은 알고 있단다. 그래서 그 원자를 이용해서 원자탄을 만들고, 원자 안의 중성자를 이용해서 중성자탄을 만들고, 그 원자의 전자를 이용해서 전기를 이용하고 있는 것은 현실이란다.

㉧ 그럼 아는 거잖아요!

㉯ 그래~. 알고는 있지. 하지만 정확하게 어느 위치에 어떻게 존재하는지 확인을 할 수가 없다는 것이 문제지.

㉧ 아~. 그럼 정확하게 어떻게 생겼는지를 모른다는 거와 같네요? 아빠~ 그럼 원자가 어떻게 생겼는지는 어떻게 알아봐요? 사진으로 찍나요?

㉯ 음~. 원자의 모형을 사진으로 찍을 수 있으면 우리도 그 원자 안을 정확하게 볼 수 있을 텐데, 아직까지는 사진을 찍어서 모양을 확인할 수는 없단다. 단지, 수소에 빛을 쏴서 거기에 따른 스펙트럼 반응을 보면서, 원자의 모양을 상상하는 방법이 최근의 방법이란다.

닐스보어

㉮ 그럼 어떤 방법으로 측정을 하나요?

㉯ 음~. 그러니까! 그럼 '원자 모형'이란 것은 들어보았니?

㉮ 아니요! ㅡ.ㅡ;;;

㉯ 음~. 물리학자들은 원자를 측정하고 그 측정된 값을 토대로 '원자가 어떻게 생겼다'라는 모형을 만들어본단다. 그것을 원자 모형이라 해!

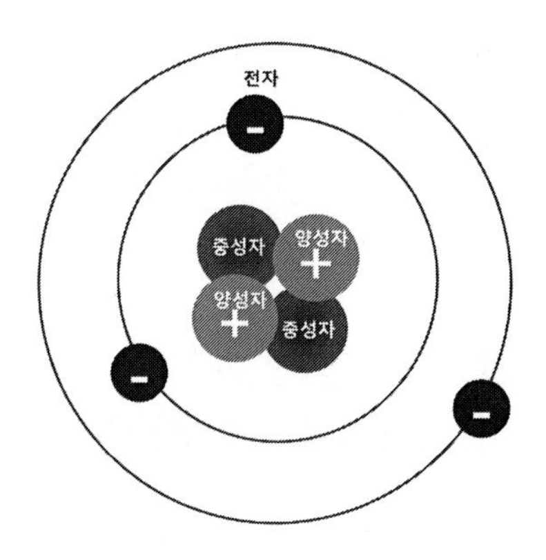

㉯ 위의 그림도 일종의 원자 모형이란다. 정확하게 이렇게 위치한다는 것은 아니고, 이렇게 생겼을 것이라고 그림을 그려 모형을 만들어보고, 각 원소의 운동을 정의하는 과정을 원자 모형 설계라고 한단다.

㉵ 아~ 이~. 아빠! 그래서 측정을 어떻게 하냐고요!

㉯ 아…. 맞다! 그걸 설명해줘야지!

그동안 어떠한 모형이 있었는지는 네가 찾아보도록 하고, 측정을 통해 원자 모형을 만든 모델에 관해서만 얘기해줄게! 측정 없이 제시된 모델인 '톰슨 모형'이 있었고, 알파입자(빛)를 원자에 쏜 후 튕겨나오는 모양을 보고 예측한 '러더퍼드 모형'이 있단다. 그리고 수소 원자에 '스펙트럼 빛'을 쏜 후 모형을 예측한 '보어 모형'이 있단다. 그리고 현대에 와서는 '닐스보어'로부터 시작한 양자역학에 의해 만들어진 '현대 원자 모형'이 있단다.

㉵ 엥? 그럼 원자를 측정하기 위해서 빛을 쏜 후 측정한다는 말씀이시네요?

㉯ 그렇지! 수소 원자가 제일 가볍고, 그 질량이 제일 작지 않니? 그래

서 수소가 제일 간단한 구조라 원자 분석하는 원소로 가장 적합했단다. 그래서 수소에 빛(파동)을 쏜 후, 거기서 나오는 스펙트럼을 분석하여 원자의 구조를 예측한단다. 그 예측한 것을 토대로 모형으로 만들어내지.

㉮ 아~. 그럼 원자, 전자, 양성자, 중성자가 정확히 어떻게 생겼는지 눈으로는 볼 수 없고, 단지 측정에 의한 값으로 추측을 한다는 말씀이시네요.

㉯ 그렇지! 그래서 닐스보어라는 물리학자는 빛을 쏴서 측정한, 그 빛의 스펙트럼 값이 항상 정확하게 나오지 않는 것을 확인했고, 그 측정된 값이 상황에 따라서 점프를 한다는 사실을 알아냈단다. 그 특정한 값은 원자핵의 주위를 궤도를 가지면서 돌고 있다고 분석했단다. 그 궤도라는 것은 특정한 에너지 양으로 결정된다고 판단. 에너지 양을 측정하면 궤도를 확인할 수 있다고 생각했지. 이렇게 에너지의 양으로 물리를 설명할 수 있다는 생각이 양자역학의 태동을 만들어냈다고 할 수 있지.

㉮ @.@ 아빠, 너무 어려워요~. 궤도가 어떻고 에너지가 어떻고….
–.–;; 좀 쉽게 설명해주세요.

㉯ 그… 런… 가…. @.@ 좋았어. 이렇게 생각을 하면 될 듯싶구나! 아들, 달걀 알지?

㉮ 그럼요! 제가 달걀을 얼마나 좋아하는데요.

㉯ 달걀을 원자라 생각해보자.

㉮ 달걀이 원자라~. –.–;;

㉯ 그래. 삶은 달걀을 반으로 잘라내면 안쪽에는 노른자가 있단다. 그 노른자는 원자핵이란다. 그 노른자 주위로 얇은 막이 둘러싸여 있

고, 그 노른자 주위에 흰자가 존재한단다.

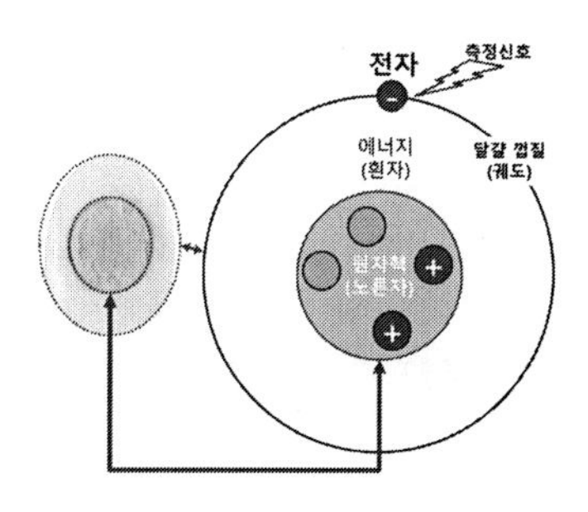

㉯ 그 흰자는 전자 에너지의 영역에 해당한단다. 흰자의 주위에는 달걀 껍데기가 있는데, 그 껍데기가 전자가 움직이는 궤도라 생각하면 될 듯하구나. 우리가 전자를 측정할 때, 그 전자는 달걀 껍데기와 같이 딱딱한 부위인 경계 부분에서 전자가 발견된다고 본 것이 닐스보어가 만든 원자 모델이란다. 노른자의 주위에는 표면장력으로 인한 아주 얇은 막이 형성되는데 이것을 보고 원자핵은 물방울 모양이라 해석한 것을 보면 원자의 모양도 우리 현실에서 자주 볼 수 있는 현상과 비슷하다고 보았단다.

원자 보어 모형의 물리학에서의 이론적 업적

출처: 위키피디아

• 보어의 원자 모형
- 전자가 핵 주위의 분리된 궤도를 따라 움직인다.
• 원자의 껍질 모형
- 가장 바깥쪽 궤도에 존재하는 전자에 의해서 화학적 성질이 결정되는 것

• 대응 원리
- 오래된 양자 이론의 기본적인 도구
• 원자핵의 물방울 모형
- 보어는 원자핵이 물방울과 같은 성질을 가지고 있다고 생각하고 1937년 이미 그 내용에 대한 이론을 발표하고 있었다. 물방울이 표면장력 때문에 방울 모양을 하고 있듯이, 원자핵도 표면장력에 비유되는 핵력 때문에 방울 모양으로 되어 있다는 것이다. 다른 점은 원자핵을 구성하는 양성자들이 양전하를 띠기 때문에 이들 사이에 전기적 척력이 작용한다는 것이다. 이러한 원자핵이 열중성자를 흡수하면 입자들의 격렬한 재배치 운동이 일어나고, 전기적 척력이 작용하여 아령 모양으로 늘어난다. 이때 방울 모양으로 되돌아가려는 핵에너지와 두 부분을 떼어놓으려는 전기적 척력과의 사이에 힘겨루기가 일어나는데, 두 힘 중 어느 것이 더 세냐에 따라 핵분열이 일어나기도 하고 일어나지 않을 수도 있다. 이 과정은 백만 분의 1 또는 2초 안에 일어나며, 다양한 원자핵들에 대해 이 힘을 계산해본 결과, 우라늄-233과 우라늄-235에서만 전기적 척력이 커서 핵분열이 일어나는 것으로 계산되었다. 보어는 핵분열 현상이 천연우라늄 중 0.8%밖에 존재하지 않는 우라늄-235에서만 일어난다는 사실을 알게 되었다. 따라서 우라늄-235를 농축하지 않으면, 폭탄으로 사용하기 어려울 것이라는 결론을 내렸다. 그리고 개인적으로 우라늄-235 농축에는 막대한 투자가 필요해서 원자력 에너지 개발은 불가능하다고 여겼다.
• 중성자 분열과 관련되는 우라늄 방사성 동위원소를 확인함
• 양자역학의 코펜하겐 해석에 관해서 많은 연구를 함
• 상보성 원리
- 몇몇 모순되는 특성을 가지고 있어 어떤 현상이 개별적으로 분석될 수 있음

㉵ 아~. 원자에서의 전자는 그 궤도를 따라 발견되는데, 그 발견되는 장소가 달걀 껍데기처럼 다른 세계와 경계하는 지점에서 발견된다는 뜻이네요. 달걀 껍데기가 흰자를 보호하듯, 원자도 그 궤도가 안에 있는 내부의 에너지를 보호하고 있다고 본 것이네요?

㉯ 그렇지! 수소 원자에 에너지를 계속해서 주입하면 일정 시간까지는 그 궤도의 크기가 변하지 않고 있다가, '에너지 주입량이 어느 순간 한도를 넘어서면, 궤도를 한 단계 더 위로 올린다'라는 생각을 하게

되고, 이것을 '양자도약'이라 말한단다.

㉮ 아~. 꽃게와 같은 갑각류가 어느 정도 크기 전까지는 그 껍데기를 계속 유지하면서 자라다, 그 껍데기가 작아져서 더는 못 견딜 때쯤 탈피하면서 몸집을 키우는 것과 같이, 어느 정도까지는 그 형태를 유지하다가 그 궤도를 키워서 더 큰 위치로 이동한다는 뜻이군요?

㉯ 그렇지! 닐스보어는 에너지라는 것이 꽃게와 같은 갑각류처럼 어느 정도 한계까지는 그 궤도를 유지하고, 에너지가 더 커지면 꽃게가 탈피하듯이 궤도를 더 키워서 에너지의 값을 가지게 된다고 본 것이지. 그래서 그 에너지 크기가 연속적으로 늘어나지 않고, 특정한 양으로 구분되어 도약한다고 보았단다. 그리고 에너지가 줄어들 때도 그 궤도가 내려간 그 부위만큼의 에너지를 방출한다고 보았단다. 그것이 '양자도약'의 설명이야. 이렇듯, 닐스보어의 에너지는 기본적으로 양(量)을 가진 존재로 보았고, 이것이 양자역학의 태동을 불러왔단다.

㉮ 아~. 그래서 닐스보어가 양자역학의 아버지라고 불리는구나!

㉯ 그래! 지금은 양자역학이 현대 물리학의 바탕을 이루고, 그 양자화된 수치를 이용해 아주 많은 현대 과학의 발전을 이뤄내고 있단다.

㉮ 그런데 아빠! 닐스보어는 왜 이렇게 다른 물리학자들과 다르게 생각하게 된 거예요?

㉯ 뭐가 달라?

㉮ 다른 물리학자들은 수학적으로 불명확하면, 그것은 이론이 아니라며 무시했잖아요. 대표적인 예로, 근대 최고의 천재 물리학자 아인슈타인도 그 닐스보어의 이론을 인정하지 않았다면서요?

㉯ 어떤 이론?

㉧ 그 뭐라고 그러더라~. '불확정성의 원리'?

㉯ 아~. 불확정성의 원리….

㉧ 네!

㉯ 불확정성의 원리의 주인은 하이젠베르크라는 물리학자란다. 하이젠베르크는 닐스보어의 제자였단다. 그 불확정성의 원리도 닐스보어의 영향을 받아서 만들어진 원리겠지만, 하이젠베르크는 실험을 통한 데이터의 행렬을 '막스 보른'과 함께 물리학에 적용하여 '행렬역학'을 정립하였단다. 그래서 하이젠베르크는 '행렬역학'이라는 새로운 길을 개척했지. 이렇듯 닐스보어의 영향을 받은 하이젠베르크도 기존의 파동방정식을 이용한 역학 체계를 이용하지 않고 행렬을 이용한 역학 체계를 수립한 것처럼 기존의 물리학자와는 너무나 다른 행보를 보였지. 아무튼, 닐스보어와 하이젠베르크가 기존의 물리학자들과는 다른 길을 간 것은 확실한데, 그 원인은 어디에 있었을까?

㉧ 다른 물리학자와 어떤 게 달랐길래, 그렇게 다른 길을 걷게 되었나요?

㉯ 그것은 양자역학적 사상을 처음 생각해낸 닐스보어로부터 시작되었을 듯싶구나. 닐스보어는 1922년 「원자 구조와 원자에서 나오는 복사에너지의 발견」으로 노벨 물리학상을 받게 되는데, 그것이 양자역학의 태동을 이끌었단다.

아들! 이 문장이 무엇인지 아니?

(야) 어~? 이거 태극문양 아니에요?

(나) 그래, 태극문양! 그리고 여기 문장에는 '상보성의 원리'라는 문구가 들어가 있단다. 이 문장은 닐스보어가 노벨상을 받고 현대 물리학에 아주 커다란 영향을 주자, 그의 나라 덴마크에서 보어에 남작 작위를 주면서 같이 내린 문장이란다.

(야) 아~ 닐스보어는 '닐스보어 남작'인가요? 덴마크의 귀족이네요?

(나) 그렇지!

닐스보어는 현대 물리학의 아버지라고 불릴 만큼 훌륭한 업적을 남겼으니, 덴마크 정부로서는 이를 자랑스럽게 생각했겠지? 그래서 남작 작위를 주고, 그 개인 문장으로 태극 모양의 문장을 내렸단다. 이 개인 문장에는 'Contraria Sunt Complementa' 문구가 들어 있는데, 이 문구를 해석하면 '반대되는 것은 상호 보완한다'라는 뜻이란다. 동양에서 '음과 양은 서로 보완한다'라는 문구와 같은 문구란다. 그런데 왜 서양에서 동양의 태극문양 문장을 내렸을까?

(야) 몰라요! @.@;; 닐스보어가 동양을 좋아했나요?

㊁ 딩~ 동~ 댕~! 정답! 닐스보어가 다른 물리학자와 다르게 생각한 계기는 동양철학에 바탕을 두고 있는 그의 사상 때문이란다.

㊀ 동양철학요? 후~. 이제는 동양철학도 공부해야 하는 거예요?

㊁ 음~. 꼭 그럴 필요는 없단다. 그나마 너는 다행스럽게도 한국에서 태어나지 않았니? 엄마, 아빠, 그리고 선생님, 친구들 등등, 사람들과 얘기할 때 동양철학을 자연스럽게 얘기하고 있으니 말이다. 울 아들은 이미 동양철학 공부가 돼 있단다.

㊀ 뭐~. 그건 잘 모르겠고요. 닐스보어는 어떤 동양철학에 빠져 있었어요?

㊁ 음…. 그건 닐스보어에게 물어봐야 하지 않겠니? 무슨 책을 읽었냐고. 하지만, 태극을 좋아하고, 팔괘를 좋아했다고 하니, 아마도 동양의 주역(周易)이지 않을까? 주역에 '음과 양은 상호 보완한다'라는 내용이 있고, 그 문장을 글귀로 사용한 것을 보면 분명 주역(周易)을 좋아했을 것으로 보인단다.

㊀ 주역(周易)요?

㊁ 응! 주역(周易).

㊀ 주역은 무슨 뜻이에요?

㊁ 음… 주역이란…. 학교 개교 1주년, 2주년 할 때의 '주기 주(周)'를 사용하고 서로 바꾼다는 의미로 '무역(貿易)' 할 때의 '바꿀 역(易)', 즉 주역은 '주기적으로 바뀐다'란 의미로, 주기적으로 세상이 바뀌는 이치를 연구하는 동양철학의 하나란다.

㊀ 세상의 모든 것이 주기적으로 바뀐다?

㊁ 그렇지! 그 바뀌는 단계가 팔괘의 형태로 바뀐다고 하지! 그래서 동양 사람들은 이런 말을 많이 하잖아. '나쁜 날이 있으면 좋은 날이

오겠지', '밤이 지나면 아침이 오겠지' 등등.

㉰ 아~. 친구들하고 얘기할 때도 그런 말 많이 해요.

'여친과 헤어지면 다른 여자를 만날 기회다!'

'만나면 헤어지고, 헤어지면 또 만나는 거 아니니?' 하면서 헤어진 친구를 위로하기도 하죠!

㉯ 그래~. 동양 사람들은 주로 '고진감래'와 같이 '어려움이 지나가면 즐거운 날이 온다', '오늘이 지나면 또 다른 내일이 온다', '죽으면 다시 태어난다'와 같이 서로서로 맞물려 돌아간다는 표현을 많이 한단다.

㉰ 정말 그렇네요!

㉯ 그래! 그래서 동양 사람은 '윤회(輪廻)'라고 해서 모든 것은 '바퀴(輪)처럼 돌아간다(廻)'라는 의미의 윤회를 알고 있단다.

㉰ 그러네요. 원처럼 빙글빙글 돌아가는 것이 인생이니 뭐니 하잖아요.

㉯ 그래! 그리고 음이 있고, 양이 있고, '음과 양은 서로 보완한다'라고 하잖니! 여자는 음이고, 남자는 양이고, '음과 양이 만나야, 하나를 만들 수 있다'라는 의미로 많이 써오지 않았니?

㉰ 그러네요. 그래서 음의 여자와 양인 남자가 서로 결혼하면 성가(成家)라고 가정을 이루었다고 완성의 의미를 두잖아요.

㉯ 그렇단다. 동양에서는 서양과 다르게 '세상은 딱 물질적으로 서로 서로 나뉘어 있지 않고, 주위 환경에 영향을 받아 이루어진다'라는 개념의 철학 사상을 가지고 있단다.

㉰ 맞아요! 서양 사람들은 정확한 것을 좋아해서, 나, 내 엄마, 내 아빠와 같이 개인주의적인 것이 크고, 동양 사람은 우리, 우리나라와 같이 섞여 있는 것에 대한 표현이 더 많아요.

㉯ 그래! 동양 사람은 음(-), 양(+), 오행(나무, 불, 흙, 쇠, 물)이 서로 돌아가면서 영향을 준다는 생각을 하고 있단다. 이렇게 음과 양의 성질을 가지고 주기적으로 또는 두루두루 돌아가며 바뀌는 것을 근본 원리라 생각하고 연구하는 것이 '주역(周易)'이라는 학문이란다.

㉮ 아~. 음양이 서로 바뀌면서 원처럼 돌아간다? 그럼 딱 태극이네요?

㉯ 그렇지! 닐스보어는 태극(太極)의 원리가 세상의 이치라고 생각했던 거 같구나. 그러니까, 덴마크라는 나라에서 남작 지위를 내려주고 문장을 내릴 때 태극문양을 넣어서 내렸겠지! 아마도 닐스보어는 태극문양을 아주 좋아했었던 것으로 생각된단다.

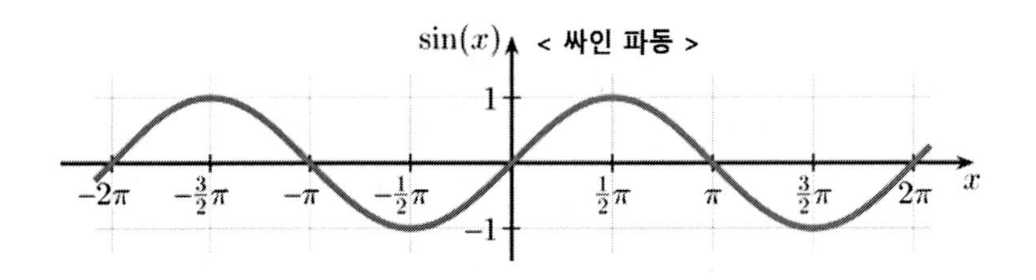

㉯ 그 돌아가는 모습이 파동의 주기와 같아서 그런 생각을 했을 것으로 아빠는 생각한단다.

㉮ 아~. 그럼 닐스보어는 동양적인 가치관으로 물리학을 보았다는 말씀이세요?

㉯ 아마도 그렇겠지? 그리고 원의 운동은 파동의 움직임과 같지 않니?

㉮ 맞아요! 파동방정식이 원을 측정하는 과정에서 나온 것이니까요.

㉯ 아마도, 서양인인 닐스보어가 동양 사상을 받아들인 것은, 동양 사상에서 음과 양이 돌고 도는 모습이 파동방정식과 같음을 알고 나서

부터 좋아했을 것 같단다. 그리고 또, 동양적 가치에서는 '음과 양은 서로 반대가 아닌 보완적인 관계를 맺고 있다'라고 말하지 않니?

㉮ 네! 음과 양은 서로 보완관계를 가지고 있지, 반대라고 하지는 않았어요.

㉯ 그래! 그래서 닐스보어가 자신의 주장에서 '상보성의 원리'를 이야기할 수 있었던 것도 그 동양철학에 바탕을 둔 사상이 있어서 가능했던 것으로 보인단다. 즉, 닐스보어는 기존의 다른 물리학자들과는 다른 가치관을 가졌다고 할 수 있단다.

㉮ '상보성의 원리'요?

㉯ 그래! '서로 상(相)', '보완할 보(補)'. 상보성의 원리. 서양에서의 고대 역학은 물질의 기본은 입자(粒子)라는 것을 기본으로 두고 연구했단다. 입자라는 것은 쌀 '한 알', '두 알' 할 때, 즉 알갱이의 뜻을 가진 '낱알 입(粒)'을 쓰는 글자로, 알갱이로 되어 있는 것이라 입자(粒子)라고 부른다. 서양에서는 모든 물질은 입자(粒子)로 되어 있다는 전제로 물리학이 발전했단다.

작은 입자들이 모여서 조금 더 큰 입자를 만들고, 그 큰 입자들이 모여서 어떠한 물체를 만든다고 보았단다. 그래서 빛도 광입자(光粒子)라는 빛의 알갱이 형태로 보았단다. 즉, 모든 것이 입자라는 관점에서 수학적으로 증명한 것이 고대 물리학, 그리고 고전 물리학까지 모든 과정에 입자가 기준이 되었단다.

㉮ 네? 뉴턴이 미적분을 발견하고 발전한 고전 물리학에서는 기본 원리를 '파동'으로 본다고 하셨잖아요?

㉯ 그래~. 고전 물리학의 바탕은 '파동의 움직임'에 있단다.

하지만, 그것은 '입자가 파동을 치면서 움직인다'라는 개념이지, 결코 원자가 파동이라고는 생각하지 않았단다.

㉧ 아~. 입자가 파동의 움직임을 갖는다?

㉯ 그렇지! 고전 물리학에서도 움직임은 파동의 형태를 띠고 있다고 봤지만, 그래도 원자는 입자라고 생각을 했단다.

㉧ 그럼 닐스보어는 원자도 파동으로 본 건가요? 그래서 기존 물리학자와 다르게 생각한 건가요?

㉯ 그건 아니란다. 보어도 결국은 서양인이라 그 입자라고 하는 것은 존재한다고 봤단다. 원자핵은 물방울 모양이라 생각한 것만 봐도 그 입자라고 하는 건 버리지 못한 듯해. 하지만 전자의 움직임, 즉 에너지라고 하는 것에 대해서는 다른 물리학자와 다르게 생각을 했던 듯하단다. 그래서 그 움직임을 설명하기 위해 '에너지는 양자화되어 있는 것이다'라는 양자역학을 내놓게 된 것이지.

양자역학

㉯ 아~. 그럼 닐스보어의 양자역학은 에너지라는 측면에서 '에너지가 양자화된 값이다'라는 의미가 되는 거네요?

㉰ 그렇지! 기존 고전 물리학들은 전자라는 물질의 움직임으로 에너지가 발생한다고 봤는데, 닐스보어는 그 에너지라고 하는 것은 양자이고, 그 에너지를 측정하는 단계에서 전자라고 하는 것이 발견된다고 본 것이 닐스보어 양자역학의 기본 사상이란다.

㉯ 에너지의 측정? 그 에너지의 양이 얼마나 되는가를 측정하는 것이란 말이죠?

㉰ 그렇지! 그 측정하는 과정에서 전자가 나올 수도 있고, 안 나올 수도 있다는 것이 닐스보어와 그의 제자 하이젠베르크의 주장이란다.

㉯ 아~. 기존 물리학자의 관점은 전자라고 하는 입자가 파동 운동을 하면서 에너지를 방출한다는 것이었는데, 닐스보어와 하이젠베르

크는 에너지라고 하는 것은 평소에는 어떠한 형태를 가지고 있지 않다가 '측정'을 하는 단계에서 그 존재를 나타낸다고 본 것이군요?

ⓝ 정답! 이러한 관점의 차이로 하이젠베르크의 '불확정성의 원리'에 대한 논쟁이 발생했고 이것이 물리학계의 큰 사건이란다.

ⓐ 불확정성의 원리요?

ⓝ 그래! 불확정성의 원리. 이건 하이젠베르크의 이론이란다. 물론 닐스보어도 여기에 동의했으니 인정을 받는 이론이었겠지?

ⓐ 아마도 그렇겠죠!

ⓝ 닐스보어도 입자와 파동의 문제에 있어서 고민을 많이 했단다. 그래서 닐스보어는 '상보성의 원리'를 얘기했단다. '서로 상(相)', '보완 보(補)', '성질 성(性)'. 즉, 서로 보완해주는 성질이란 뜻으로, 원자라고 하는 것의 움직임은 입자의 성질과 파동의 성질이 서로 보완해주면서 나타난다는 원리란다.

ⓐ 아~. 원자가 평소에는 입자로 있지만, 어떠한 상황이 발생하면 파동의 성질을 나타낼 수 있다? 즉, 입자적 성질과 파동적 성질이 서로 보완하면서 나타난다? 이런 말씀이신가요?

ⓝ 그렇지! 동양에서 음과 양은 서로 나뉜 것이 아니라, 같이 존재하면서 때에 따라 음의 성질이, 때에 따라서는 양의 성질이 나타난다는 개념과 아주 비슷한 개념이란다.

ⓐ 허~. @..@

전 아무리 생각해도 이해가 잘 안 되는데, 다른 물리학자들은 모두 이해했나요? 어떤 상태가 같이 존재한다? 그런데 그게 때에 따라 그 형태를 바꿔서 나타난다? 그렇게 얘기하면 누가 그걸 믿겠어요!

ⓝ 아니야~. 아들! 그러한 현상은 우리 주위에서 많이 볼 수 있단다.

예를 들어 설명하면… 네 친구 중에 어떤 친구랑 가장 친하니?

㉮ 저요? 음…. 민성이?

㉯ 아~ 민성이랑 친하구나. 그 친구는 착하니?

㉮ 그럼요! 착하기도 하고 웃기기도 하고, 때에 따라서는 욱 하는 성질도 있고요.

㉯ 봐봐. 민식이라는 친구는 착한 애니, 나쁜 애니?

㉮ 그~ 야~ 당근 저한테는 아주 착한 애지요.

㉯ 봐봐! 민식이라는 친구는 다른 사람이 어떤 사람이냐, 또 어떤 상황이냐에 따라 다른 성격이 나오지 않니?

㉮ 그렇긴 하죠! 하지만 어떻게 복잡한 사람이랑, 단순한 원자랑 똑같이 비교해요?

㉯ 그렇지? 복잡한 사람의 심리 상태와 단순한 원자의 상태와 비교를 할 수 없겠지?

㉮ 그럼요~.

㉯ 하지만 아들. 물리학자들 중에 그 원자의 모양을 봤다고 하는 사람들 있었니?

㉮ —.—;;;

㉯ 그래~ 아들! 아무도 원자를 본 사람은 없단다. 전자의 모양도 직접 본 사람은 없지. 그게 미시의 세계에서 발생하는 문제란다.

㉮ —.—;;;

㉯ 그래~. 그래서 물리학계에서의 최대의 화두는 어떻게 측정해서 원자의 모양을 알아내느냐가 최대의 관건이란다. 고전 물리학자들은 '그래도 원자는 단순히 하나의 형태를 취할 거야'라 생각했던 것이고, 닐스보어와 하이젠베르크는 원자의 상태는 여러 가지가 복합적

으로 존재한다고 본 것이란다.

㉮ 아~. 친구가 화내는 모습을 보기 위해서는 '놀리기'라는 테스트로 측정을 할 수 있듯이, 그 측정을 하지 않으면 그 상태가 화를 내는지 웃고 있는지가 정해지지 않았다. 이것이 불확정성의 원리인가요?

㉯ 그렇지! 역시 똑똑해 우리 아들!

㉮ +_._;;; 제가 쫌 한다고 몇 번을 말씀을 드려요.

(휴….)

㉯ 그래, 아들. 하이젠베르크의 불확정성의 원리는 '원자의 상태는 평소에는 안정된 상태를 가지고 있다가 그 측정을 하는 단계에 그 전자기적 특징을 띤다'. 즉, 그 상태는 확정된 상태가 아니란 것이 하이젠베르크의 불확정성의 원리란다. 그 불확정성의 원리는 우리가 원자의 모양을 정확하게 모르는 것에서 나왔다고 할 수가 있단다. 네가 친구의 성격을 다 알지 못하듯, 원자의 실체를 잘 모르는 것에서 그 불확정성의 원리가 나왔다고 할 수 있단다.

㉮ 음…. 보어의 모형이 완성된 모형이 아닌가요?

㉯ 그렇단다. 현대에 와서는 그 모형이 바뀌었는데, 닐스보어 이후에

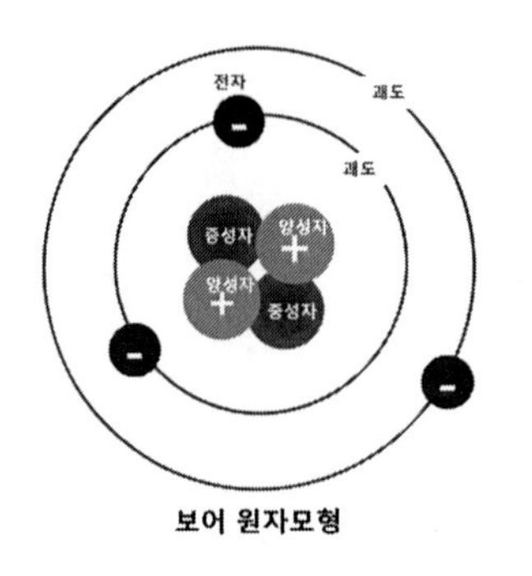

보어 원자모형

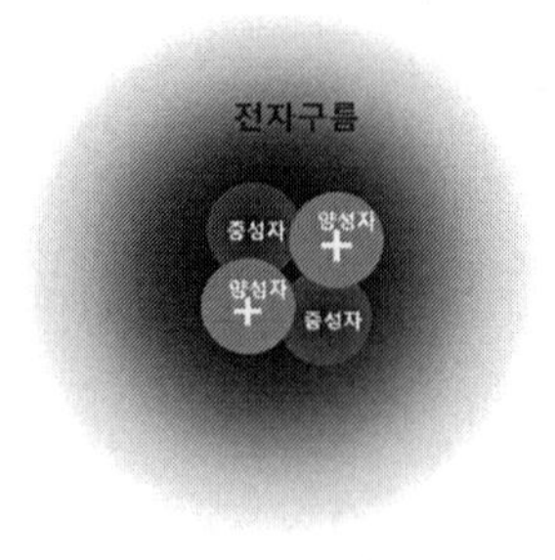

현대 원자모형

양자역학이 계속 발전하면서 더욱더 정확하게 측정을 할 수 있게 되었고, 현대에서는 그 전자의 움직임을 구름 모양으로 표현을 하고 있단다.

㉿ 아~. 현대의 전자 모형에서는 원자 내부 전체에서 전자가 발견됐다는 얘기네요? 그래서 전자가 특정한 영역에서 발견되는 것이 아니고, 전체 영역에서 발견이 되네요? 그리고 아빠가 이전에 알려주신 달걀의 흰자처럼 전자 구름이 형성되었네요.

헉! 그럼 양자역학에서 얘기하는 원자 모형이 맞단 말인가요?

㉯ 그렇다고 봐야겠지? 현대의 원자 모형은 양자역학이 발전하면서, 원자 스펙트럼 분석을 통해 더욱더 자세히 알 수 있었단다. 그래서 확인해보니, 구름과 같이 원자 전역에서 전자가 발견된다고 확인한 것이란다.

㉿ 으음~. 그럼 양자역학이 맞다는 것이 현대 물리학자들의 결론인가 보네요?

㉯ 그렇다고 봐야 한단다.

㉿ 그럼 슈뢰딩거가 말하는 '반만 죽은 고양이'도 불확정성의 원리를 지지하면서 나온 이야기인가요?

㉯ 그건 아니란다. 이전에도 말했지만, '불확정성', '통계'를 이용한 증명 방법인 양자역학을 지지하지 않고 고전 역학처럼 수리적 증명을 지지했던 학자들은 여전히 있었단다. 대표적인 물리학자로 아인슈타인이 있고, 프랑크와 슈뢰딩거, 그리고 많은 물리학자가 있었지.

㉿ 슈뢰딩거도 양자역학을 믿지 않던 물리학자였나요?

㉯ 그렇지! 1900년대 초에 양자역학이 태동하면서, 이에 반대하고 여전히 '입자'의 측면에서 증명하던 고전 물리학자들이 더 많았다고

할 수 있었단다. 두 그룹은 서로의 이론을 반박하기 위해 항상 논쟁 할 수밖에 없었단다.

㉮ 아~. 지금은 양자역학이 대세인데, 그 당시에는 양자역학을 인정 하지 않는 것이 대세였나 보네요.

㉯ 그렇단다. 입자냐, 파동이냐를 두고 설전을 벌이던 그 당시, 아인 슈타인과 슈뢰딩거는 1927년 10월에 닐스보어와 하이젠베르크와 대단한 논쟁을 하게 된단다. 그 논쟁을 '솔베이 전쟁'이라고 부를 만큼, 양자역학이 세상에 나오게 되는 큰 논쟁이었지. 그 논쟁에서 닐스보어와 하이젠베르크가 이겨서 양자역학이 탄생을 했단다.

㉮ 솔베이 전쟁요?

㉯ 그래! 물리학자들의 학술 교류를 위한 자리로 솔베이라는 사람이 주최하는 학술 세미나인데, 솔베이가 주최한 제5차 대회는 전쟁이라 불린단다. 대부분의 물리학자가 노벨상을 탄 유명한 학자들인 만큼 아주 큰 학술 대회가 되었고, 이 학술 세미나에서의 주 관심 대상이 하이젠베르크의 불확정성의 원리였단다. 솔베이에서 그 불확정성의 원리가 다른 학자들의 공격을 모두 반박해내고 증명함으로써 논리 전쟁에서 이기게 된단다. 그래서 이 학술 대회를 '솔베이 전쟁'이라고 부른단다.

㉮ 아~. 솔베이 제5차 학술 세미나부터 양자역학은 인정을 받았나요?

㉯ 설마 그랬으려고…? 많은 학자가 거기에 동의하였지만, 동의 못 하는 학자들도 많았겠지. 그래서 아인슈타인은 양자역학의 통계학적 증명 방법에 '신은 주사위를 던지지 않는다'라는 말로 불확정성의 원리를 비꼬았고, 이에 양자역학의 닐스보어는 '신이 주사위를 가지고 뭘 하든 이래라저래라하지 말라'라는 말로 서로 비꼴 만큼 대

단한 논쟁이었다고 하는 걸 보면, 정말로 대단한 논쟁이었을 거다. 하지만 무시당하던 양자역학이 많은 학자에게 인정받기 시작했던 것이 이 솔베이 5차 세미나였다는 건 정말 대단한 일 아니니?

㉧ 그렇겠네요. 양자역학의 입장에서는 이 전쟁에서 이김으로써 세상 밖으로 떳떳하게 나올 수 있었으니까요.

㉯ 그래! 하지만 아인슈타인에게도, 슈뢰딩거에게도 '양자 중첩', '불확정성의 원리'는 이해할 수 없었던 이론이고 '솔베이 전쟁' 이후에도 이걸 반박하기 위해 노력했단다. 그 대표적인 것이, 지금까지 회자되는 '슈뢰딩거의 고양이'란다.

㉧ 아~. 드디어 나온 거 같네요.

(휴~ 질문한 게 언제인데…. ㅡ.ㅡ;;;;)

그 '반만 죽은 고양이' 맞죠?

㉯ 그~ 래~. 그 당시도 그렇고, 지금도 그렇지만, '측정이라는 것은

어떠한 것일까?'라는 문제였던 거야. 우리가 측정하기 전까지는 그 존재 여부를 확인할 수 없다는 것이 '불확정성의 원리'인데, 그렇다면 그 존재가 있는 것인지 없는 것인지 명확하게 판단을 할 수 없다는 것이 아인슈타인과 같은 고전 역학 학자들의 의문이었단다.

그래서 아인슈타인은 아래와 같은 식으로 불확정성의 원리를 비꼬기도 했단다.

우주의 달을 내가 보기 전까지는 거기에 존재하지 않는데, 내가 달을 봄으로써 그 달이 나타나는가? 내가 보지 않는다면 그 달은 존재하지 않는가? 그렇다면 나와 동시에 다른 어떤 사람이 동시에 달을 본다면, 그 달은 존재하는 것인가, 존재하지 않는 것인가?

㉵ 정말 그러네요. '존재하는 것인가, 존재하지 않는 것인가?'가 측정하는 시점에서 발생한다면, 내가 볼 때와 다른 사람이 볼 때가 서로 다른 존재가 된다는 것이니, 당연히 그것이 어렵겠죠?

㉯ 이러한 관점에서 불확정성의 원리를 반박하기 위해 나온 것이 이 반만 죽은 고양이인 '슈뢰딩거의 고양이' 문제란다.

㉵ '슈뢰딩거의 고양이' 문제는 어떤 거예요?

㉯ 불확정성의 원리의 문제를 얘기할 때, 원자 단위의 세계인 미시 세계에서는 불확정성의 원리가 맞고, 우리가 사는 현실 세계에서는 그런 현상이 왜 존재하지 않는지에 대한 거였지. 그러니 달이라는 하는 것은 현실 세계에서 분명히 존재하고 있는데, 불확정성의 원리대로면 달은 존재하지 않을 수도 있다는 거지. 그렇다면 불확정

성의 원리는 말이 안 된다는 것이 고전 역학자들이 내세운 반박의 논지였던 것이란다.

물리라고 하는 건 언제 어디에서나 맞아야 하는데, 미시 세계와 현실 세계가 서로 다르게 작용한다는 것은 이치에 맞지 않는다고 본 것이지. 그래서 슈뢰딩거는 현실 세계와 미시 세계를 동시에 연결해 문제를 하나 냈단다. 즉, 미시 세계와 현실 세계를 연결할 문제로 낸 것이 '슈뢰딩거의 고양이 패러독스(역설)'란다. 그 '슈뢰딩거의 고양이 패러독스'를 그림으로 표현한 것이 다음 그림이란다.

【슈뢰딩거의 패러독스】

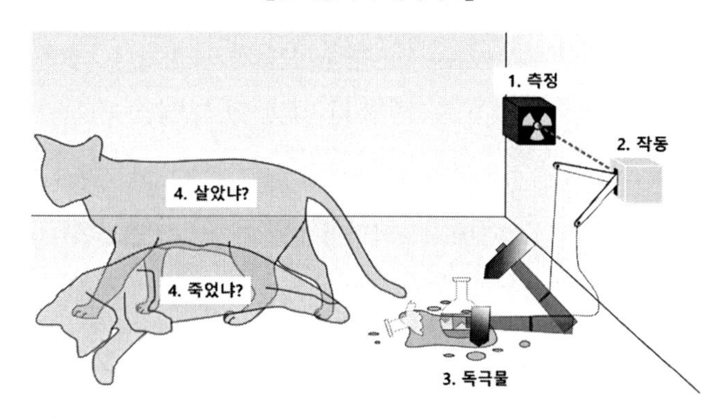

㉮ 이 그림 봤어요? 고양이가 죽었느냐, 살았느냐? 이것이 문제잖아요. ㅡ.ㅡ;;;

(앗! '죽느냐 사느냐 그것이 문제로다'. 「맥베스」의 한 구절이네~)

㉯ 그래! 여기서 핵심은 1번 미시 세계의 측정기와 현실 세계의 4번 고양이 생존이 제일 큰 논쟁이란다.

㉮ 아~. 미시 세계인 방사능 측정기를 통해 2, 3번이 작동되면 현실

세계의 고양이는 과연 죽었을까? 살았을까? 아하~! 이것이 슈뢰딩거가 하이젠베르크와 보어에게 내놓은 회심의 반격이었군요?

㊤ 그렇지! '너희들이 얘기하는 것은 미시 세계, 현실 세계를 구분했으니, 그걸 서로 섞어놓으면 너희의 이론이 틀렸음에 더는 반박하지 못할걸?' 이렇게 생각한 슈뢰딩거가 회심의 미소를 띠며 만들어낸 문제란다.

㉧ 아~. 슈뢰딩거도 대단히 집요한 사람이네요?

㊤ ^_^ 하하하~. 그렇지? 하지만 학문을 하는 사람들에게는 '자신의 이론을 증명하는 것'이 제일 큰 문제이다 보니 이런 식의 반격은 정말로 중요한 문제였단다. 반박하지 못하도록 환경을 만들어 이를 증명하라는 식의 의문 제기는 아주 중요한 문제였지. '슈뢰딩거의 고양이'가 1935년에 발표되었으니, 1927년 '솔베이 전쟁'으로부터 무려 8년이 지난 시점이었지. 슈뢰딩거는 아주 집요하게 반박 자료를 만들었고 회심의 미소를 띠면서 질문하지 않았을까? 이러는 것만 봐도, 슈뢰딩거가 불확정성의 원리를 비판하기 위해 얼마나 노력을 했는지 알 수 있겠지? 슈뢰딩거의 고양이는 죽었을까 살았을까? 아들 생각은 어때?

㉧ —.—;;;; 죽었는지 살았는지를 측정하기 위해서는 먼저 측정을 해야 하는데, 측정하는 순간에야 고양이의 상태가 결정되니….
—.—;;; 아빠! 고양이는 죽었어요? 살았어요? 슈뢰딩거는 정말 나쁜 사람이네~. 정말 모르겠는데요~.

㊤ 하하~. 슈뢰딩거가 나쁜 사람이 아니고, 하이젠베르크의 불확정성의 원리에 문제가 있다는 것이지. 그걸 증명하기 위해 나온 것이 '슈뢰딩거의 고양이'니까 슈뢰딩거를 욕하지는 말아라!

㉮ 그렇네요. 불확정성의 원리에 문제가 있으니 하이젠베르크가 잘못됐네요.

㉯ ^_^ 하하하~. 전자기학이 작동하는 미시 세계에서는 불확정성의 원리가 제대로 작동을 하니, 하이젠베르크도 욕하지 말아라~.

㉮ ㅡ.ㅡ;;;; 저 보고 어쩌라고요~. 그럼 '물리학이 잘못됐네요!' 이런 결론을 내야 하나요? ㅠ..ㅠ 정말 어쩌라고요~.

㉯ ^_^ 하하하~. 그래서 '슈뢰딩거의 고양이'는 현재까지도 계속 나오는 얘기란다.

㉮ 정말 그럴 것 같네요. 그럼 지금도 그 미시 세계와 현실 세계를 연결하는 해결책은 나오지 않았나요?

㉯ '슈뢰딩거의 고양이'가 나온 후, 거기에 대한 대답을 오랫동안 내놓지 못했단다. 하지만 양자역학은 꾸준히 발전했지. 그래서 현대에 와서는 양자역학을 필두로 하는 현대 물리학이 계속 발전했단다. 그러던 중, 그 '슈뢰딩거의 고양이'를 반박할 만한 이론이 나왔단다. 그것이 바로 '결어긋남(quantum decoherence) 이론'이란다.

㉮ '결어긋남'이요?

㉯ 그렇지!

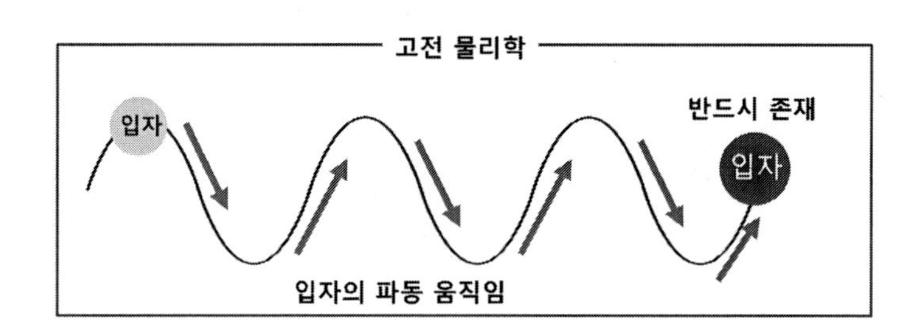

㉯ 고전 물리학은 전제가 '입자'이므로, 이를 전제로 증명하다 보니 '슈뢰딩거의 고양이'와 같이 결정되지 않는 상태는 물리학적으로 문제가 있다고 생각한 거고, 그래서 '슈뢰딩거의 고양이'란 문제를 낸 것인데….

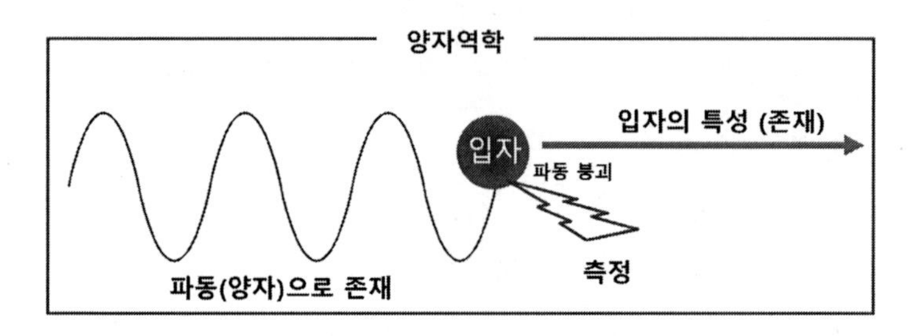

㉯ 양자역학의 입장에서는 '파동에 의한 양자화'가 기본 입장이라, 파동의 형태로 존재하던 파동이 어떠한 측정을 만나면 그때야 '입자'의 특징이 나타난다는 주장인 거지. 그래서 양자역학은 파동이 우선인 거야. 그 파동의 방향은 측정하기 전까지는 알 수가 없다는 것이고, 그것이 측정으로 인해 결정되면 안정적이던 파동이 붕괴를 일으켜 입자의 특징을 나타내게 된다는 것이 양자역학의 입장이었단다.

㉮ 아~. 역시나 헷갈리네요. 그래서 '결어긋남'이 일어나면 현실의 달, 고양이와 같이 눈으로 볼 수 있는 현상이 나타난다는 건가요?

㉯ 그렇단다. 우주의 공간은 원래는 파동의 집합으로 되어 있단다. 측정하는 주체가 사람일 때는 그것이 보일 수도 있고, 안 보일 수도 있다는 것이지. 즉, 내가 측정의 주체가 되어 측정한다는 것이지.

만약에 측정을 하는 주체가 내가 아닌 '우주'라면 그 물체는 분명하게 다른 사람도 볼 수 있도록 형상을 나타낸다는 이론이 '결어긋남' 이론이란다.

㉮ 측정하는 주체가 사람? 우주? 무슨 말이세요?

㉯ '슈뢰딩거의 고양이'는 측정 주체인 내가 직접 측정한 후 생존 여부를 확인하니, 그 고양이의 생존 여부가 명확하지 않다는 거지.

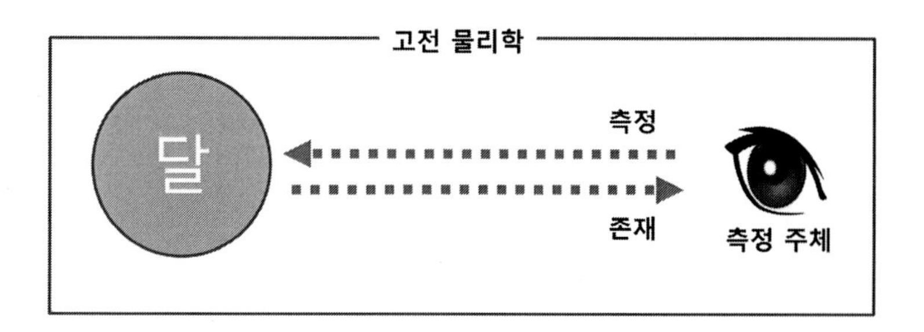

㉯ 즉, 내가 측정과 동시에 확인하면, 내가 측정 전까지는 존재 여부를 확인할 수도 없다는 것이지. —.—;;; 너무 어렵네!
아들, 친구 민식이 아직도 만나니?

㉮ —.—;;; 그럼요….
(뚱딴지같이 웬 민식이 얘기시지?)

㉯ 그래~. 그 친구의 성격을 확인하기 위해 아들이 친구 민식이를 '화나게 하면' 친구의 성격을 확인할 수 있겠지?

㉮ 그렇겠죠! 하지만 너무 친한 친구라 일부러 화나게 할 수는 없잖아요.

㉯ 그래! 그럼 그 친구한테 화를 낸 적은 있니?

㉮ 아뇨!

㉯ 그럼 아들은 민식이의 정확한 성격은 알지 못하네? 아들한테 민식이가 화를 낸 적이 없으니, 민식이의 성격이 좋은지 나쁜지는 아들도 아직은 모른다는 말이네?

㉮ 아니요! 저는 그 민식이한테 화를 낸 적이 없으니, 저도 그 친구가 화났을 때 어떤 모습인지 정확하게 알 수는 없었는데, 민식이가 싸우는 모습을 봤어요! 우리 반 다른 친구가 민식이한테 까불다가 한 판 붙었는데, 민식이가 합기도 3단이라 정말로 하늘을 날아다니더라고요.

민식이 정말로 한 성깔 하더라고요.

㉯ 아~. 그렇구나!

㉮ 네~! 제가 직접 화내보진 않았지만, 다른 친구가 민식이를 건드리니까 아주 장난 아니던데요! 민식이 정말 대단해요!

㉯ 그래! 양자역학도 마찬가지로, 내가 이것을 측정하려는 주체가 되다 보니 나타나는 현상이 정확하지 않다는 것이 불확정성의 원리였다면, 그 측정을 내가 하지 않고 다른 어떠한 것이 측정하고, 측정된 현상을 내가 본다면 현실 세계에서 불확정성은 존재하지 않게 된단다.

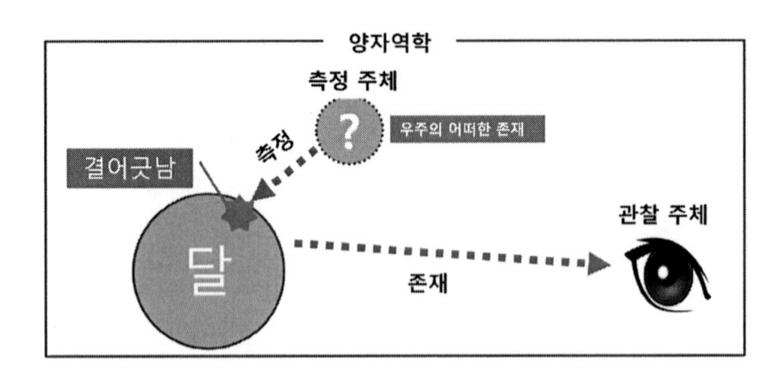

㉯ 그림과 같이, 내가 직접 달을 측정하는 것이 아니라 우주의 어떤 존재가 측정하는 행위를 이미 했고, 그 측정 행위로 인해 파동의 결이 어긋나 '파동 붕괴'가 이미 일어났다면, 그 결과로 우리는 달의 존재를 눈으로 직접 확인할 수 있게 된다는 것이지.

㉰ 아~. 내가 친구의 성격을 직접 테스트하진 못했지만, 다른 친구가 민식이의 성질을 건드려서 싸우는 모습을 본 것처럼 우주에서도 다른 어떠한 것이 측정 행위를 했고, 그 결과를 우리가 보고 있다~. 그러니 우리는 직접 측정을 하지 않아도, 현실 세계에서도 그 존재를 확인할 수 있었다는 결론인가요?

㉯ 그렇지! 어떤 측정으로 인해 평형을 이루던 파동의 결이 어긋나면서 입자의 특징을 나타낼 때 우리가 그것을 볼 수 있게 된다는 것이지.

㉰ 피~. 하지만, 달은 이미 몇천억 년 전부터 있었고, 그러한 파동 붕괴 현상을 현실 세계에서 직접 볼 수 없잖아요. 그러니, 그 '결어긋남'도 추측일 뿐이잖아요.

㉯ ㅡ.ㅡ;;; 헉!

(이것도 못 믿는군…)

㉰ 봐요! 아빠도 대답 못 하잖아요. 뭐, '슈뢰딩거의 고양이'와 다른 게 없잖아요.

(움하하하하하하. ^^;;; 드뎌 아… 빠… 를…)

㉯ 그… 렇… 군…. 뭐 좋은 예가 없을까? 그래, 생각났다.

파동 붕괴 현상을 현실에서 볼 수 있는 좋은 예가 있지.

㉰ >..<;;; 헉! 이걸 현실 세계에서 볼 수가 있어요? 재현이 가능해요?

㉯ 아빠로서도 양자역학에 정확하게 부합하는지는 정확하진 않지만, 이와 비슷한 현상은 있단다.

㉮ @..@ 모… 가… 요…?

㉯ 아들, 혹시 두부 만드는 과정 아니?

㉮ 두부요?

㉯ 그래! 콩을 이용하여 두부를 만들 때….

① 콩을 물에 오랫동안 불려서,

② 콩을 곱게 갈아 콩물을 만든단다.

③ 곱게 간 콩물을 끓이는 도중에 간수를 넣지 않으면 콩국이 되고,

④ 끓이는 도중에 간수(소금물)를 넣으면, 그 콩물의 단백질이 간수의 소금기로 인해 서로 뭉치기 시작한단다.

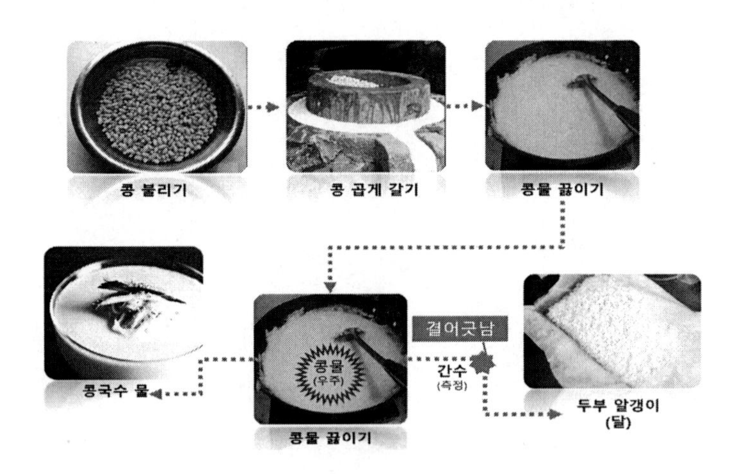

㉯ 즉, 콩물은 간수가 들어오기 전까지는 평형의 상태를 이루고 있지만, 중간에 간수를 넣으면 간수의 영향으로 안정적인 평형의 상태를 벗어나 단백질끼리 뭉치면서 단백질 알갱이를 형성하게 된다. 우리는 간수의 영향으로 두부라고 하는 실체를 확인할 수 있게 된

단다.

참… 서양의 치즈도 두부를 만드는 방법과 같은 방법으로 만든단다. 우유를 끓이다 간수(소금물)를 넣으면, 우유 속 단백질이 서로 뭉치면서 치즈가 된단다. 두부와 치즈는 형제라고 해도 과언이 아닐 듯싶구나! 즉, 우유나 두붓물에 간수가 들어오는 순간 그 소금기를 따라 단백질이 엉겨붙기 시작하는데, 이때 나타나는 현상이 '우주 공간의 결어긋남'과 같은 현상이라 볼 수 있지 않을까?

우유나 콩물에는 여러 성분이 들어 있지. 평소에는 이 성분들이 서로 안정적으로 평형을 이루고 있어 그냥 하얀 물처럼 보이다가 어떤 외부 요인(간수, 휘휘 젓는 과정)으로 인해 특정 성질(단백질)의 성분이 서로 뭉쳐 두부(치즈)라는 새로운 물질이 생성되는 것은 그 안정적인 결이 어긋남으로 인해 발생하는 것이 아닐까?

ⓐ 으음~. 그럼 아빠의 말씀대로라면, 우주 공간에는 여러 가지의 파동들이 서로 균형을 이루고 있다가, 어떤 물질이나 특수한 현상으로 인해 여러 파동 중 특정한 파동이 파괴되거나 뭉치면서 달과 같은 어떤 물질이 생겨날 수 있다는 말씀인가요?

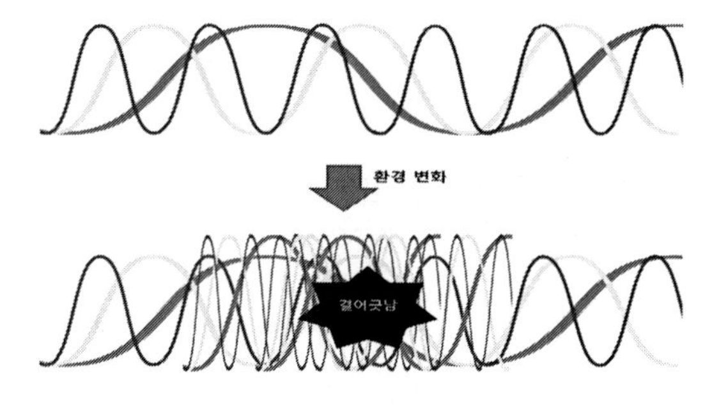

ⓝ 그렇지. 우주 공간은 비어 있는 것이 아니고 무엇인가로 채워져 있고, 그 파동들은 균형을 이룬 채 안정적으로 그림과 같이 존재하고 있다가, 어떤 물질이나 현상에 의해 균형이 깨지면서, 균형을 이루던 파동 흐름의 결이 어긋나면서 '파동 붕괴'가 일어난다. 그 결과로 그 파동에 해당하는 특별한 물질이 발생한다는 것이지.

ⓐ 아~. 그럼 결어긋남을 일으키는 현상들이 뭐가 있을까요?

ⓝ 그건 아빠도 아직 잘 모르겠네~. 우주의 탄생을 연구하는 천문학자들이 빅뱅을 얘기할 때, 우주 먼지가 서로 뭉치면서 행성이 탄생했다고 하는 걸 보면 빅뱅에 의한 물질이 그러한 역할을 하는 건 아닐까? 이런 경우에서 지구의 생성 입자를 찾기도 하고 하잖니? 그건 지금도 많은 천체 물리학자가 찾고 있으니, 언젠가는 알 수 있지 않을까 한다. 또한, 지구 생성을 연구하는 분들도 초기 지구 대기에 번개가 치면서 최초의 생명체가 생겨나지 않았나 하면서 연구를 하고 있지 않니?

ⓐ 아~. 그런 현상을 찾기 위해 많이들 연구하고 있구나~!

ⓝ 후~. 설명이 쉽지는 않구나…. —.—;

앗! 순간 하나 생각났다. 아들, '과냉각' 알지? 맥주나 소주를 냉장고에 아주 오랫동안 넣어놓으면, 겉으로 봤을 때는 그냥 흔들리는 술인데, 그 술의 뚜껑을 열거나 작은 충격을 가하면 순간적으로 꽁꽁 얼어버리는 현상. 낮은 온도에도 안정을 유지하고 있던 술이 작은 충격과 같은 환경 변화로 인해 안정된 결이 어긋나 얼음이 만들어지는 현상. 그것도 '결어긋남'이라고 볼 수 있지 않을까?

ⓐ 아… 빠…. 전 술을 안 마셔서 그건 모르겠어요. 하지만 양자역학이 어려운 것은 맞는 것 같아요. 쩝! —.—;;

그런데 물어볼 것이 있어요!

㉯ 그래~! 안 아프게 물어줘라….

㉵ 또 아재 개그. 〉.〈;; 다른 게 아니고 '양자얽힘'이 무엇이에요?

㉯ 음~. 드디어 양자역학 용어가 나오는구먼.

오케이! 아들! '양자중첩'은 얘기했지?

㉵ 네~. 불확정성의 원리에 의해서 양자의 상태는 '있다'와 '없다'가 동시에 존재한다는 이론입니다.

㉯ 그래! 양자의 상태는 측정하기 전까지는 '있다', '없다'가 동시에 존재한다고 보는데, 이러한 상태를 '양자중첩'이라 한단다.

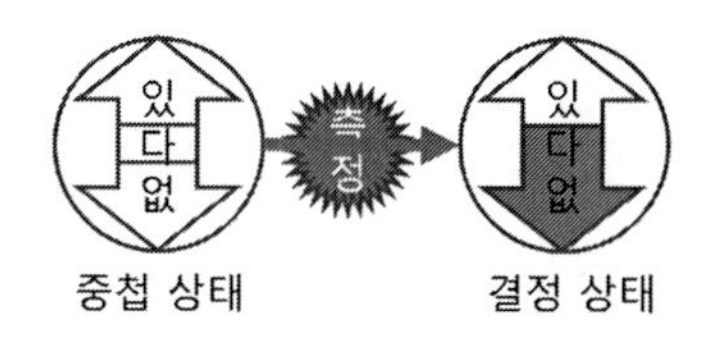

㉯ 또 이러한 특성은 두 양자를 100㎞와 같이 멀리 떨어뜨려놔도, 그 상태는 얽혀 있는 상태로 똑같이 작동한다는 것을 '양자얽힘'이라 하는데, 그러므로 떨어진 상태에서도 한쪽의 상태를 측정하면 다른 쪽의 상태도 결정이 난다는 이론이란다.

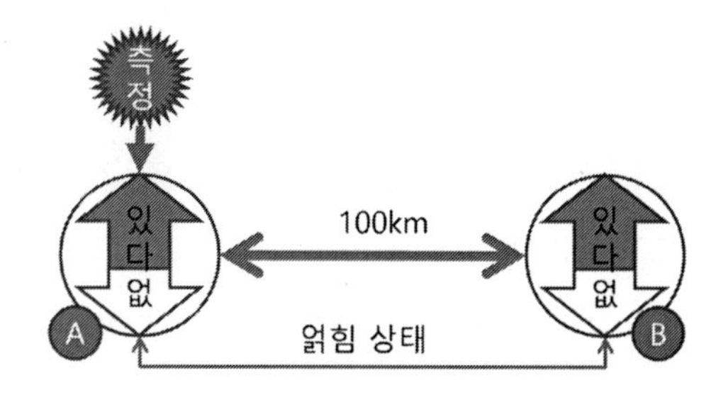

㉯ 마치 쌍둥이가 한국과 미국에 서로 떨어져 살아도, 형이 감기 걸리면 동생도 감기 걸리는 현상과 비슷한 거지. 이렇게 서로 떨어져 있어도 서로에게 영향을 준다는 것이 '양자얽힘'이란다. 그래서 한쪽에서 측정하여 선택하면, 아주 멀리 떨어진 곳에서도 얽힘으로 인해 똑같은 결과가 나온다는 것이 양자얽힘의 증상이고, 이 양자얽힘을 이용하여 양자통신을 개발하고 있단다.

이러한 양자중첩, 양자얽힘 현상을 토대로 양자컴퓨터, 양자통신 등의 현대 양자역학 전자 기술들이 연구되고 있단다.

㉮ 아~. 현대 과학 기술에서도 양자역학이 이용되고 있구나.

아빠, 그럼 양자역학이 만들어낸 기술들에는 어떠한 것들이 있는지 알려주세요.

㉯ 그럴까? 양자얽힘을 이용해서 '원거리 보안 통신'을 연구하고 있고, 양자얽힘을 이용해 양자컴퓨터를 연구하는 게 21세기에 진행되고 있는 기술 발전인데, 20세기부터 21세기까지 양자역학을 이용해 만들어진 기술을 살펴보면서 양자역학의 결과물을 확인해보도록 할까?

㉮ 네~.

㉯ 그래~! 그럼 양자역학이 적용된 기술을 알아보기 전에 고전 역학을 통해 발전된 기술에는 어떠한 것들이 있는지를 먼저 확인해볼까? 고전 역학에서 가장 중요한 기술은 '전자기학'이 될 듯싶구나.

㉮ 전자기학이요? 구리로 코일을 만들고 거기에 전기를 흘리면 전자석이 되는 그 원리 말이죠?

㉯ 그렇지! 고대에는 전기와 자석이 다르다고 생각했는데, 그것을 같은 원리로 묶을 수 있다는 것을 알고 발전된 학문이 전자기학인 건

이전에 얘기해서 잘 알지?

㉿ 그럼요! 그 덕분에 우리는 전기 모터를 이용한 선풍기, 냉장고, 전기자동차 등등을 이용할 수 있게 됐으니까요.

㉯ 그래, 아들! 전자기학은 이런 물리적인 영역뿐만 아니라 더 많은 분야에서도 사용된단다.

㉿ 어떤 것들이 더 있어요?

㉯ 음~. 우리가 음악을 들을 때 사용하는 스피커 있잖니? 그 스피커도 전자기파를 이용한 전자기학에 해당이 된단다.

㉿ 스피커요? 스피커도 자석과 코일로 되어 있나요?

㉯ 그럼. 스피커는 밖으로부터 음악에 따른 전기 신호가 들어오면 전압의 크기에 따라 전자석에 자력이 생기고, 그 전자력은 자석과 상호 작용하여 진동하게 된단다. 그 전자석 코일은 '콘지'라는 울림판과 붙어 있는데, 그 콘지가 흔들리면서 공기를 진동시키고 그 공기가 흔들리면서 소리의 파동을 만들어내어 소리를 방출하게 된단다. 맥스웰 제3 법칙, '전자기 유도 법칙'을 이용한 제품이지.

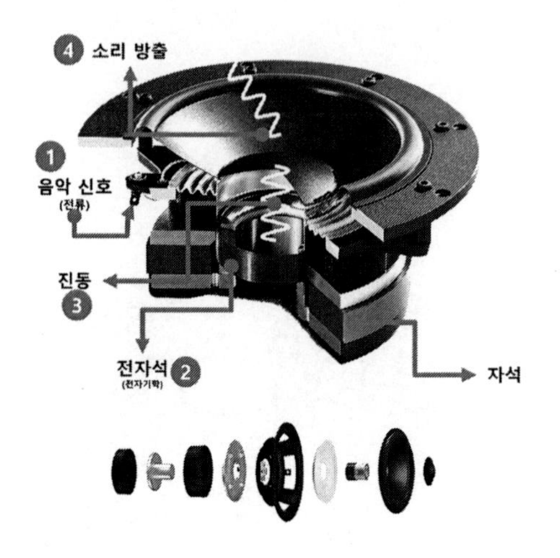

㉮ 아~. 스피커도 전자기학을 이용해서 만들어지는 제품이네요?

㉯ 그럼! 전기 신호를 공기의 진동으로 바꿔 소리를 만들어내는 것도 전자기학의 업적이라고 할 수 있겠지.

㉮ 아빠! 그럼 이어폰도 스피커와 같은 원리인가요?

㉯ 그럼! 스피커를 작게 만든 것이 이어폰이란다. 그리고 재미있는 사실! 이어폰을 마이크 단자에 꽂고 말을 하면, 마이크로 쓸 수 있다는 것 아니?

㉮ 네? 이어폰을 마이크처럼 쓸 수 있다고요?

㉯ 그래~. 전류를 소리의 운동에너지로 바꿔주는 것이 스피커인데, 그 반대로 소리의 운동에너지를 다시 전류로 바꿔주는 것도 스피커란다. 그래서 콘지를 잡고 흔들면 콘지와 연결된 전자석이 움직이면서 자석과 코일 사이에서 진동하게 되고, 그때 구리 코일에서는 전기가 나온단다. 즉, 스피커의 완전한 반대는 마이크란다.

㉮ 와~ 그럼 스피커의 역함수는 마이크네요?

㉯ 앗! 그런 응용까지? 그래, 스피커와 마이크는 같은 원리로 되어 있단다. 모두 전자기학의 산물이란다.

㉮ 아~. 그럼 또 뭐가 있어요?

㉯ 음~. 또 뭐가 있냐 하면, 우리 아들 라디오 많이 듣지?

㉮ 네~. 지금도 많이 듣지요~!

㉯ 그래~. 그 라디오의 거의 모든 원리도 전자기학에서 나왔단다.

㉮ 네?

㉯ 마이크에서 만들어진 전자기파를 커다란 안테나에 실어 공기 중으로 방사를 한단다. 그러면 그 전자기파는 공기 중을 날아서 우리나라 전역에 퍼지게 된단다.

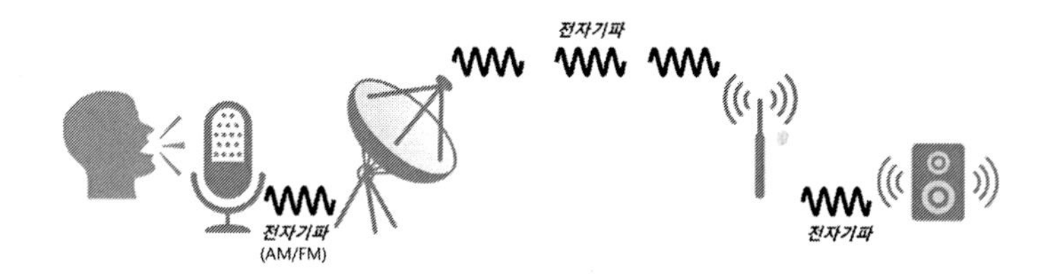

㉯ 그럼 전자기파는 라디오에 달린 안테나를 통해 수신 회로로 진입하지. 그 진동된 전자기파는 스피커를 통해서 우리가 들을 수 있는 소리를 만들어낸단다. 즉 방송국이 발송한 소리를 원거리에서 들을 수 있게 되는 거란다.

㉮ 와~. 신기하네요. 전자기파 하나로 현대사회에서 이뤄지고 있는 거의 모든 기술이 가능해졌네요?

㉯ 그럼! 전자기파를 연구하면서 맥스웰 방정식이 정립되었고, 그 방

정식을 토대로 현대의 양자역학도 나왔다고 볼 수가 있으니, 전자기파가 현대 과학의 전부라 해도 과언이 아니란다.

㉮ 아~. 맞네요! 빛도 전자기파라고 했고, 세상의 거의 모든 원리를 전자기파로 분석할 수 있다 했으니, 정말로 대단한 학문이네요. 또, 또, 전자기파가 적용된 제품에는 뭐가 있어요?

㉯ 아직도 많이 남았단다.

아들, 요새 핸드폰 쓰고 있지? 그 핸드폰에 무선 충전하는 무선 충전기도 전자기학에 따라 만들어졌단다. 송신코일 쪽으로 전류를 흘려보내주면 전자기파가 형성되는데, 수신기에 수신코일이 존재한다면 그 수신코일을 타고 전자기가 유도되면서 수신 쪽으로 전류가 전달된단다. 이런 방식으로 서로가 떨어져 있는 상태에서도 전류를 다른 쪽으로 전달할 수 있게 되지. 이런 '무선 충전 시스템'도 역시 전자기학을 바탕으로 한 제품이라고 볼 수 있지. 또 요새 가정집마다 사용하고 있는 인덕션 알지? 그동안 우리에게 밥해주던 가스레인지를 밀어내고 주방에 자리 잡은 그 인덕션! 그 인덕션도 전자기 유도 현상을 이용해 물을 끓일 수 있도록 만든 제품이니, 인덕션 레인지도 전자기학의 산물이라고 볼 수 있단다.

㉮ 와~. 안 쓰이는 곳이 없네요.

㉯ 와~. 아빠도 그렇게 생각하고 있단다. 아차! 무엇보다 더 중요한

것이 있다. 우리가 쓰고 있는 전기도 전자기학에 의해서 만들어진 거 알고 있지?

㉮ 네? 전기도 전자기학의 산물이라고요?

㉯ 그럼! 우리가 발전기라고 부르는 전기 만드는 기계 있지? 그것도 전자기학의 산물이란다.

㉮ 네? 전기는 석탄, 석유, 원자력으로 만드는 거 아니에요?

㉯ 하하하~. 보통 그렇게 생각을 한단다. 석탄, 석유, 원자력 발전소를 통해서 전기를 만드니까 그게 원자력으로부터 전기를 직접 만드는 줄 아는데, 사실 석탄, 석유, 원자력을 태워 거기서 나오는 열을 이용해 물을 끓이는 데까지만 그 힘을 사용하고, 수증기를 이용해 전기를 만드는 작업은 발전터빈이라 부르는 곳에서 일어나는데, 그 발전터빈은 자석과 구리 코일로 만들어지지. 즉, 전기 모터와 같은 구조로 돼 있는 발전기에 의해 전기가 만들어진단다.

㉮ 앗! @..@ 전기 모터와 발전터빈이 같은 구조라고요?

㉯ 그래! 스피커와 마이크가 서로 같은 구조이듯이, 전기 모터와 발전터빈도 같은 구조란다. 전기를 연결하면 회전하는 전기 모터가 되고, 회전 운동을 강제로 시키면 반대로 전기를 만들어내는 발전기가 된단다. 그러니 전기 모터는 반대로 발전터빈이기도 하지.

㉮ 아~. 아무튼, 우리가 쓰고 있는 전기도 석탄, 석유, 원자력으로부터 직접 얻는 것이 아니고, 발전터빈을 이용해, 더 확실히 말하자면 전자기학을 이용해서 전기를 만들어낸다는 말씀이시죠?

㉯ 그렇지! 역시 똑똑한 우리 아들!
발전터빈은 증기의 운동에너지를 전기에너지로 바꾸는 역할을 하고, 모터는 전기에너지를 운동에너지로 바꾸는 역할을 한단다.

㉮ 그럼 또 있어요?

㉯ 전자기학을 이용한 제품은 너무나 많으니 여기까지만 하고, 이번에는 전기와 열에 대한 열역학을 바탕으로 만들어진 제품들을 알아볼까?

㉮ 열역학요? '온도가 높으면 부피가 커진다', '물의 온도가 높아지면 수증기처럼 부피가 커진다'와 같이, 온도와 부피에 관한 학문이요?

㉯ 그렇지! 공업혁명을 일으킨 '증기기관'이 열역학의 산물이라 볼 수 있단다. 그리고 열도 파동과 같은 성질을 가지고 있어서, 전자기학과 연관 있는 열역학에 관련된 제품도 많단다.

㉮ 알아요! 블랙보디(Black Body), 흑체에서 방사하는 복사에너지. 흑체복사 같은 것도 열역학에 관한 것이죠?

㉯ 오~. 우리 아들 대단한데? 아직도 그걸 기억하고 있었어?

㉮ 그럼요! 양자역학이 나오게 된 것이 흑체복사 때문이라면서요~. 그래서 기억을 하고 있죠!

㉯ 그래~ 아들! 양자역학이 고전 역학의 흑체복사에너지 모순을 들여다보다가 에너지는 진동수가 아닌, 양자와 같이 에너지의 양이 정해져 있다는 것을 확인한 것, 그리고 이를 통해 에너지의 양(量: 수량 량)을 정하는 과정에서 양자역학(量子力學)이 나왔다고 했지?

㉮ 그럼요! 잘 알고 있죠. 그렇게 중요한 흑체복사인걸요.
그럼 흑체복사를 통해 만들어진 제품으로는 어떤 것들이 있어요?

㉯ 그래! 흑체복사란, 물체에서는 그 온도에 해당하는 특정한 파동이 나온다는 것이란다. 만화영화에서 화나면 온몸에 불이 올라오듯이, 물체에서 방사되는 전자기 파동을 체크 해 온도를 확인할 수 있단다. 그래서 흑체복사를 이용한 제품 중, 대표적인 것이 열화상

카메라란다.

(나) 열화상 카메라는 흑체복사에너지의 파장을 분석해 화면으로 열에너지 지도를 표출해주는 제품이란다.

(아) 아빠! 아빠! 재미있어요! 또 있어요? 열역학을 이용한 제품이요!

(나) 우리가 매일 보는 제품 중에도 있단다. 아들! 냉장고, 에어컨도 열역학을 이용한 제품이란다.

(아) 네? 그건 무슨 원리인데요?

(나) 기체는 풍선처럼 부피가 커지면 에너지를 흡수한단다.

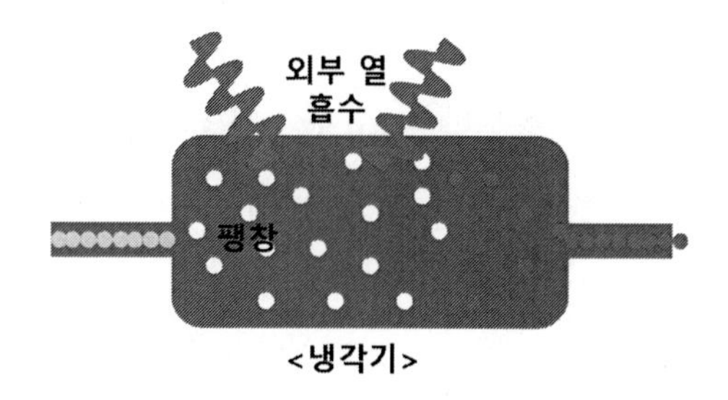

<냉각기>

(나) 그래서 냉장고나 에어컨에서는 순간적으로 기체가 팽창하면서 외부의 열을 흡수하는 과정을 거쳐 차가운 공기를 만들어낸단다. 따

라서 냉장고나 에어컨 등도 열역학의 산물이라고 할 수 있단다.

㉧ 아빠! 우리가 쓰고 있는 모든 제품이 다 물리학자들에 의해서 만들어졌네요!

수학이 어렵다고, 또 물리가 어렵다고 투덜거리기만 했는데, 이렇게 어려운 과정을 거쳐서 만들어진 제품들이네요.

㉯ 그래! 우리 아들이 쓰고 있는 거의 모든 제품이 다 물리학자들 노력의 산물이란다.

㉧ ㅡ.ㅡ;;; 아빠! 그런데, 지금까지의 제품은 고전 물리학자들이 만들어놓은 제품들이잖아요! 현대 물리학에서는 양자역학이 대세라고 했는데, 양자역학이 나온 지 100년이 넘었는데, 왜 그 제품은 없어요?

㉯ ㅡ.ㅡ;;; 헉! 정말로 오래됐네~.

㉧ 양자역학은 이해하기도 힘든데, 하는 일도 없네요.

㉯ 아니야! 우리가 알고 있지는 못하지만 정말 많은 분야에서 양자역학이 사용되고 있단다.

㉧ 정말로요? 어떤 제품들이 있어요?

㉯ 양자역학에는 '있다'와 '없다'가 공존한다고 했잖아~. 그래서 아주 중요한 분야에서 사용된단다. 그것이 무엇이냐 하면~.

마~ 술~! 마술은 아무것도 없는 곳에서 순간 '쏘옥' 하고 나오고, 분명 존재하는 사람도 갑자기 없어지고 하잖아.

하하하~.

㉧ @.@;;;

㉯ 농담이고~. 양자역학에 의해 만들어진 기술들이 얼마나 많은데~.

우리 아들이 쓰고 있는 거의 모든 제품이 양자역학의 발전으로 나왔단다.

㉮ @.@ 그 어려운 게 제 주위에 많이 있다고요?

㉯ 그럼! MP3 음악도 양자역학의 '양자화', '양자중첩', '양자얽힘'과 같은 기술이 그 바탕을 이루고 있단다.

㉮ 정말로요? 어떻게 되어 있는지 설명해주실 수 있어요?

㉯ 그야 당연하지! 우리가 자주 듣는 음악은 다음 그림과 같은 파형 형태로 표현할 수 있단다.

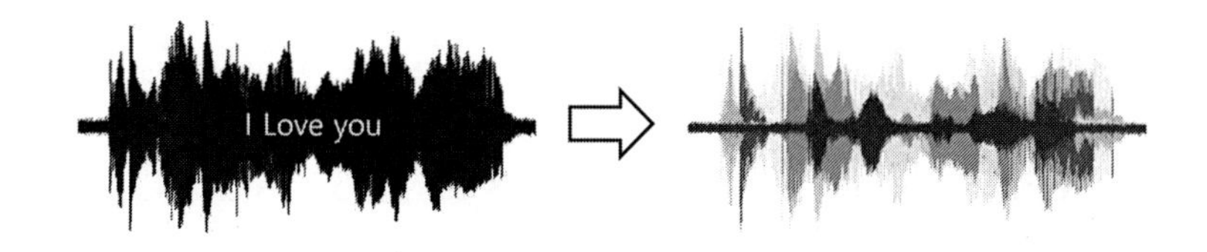

㉯ 우리가 귀로 듣는 파형은 이 그림과 같이 여러 소리가 섞인 하나의 파형처럼 보인단다. 하지만 그 파형 안에는 오른쪽과 같이 여러 파형이 섞여 있단다. 즉, 우리가 듣는 소리는 한 형태의 파동이 아닌 여러 파동이 뒤섞여서 우리 귀에 들어오게 된단다. 음악을 들을 때 드럼 소리에만 귀를 기울여서 듣는다면, 다른 소리보다는 드럼 소리가 더 크게 들리는 현상을 볼 수 있단다. 즉, 그 파형을 나눠서 들을 수 있도록 우리 귓속에는 파형에 맞는 청각 세포가 존재한단다. 이러한 원리를 이용해 여러 가지가 섞여 있는 소리를 각각의 파형에 맞도록 그림과 같이 FFT 분석기를 이용해 분리한단다.

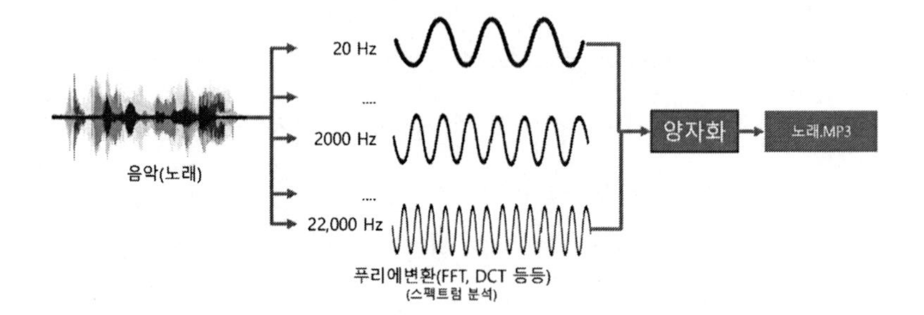

㉯ 음악을 분리하는 것은 고전 역학에서 파동을 분류하기 위해 만들어진 푸리에변환기를 이용해 각각의 파형을 분리하지. 20㎐의 파동에서부터 22,000㎐까지 그 음악 파일의 크기에 맞도록 20구역, 200구역 등으로 나눠서 분석한단다. 그렇게 나온 분석량의 의미는 이렇단다.

지금 듣는 음악 중 1초의 음악 안에 20㎐의 소리가 10% 정도 들어 있고, 2,000㎐의 소리가 35% 들어 있다는 의미를 지닌단다.

㉮ 아~. MP3 파일을 만들 때 이러한 과정을 거친다는 말씀인가요?

㉯ 그렇지! 우리가 듣고 있는 음악은 공기 중에서 하나의 파형이 아닌 여러 파형이 서로 얽혀서 소리를 내는데, 그 소리를 FFT와 같은 파형 분석기를 통해 각각의 파형으로 분리한단다. 쉽게 설명하면, 우리 아들 돼지 저금통을 뜯어서 열면 10원, 100원, 500원짜리 동전이 서로 섞여 있잖니? 그러면 우리 아들은 그걸 10원, 100원, 500원짜리로 서로 분류를 하지?

㉮ 그렇지요!

㉯ 그래! 그렇게 분류를 한 후에 10원짜리 200개, 100원짜리 55개, 500원짜리 20개, 이런 식으로 숫자를 적게 되잖니?

㉯ 네~.

10원	100원	500원
200개	55개	20개

㉯ 이런 식으로 정리를 하게 되지요.

㉰ 그래! 만약에 돼지 저금통이 하나가 아니라면….

	10원	100원	500원
저금통 1	200개	55개	20개
저금통 2	25개	1,024개	31개
저금통 3	212개	357개	56개

㉰ 이런 식으로 정리를 하겠지?

㉯ 네~. 그렇게 정리를 하겠죠….

㉰ 그래~. 행렬을 이용한 정리를 하고 있구나?

㉯ 아~! 정말 그렇네요. 그래서 양자역학을 할 때는 행렬을 이용해서 자료를 정리하나 봐요?

㉰ 그렇지! 행렬을 이용한 물리학을 '행렬역학'이라고 한단다. 이 행렬역학은 양자역학을 표현하기에 아주 강력한 도구로, 전자의 위치와 운동량 등을 행렬로 정리를 하고 역학관계를 구현한단다. 아무튼, 우리가 음악으로 듣는 MP3를 만들 때 보면, 우리 아들이 돼지 저금통의 돈을 정리하듯 섞여 있는 소리 파형에서 각각의 소리를

분리하여 정리한단다. 이렇게 정리하고 난 후, 그 정리된 데이터를 양자화를 하지.

㉮ 아~. 특정 파형의 소리의 양(量)을 수치로 기술을 한다는 말씀이죠? 예를 든다면….

'20㎐ = 0.15, 22㎐ = 0.03…, 2㎑ = 0.158…' 등과 같이 양자화해서 저장을 한다는 말씀이죠?

㉯ 그렇지! 이렇게 양자화해놓으면, 그 양자화된 숫자를 통해 저장하고, 반대로 재생할 때는 그 양자화된 값을 가지고 거꾸로 파형을 만들어낼 수 있단다.

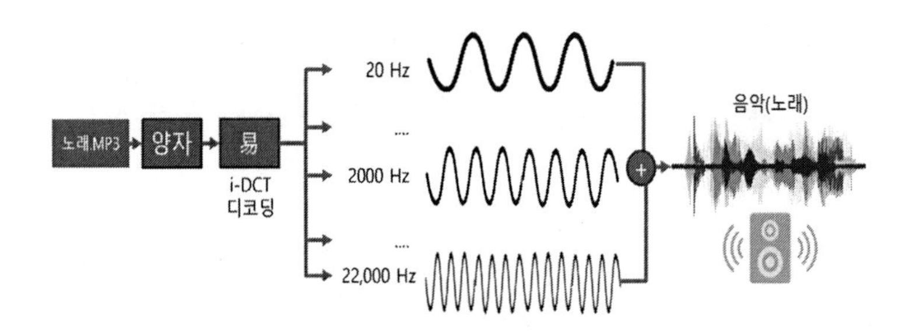

㉯ 양자의 값으로 다시 파형을 만들어낸 후, 각각의 만들어진 파형을 다시 섞어서 소리를 내면 원래의 소리를 다시 만들어낼 수 있게 되는 거란다.

㉮ 아~. 소리를 양자화해서 저장을 하고, 그 양자화한 자료를 다시 반대로 풀어내면 다시 원래의 소리로 재생이 된다는 말씀이네요?

㉯ 그렇지! 양자화해놓으면 그 파형의 데이터만으로 원상태의 자료를 만들어낼 수 있다는 말이지! 그래서 이러한 특성을 이용해서 '공간

이동'을 할 수 있다고 한단다.

㉮ 아~. 영화에서 보면, 사람이 공간이동을 하는 곳으로 들어가면….

㉮ 이렇게 사람 주위로 숫자가 왔다갔다하다가, 통신 라인을 통해서 다른 곳으로 이동을 하고, 이동이 완료되면 숫자들이 빙글빙글 돌면서 사람이 완성되던데, 그걸 얘기하는 건가요?

㉯ 그렇지! 양자화해놓으면, 어떠한 장소에서도 그 양자 정보를 풀어 다시 만들어낼 수 있다는 것을 우리는 MP3 기술에서도 확인할 수 있단다.

㉮ 와~. 신기하다. 우리가 보던 영화 속 장면들이 양자역학을 바탕으로 만들어졌다는 건 처음 들어요.

㉯ 하하하~. 우리가 사는 세상 속 상상력은 이렇게 그 기술을 바탕으로 상상을 하는 것이란다. 창의력은 기반지식을 바탕으로 나타나고, 기반지식이 없으면 그건 공상이 된단다.

㉮ 우와~. 그럼 소리 말고 또 없어요?

㊥ 물론 또 있지! 우리 아들, 텔레비전 좋아하지?

㉧ 그럼요! 텔레비전을 통해서 많은 것을 공부하기도 하고, 놀기도 하는걸요!

㊥ 그래! 텔레비전의 영상전송 기술도 양자역학의 산물이란다. MP3가 소리, 즉 마이크로 들어온 전자기파의 변화를 양자화했다면, 카메라로 들어온 빛의 전자기파를 양자화한 것이 HDTV의 방식이란다.

㉧ 빛의 전자기파요?

㊥ 그래! 소리에너지도 전자기파로 표현할 수 있듯이 빛도 전자기파로 표현 가능하다고 고전 물리학자들이 확인하지 않았니? 빨간색은 빨간색의 파형으로, 녹색은 녹색의 파형으로, 파랑은 파란색의 파형으로 표현 가능하단다. 우리가 많이 쓰는 제이팩(.JPG) 그림 파일 있잖니?

㉧ 네~. 핸드폰으로 사진을 찍으면 그 저장 파일 형식이 제이팩(.JPG) 형식이에요.

㊥ 그래~. 그 제이팩 사진 파일의 원리도, 사진을 가로 8, 세로 8과 같이 사각형으로 잘라서 그 안에 R(빨강), G(녹색), B(파랑)의 색깔이 얼마나 들어 있는지 양자화해 그 데이터를 저장한단다.

㊥ 이렇게 JPEG와 같은 이미지를 연속적으로 연결해서 화면에 보여주면, 그것이 우리가 텔레비전에서 보는 동영상 화면이 된단다.

㉧ 와~. 그럼 우리가 보는 영화 MP4, AVI, DIVX 등등이 모두 양자역학에 의해 나온 기술이란 말씀이네요.

㊥ 그럼! 우리는 양자역학이 아주 멀리 있는 것으로 생각하지만, 우리 삶 속에 이미 깊숙이 들어와 있단다. 이렇게 영상도 양자화해 멀리

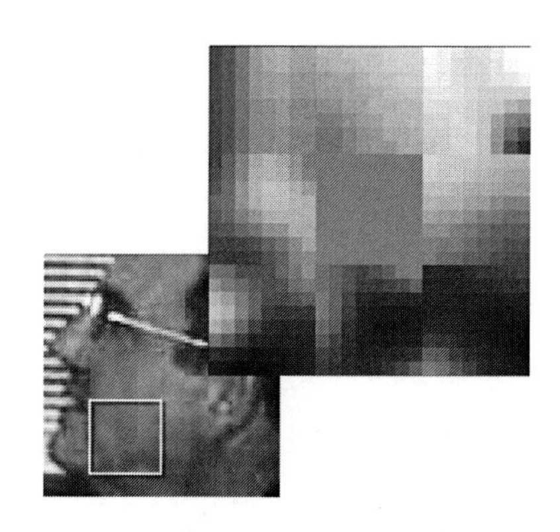

있는 곳으로 보낼 수 있는데, 사람도 멀리 보낼 수 있겠지. 그렇게 생각하지 않니?

㉮ 그럴 거 같아요! 이런 식으로 양자화해놓고 양자화 데이터를 다시 조합하여 원상태로 되돌려놓을 수 있다면 언제, 어디서든지 그것을 다시 만들어낼 수 있겠어요. 양자화한 것을 위성을 통해 전송하고, 그 전송된 것을 반대편에서 받아서 다시 원상태로 돌리면 자연스럽게 공간이동이 가능할 것 같아요.

㉯ 그래~. 이러한 상상력으로 만들어진 영화 속 '양자전송'과 같은 기술을 이용해 순간이동을 하게 된단다. 하지만 이것이 불가능한 이유가 몇 가지가 있는데, 그게 뭘까?

㉮ 음~. 양자화를 하는 것은 현재 상태를 양자값으로 만들어내는 거예요. 그래서 그걸 전송하고, 전송받은 편에 그대로 재생이 된다면… _._;; 뭔지 모르게 복사 개념이 될 거 같은데요?

㉯ 그래~. 우리가 MP3를 인터넷을 통해 다른 친구와 공유한다면, 그것은 복사지 순간이동이라 할 수 없단다. 친구에게 전송하는 순간, 내 쪽 컴퓨터의 MP3는 자동으로 삭제돼야 이동이지, 전송한 곳에

도 존재하고 받은 곳에서도 존재한다면 이것은 이동이 아니고 복사란다. 사람을 양자화해 전송해서 복사를 한다면 아들은 그렇게 하겠니?

㉠ 물론 아니지요. 나랑 똑같은 사람이 먼 곳에 존재하고 나는 여기에 그대로 있다면…. ―.―; 쩝! 도플갱어네요. 여기도 있고 저기도 있고. 싫어요. 세상에 나는 나 혼자로 충분해요.

㉡ 그래~. 사람이 순간이동을 하려면, 양자전송을 하고서 자기 자신을 파괴해야 하는데 그렇게 할 수는 없단다. 그것이 첫 번째 이유이고, 두 번째 이유는 무엇일까?

㉠ 음… 모르겠어요.

㉡ 그래~. 잘 모르겠다면 힌트를 줄게. 사람이 자신의 정보를 후세에 전하는 방법이 무엇이 있을까?

㉠ 음~. 엄마와 아빠가 만나서 X, Y 염색체를 서로 교환해 아기를 낳는 거요. 그리고 DNA 복제를 통해 복제하는 방법이요.

㉡ 와~. 상상력이 지리네~. 그래!
인간이 후세에 자신의 정보를 남길 때는 자신의 염색체, 즉 DNA를 통해 후세에 전달하게 된단다. 그 DNA 안에는 후세에 전달될 정보가 들어 있단다. 어쩌면 그 DNA가 사람의 양자화된 정보가 아닐까 하고 아빠는 가끔 생각한단다.

㉠ ―.―;;; DNA가 사람의 양자화된 정보라~. 흠~ 뭔가….

㉡ 그래~ 그래~ 알았다~. 그냥 아빠만의 상상이고, 아무튼 이러한 DNA 정보를 알아내려고 현대 과학자들은 아주 많은 연구를 한단다. 그래서 DNA 정보를 확인하려고 '인간게놈 프로젝트'를 진행하기도 하지 않았겠니?

㉧ 네~. '인간게놈 프로젝트', 저도 들어봤어요. 인간의 DNA를 분석해 DNA 게놈(genome) 지도를 그린다는 프로젝트요.

㉯ 그래! DNA를 염기서열로 나열하여 분석하는 지도를 만든다는 것이었단다. 그런데, 그 염기서열로 나열된 정보만 해도 그 양이 어마어마하지! 그리고 염기서열을 분석한 것은 종류만 알아냈을 뿐, 그 DNA 내부에서 무슨 작용을 하는지 아직 완벽하게 알고 있지 못한단다. 이렇듯, 우리는 모르는 게 많다는 것이지. 그러다 보니 정보를 이용해 다시 재생해내는 것은 아직은 자연이 해야 하는 일이지, 인공적으로는 불가능하단다. 그래서 양자전송에 의한 순간이동은 불가능한 것이란다. 양자화시킬 양도 많고 어떤 걸 양자화 해야 하는지도 아직 잘 모르고 있으니 말이다.

㉧ 음…. 양자전송을 통한 순간이동은, 원래의 객체를 파괴해야 가능하고, 아직 분석되지도 않은 다량의 정보를 순간적으로 보내줄 통신라인의 속도도 준비가 안 돼 있고, 무엇보다도 그 양자화의 값이 정확하게 무엇을 의미하는지, 아직 인간을 알지 못한다는 말씀?

㉯ 오~. 울 아들! 아빠의 이 어려운 말을 단번에 정리해버리네. 역시, 똑똑한 우리 아들이다.

㉧ 그쵸! 전 항상 잘한다니까요. 아직 불가능하다는 건 알겠어요. 하지만 아빠! 앞으로는 어떻게 될지 모르겠네요? 양자역학이 나오고 어느새 100년의 세월이 흘렀듯 빠르게 1,000년이 흘러 더욱더 발전한다면 말이에요!

㉯ 하하하. 정말로 가능할지는 아빠도 장담 못 하지만, 그래도 희망은 있어 보이는구나. 그래도 양자전송을 하고 나서 너 자신을 파괴해야 한다면? 그건 슬프지 않을까? 그래서 아빠는 순간이동이 불가능

할 것으로 생각한단다.

㉯ 아빠! 몇 년 전에 바둑에서 이세돌 9단을 이긴 알파고 아시죠?

㉰ 어~ 알지! 딥마인드라고 하는 회사가 딥러닝이라는 기술로 만든 인공지능 컴퓨터.

㉯ 아~. 아빠도 아시는구나. 그런데, 그 알파고라는 컴퓨터가 나오고 여러 군데에서 4차 산업혁명이니 뭐니 하는데, 4차 산업혁명은 도대체 뭐예요?

㉰ —.—;;; 4차 산업혁명이라….

아들, 1차 산업혁명은 증기기관이 발명되고 나서 시작되었고, 2차 산업혁명은 석유, 전기와 내연기관의 발명으로 시작되었고, 3차 산업혁명은 개인 컴퓨터와 인터넷이 발명된 후 시작되었다는 건 알지?

㉯ 네~. 그건 알죠! 하지만 4차 산업혁명은 도대체 뭐가 발명된 후에 시작이 됐어요?

㉰ 음~. 4차 산업혁명은 무엇이 발명되고 나서 시작된 것이 아니고, '이제부터 4차 산업혁명이 시작될 것이다'라고 발표를 하면서 전 세계에 갑자기 대두된 산업혁명이란다. 보통 산업혁명은 발전이 다 되고 난 후에, '이러한 현상들이 있었다. 이는 이것으로 인해 산업이 혁명적으로 바뀌었구나~' 하면서 정의되고 선포됐는데, 4차 산업혁명은 발전이 이루어지기도 전에 먼저 선언됐단다.

㉯ —.—;;; 네? 도대체 왜요? 그러잖아도 공부해야 할 게 많은데, 도대체 아직 오지도 않은 걸 먼저 선언해서 사람을 헷갈리게 만들어요?

㉰ 하하하. 그렇지? 그래서 4차 산업혁명 시대에는 IoT며, 인공지능이며, 3D프린터며 하는 것들이 4차 산업혁명의 핵심이라면서 설레

발을 치는데, 아직 정확하게 정의가 된 것은 아니란다.

ⓐ 그럼 아빠도 잘 모르시는 거예요?

ⓝ 하하하…. —.—; 그렇단다. 하지만 아들이 물어봤으니, 아빠의 의견을 말해줘야겠지? 아빠가 어떤 대학에서 강의했던 내용을 보여줄 테니, 4차 산업혁명이 무엇인지 우리 아들이 한번 생각해보렴.

4차 산업혁명

본 장(章)의 내용은 필자의 강의 내용입니다.

(1) 도래하지 않은 4차 산업혁명

(2) 다시 보는 산업혁명

(3) 왜 먼저 선언했나

(4) 인공지능이란?

(5) 4차 산업혁명의 키워드

(1) 도래하지 않은 4차 산업혁명

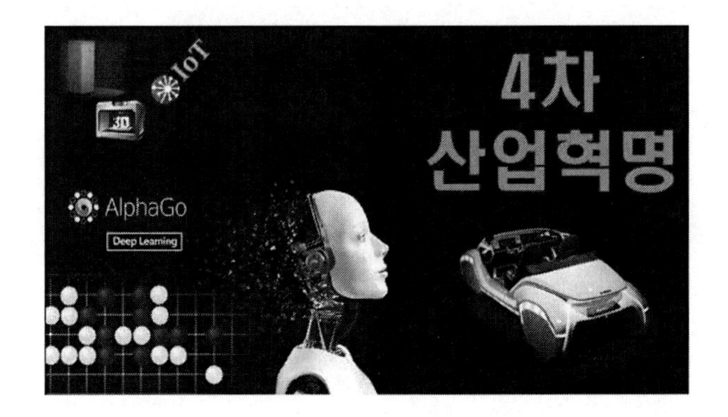

알파고의 등장으로 여러 사람으로부터 회자되기 시작한 4차 산업혁명. 4차 산업혁명에 대해서는 들어보셨을 것으로 압니다. 4차 산업혁명은 무엇일까요? 인공지능 알파고? IOT? 인공지능 스피커? 3D프린터? 콘텐츠?

많은 사람이 4차 산업혁명에 관해 얘기하고 있습니다. 4차 산업혁명을 얘기하면서, 앞서 언급했던 기술들을 열거하기도 합니다. 과연 4차 산업혁명이 무엇일까요? 인공지능, 무인 자동차, IOT 등등이 과연 4차 산업혁명일까요? 그러한 기술들이 4차 산업혁명일까요? 우리는 혹시, 달을 보라 했더니 '달을 가리키는 손가락'을 보고 있는 것은 아닐까요?

견월망지(見月忘指), '달을 볼 때는 손가락을 잊어버려라'라는 뜻의 사자성어입니다. 이때 손가락을 접어서 안 보이게 하면 달을 잘 보게 될까요? 견월망지의 깊은 뜻은, 손가락 끝을 보지 말고 손가락이 가리키는 달을 보란 말입니다. 즉, 흔히 떠돌아다니는 현상을 보지 말고, 그것이 지향하는 본뜻을 알아보라는 것입니다.

앗! 한자가 나왔네요. 견월망지에 이어 또 한자가 나왔네요. 여기서 잠시 한자 공부 시간을 갖도록 하겠습니다. 여기에 있는 두 글자는, 모두 아시는 글자죠? 무슨 글자인가요? 하하하. 다들 아시네요.

가을 추, 화목할 화.

다들 공부를 열심히 하셨네요. 그럼 여러분들은 이 뜻을 정확하게 알고 계시나요? 정확한 뜻은 뭘까요? 가을 추, 화목할 화가 나타내는 더 정확한 뜻은 무엇일까요?

'가을 추(秋)'는 '벼 화(禾)', '불 화(火)'의 두 글자가 합쳐져서 이루어졌습니다. 현대에는 기술이 발달하여 보관이 쉽지만, 조선 시대 때까지만 해도 벼, 즉 쌀을 불에 올려 끓여 먹을 수 있는 계절은 가을뿐이었습니다. 가을에서야 비로소 배부르게 먹을 수 있다는 뜻이 있습니다. 그래서 가을은 밥을 배불리 먹을 수 있는 계절이라는 의미를 내포하고 있습니다.

또한, 화목하다는 의미의 '화목할 화(和)'는 쌀(禾)을 입(口)에 넣을 수 있을 때 비로소 화목해진다는 의미를 내포하고 있습니다. 화목함은 배불리 먹을 수 있을 때에야 비로소 가능하다는 의미를 지닙니다.

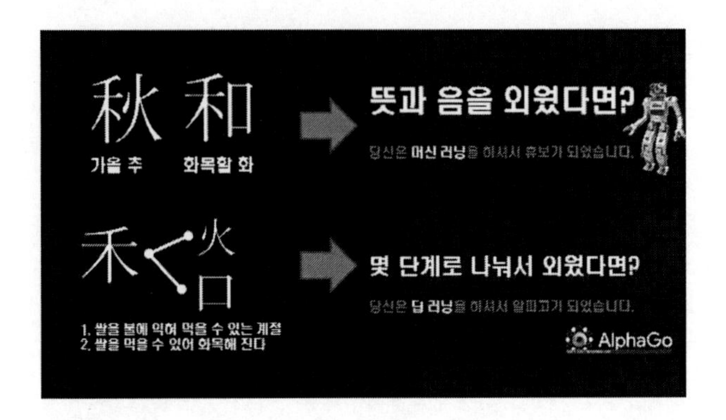

만약 가을 추와 화목할 화를, 뜻과 음으로만 외웠다면 당신은 머신 러닝을 하셔서 비로소 '휴보'가 되셨습니다. 머신(기계), 러닝(학습), 즉 기계가 학습하는 방법을 머신러닝이라 하죠. 머신러닝은 인공지능을 만드는 데 중추적인 역할을 합니다. 사람은 기계에 지능을 넣어주려는 시도를 오랜 시간 해왔고, 그 중추적인 역할을 하는 학습 기법이 머신러닝입니다.

만약 그림과 같이 벼 화(禾), 불 화(火), 입 구(口) 이렇게 글자를 단계화하여 공부했다면, 즉 '조금 더 깊이 있게 그 뜻을 나눠 외웠다면' 여러분은 딥러닝을 하셔서 '알파고'가 된 것입니다. 기계에 인공지능을 넣어주고자 하는 인간의 시도는 아주 오래전부터 시도됐습니다. 그 많은 시도는 머신러닝과 같은 주입식 방법으로 주로 이루어졌습니다. 그런데 주입되지 않은 상황이 벌어지면 기계는 대처하지 못하였습니다. 그래서 모든 상황에 맞는 많은 처리 방법을 기계에 학습시켜줘야 했습니다. 이러듯 많은 양의 정보를 주입해야 하는 주입식 방법으로는 한계가 발생했습니다. 이렇게 한계가 있다 보니 인간의 두뇌가 기억하고 저장하는 방법을 연구하여 이를 바탕으로 한 인공신경망 인공지능 기술인 딥러닝을 발표되게 됩니다. 딥러닝은 현 상황에 대처하는 방법을 학습시키는 것이 아닌, 하나하나 의미를 학습시킴으로써 인공지능 스스로가 대처 방법을 찾아가도록 만들었던 것입니다. 그 결과 인간의 영역이라 생각했던 바둑을, 그리고 그 바둑에서 최고 전문가인 이세돌을 4:1로 깨뜨리면서 세상 밖으로 나오게 됩니다.

이로 인해 많은 사람은 제4차 산업에 대해 인지하게 되었고, 4차 산업혁명의 출현으로 인해 다가올 미래에 대해 두려움을 느끼기 시작했습니다. 혹시 여러분도 두려우신가요?

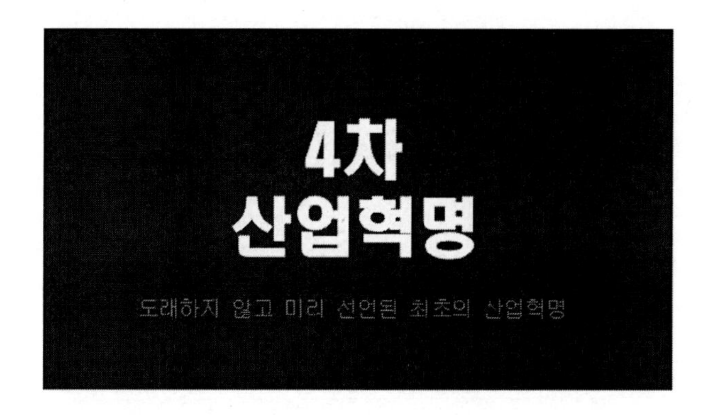

자, 그럼 본격적으로 4차 산업혁명이란 무엇인지 알아보도록 하겠습니다. 4차 산업혁명은 아직 도래하지 않은 산업혁명입니다. 4차 산업혁명이 도래하기도 전에 세계적 경제 포럼인 다보스 포럼에서 2016년 1월에 미리 발표한 산업혁명이 4차 산업혁명입니다. 기존 1, 2, 3차 산업혁명은 그 기술이 산업 전반에 걸쳐 어떠한 영향을 끼치리라는 것을 미리 선언하지 않았습니다. 시간이 지난 후, 그 산업혁명의 결과로 산업 전반에 걸친 변혁이 일어난 것을 확인한 후에야 비로소 경제학자들이 앞다투어 선언한 것이 기존의 산업혁명입니다.

하지만 왜 4차 산업혁명은 먼저 선언됐을까요?

그걸 알아보기 전에 먼저, 기존 산업혁명은 무엇이며 우리에게 어떠한 영향을 주었는지 확인해보도록 하겠습니다.

(2) 다시 보는 산업혁명

여러분이 이미 아시는 것과 같이 산업혁명은 1차, 2차, 3차까지 선언이 되었습니다.

1차 산업혁명은 증기기관이 발명된 후에 시작되었습니다. 증기기관의 발명은, 기계의 힘을 통해 농축산업에 매달리던 인류를 육체노동에서 해방시켰습니다. 이로 인해, 인류는 먹기 위한 싸움에서 벗어날 수 있게 되었습니다.

2차 산업혁명에서는 석탄을 사용했던 증기기관에 석유와 전기라는 강력한 에너지원을 사용함으로써, 더욱 다양한 산업적 발전을 가져다주게 됩니다. 그 석유는 강력한 에너지원으로써의 역할뿐 아니라 화학 분야의 발전을 가져와 현대사회를 더욱더 풍요롭게 만들었습니다. 이렇게 시작한 2차 산업혁명은 기존의 기술을 바탕으로 한 기술자들의 영역을 침범하기 시작하여, 공산품의 대량생산 시대를 열었고 공장이 중심이 된 공업 분야 혁명을 일으키게 됩니다. 농산품과 공산품의 대량생산은 생산물의 유통을 활성화했고, 비로소 인류는 먹고 입는 것으로부터 자유를 얻게 되었습니다. 공업 분야의 발전은 이를 뒷받침할 관리, 서비스, 금융시장의 확대를 가져다주었습니다. 이렇듯 다른 시장의 확대는 새로운 일자리를 창출하게 되었고, 1, 2차 산업혁명의 산출물을 누리며 풍요로운 사회를 만들게 됩니다. 풍요롭던 2차 산업혁명을 뒤로한 채 다시 한 번 산업에 혁명이 일어나게 됩니다. 그것은 개인용 컴퓨터의 등장으로부터 시작되었습니다. 개인용 컴퓨터의 등장은 기존의 유통 및 서비스 측면에서 커다란 변혁을 가져오게 되었습니다. 컴퓨터는 서류 뭉치와의 싸움에서 인류를 구원해주었고 네트워크의 등장은 작업 공간의 제약으로부터 인류를 구원해주었습니다.

이것이 3차 산업혁명입니다. 즉, 컴퓨터와 네트워크의 등장은 전 세계의 지역적인 편차를 감소시켜주었고 전 세계가 하나 되는 데 중추적인 역할을 하게 되었으며 컴퓨터는 이 역할을 아주 잘 수행해주었습니다. 이때쯤 전 세계에서 세계화 경영이라는 것이 화두가 되었죠. '세계는 넓고 할 일은 많다'가 세계화 경영의 대표주자인 대우그룹의 모토였습니다. 안타깝게도 지금은 산업의 뒤안길로 사라졌지만, 이 당시를 호령하던 대우그룹의 모토만 봐도 당시 '세계가 하나가 됨'은 시대정신이었습니다. 이는 개인용 컴퓨터와 네트워크가 만들어낸 3차 산업혁명 시기의 시대정신이었습니다.

자, 그럼 각 산업혁명이 인류에게 어떠한 의미를 전해주었는지를 짚어보도록 하겠습니다.

인류는 1차 산업혁명을 거치면서 배고픔에서 벗어날 수 있었습니다. 즉, 인류 역사 7천 년의 중심이었던 농축산업으로부터 벗어날 수 있게 해주었습니다. 1차 산업혁명을 통해 인류는 배를 곯지 않아도 되는 삶을 살게 되었습니다. 2차 산업혁명을 거치면서 인류는 생활에서의 풍요로움을 만끽할 수 있게 되었습니다. 즉, 먹는 것 이외의 삶이 더욱더 풍부해졌다는 것입니다. 이는 인류가 2차 산업혁명을 통해서 삶의 기본 바탕인 의식주 문제를 해결할 변혁이 이루어지게 되었다는 것입니다. 또한, 인류는 3차 산업혁명을 거치면서 지역 및 공간에 대한 제약으로부터 자유를 얻게 되었습니다. 사람들은 경제활동의 지역적 제한으로부터 조금 더 자유로워질 수 있었고 경제활동을 위해 삶 자체를 모두 바꿔야 했던 불편함으로부터 자유로워질 수 있게 되었습니다. 즉, 3차 산업혁명은 우리가 어디에 살든, 어디 출신이든 관계없이, 지역적 관계가 없어지도록 주택의 문제를 해결해주었습니다. 현대사회의 인류는 거의 모든 나라를 자유롭게 돌아다니며 경제활동을 할 수 있게 된 것이 3차 산업혁명의 결과라 볼 수 있습니다.

이렇게 우리 인류는 1차, 2차, 3차 산업혁명을 통해 의식주의 부담에서 벗어날 수 있게 되었습니다. 그 의식주의 변화가 오기까지 1차 산업혁명은 대략 200년의 시간이 필요했고, 2차는 약 100년, 3차는 약 50년의 시간이 필요했습니다. 그리고 지금 우리는 제4차 산업혁명이라는 말을 하고 있습니다. 그 변혁의 시간은 50년보다 더 짧아질 수 있을 것이라 보입니다.

(3) 왜 먼저 선언했나

자, 그럼 제4차 산업혁명은 무엇을 하기 위한 변화일까요? 우리 인류는 어떠한 현상을 보고 제4차 산업혁명을 말하게 되었을까요? 4차 산업혁명은 특정한 산업적 변화 현상이 나타나기 이전에 먼저 선언되었습니다.

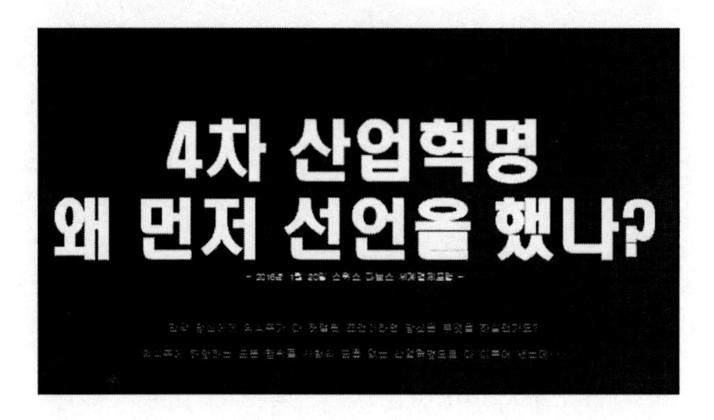

2016년 1월 20일, 다보스라는 세계 경제 포럼을 통해 선언되었습니다. 왜 먼저 선언하였을까요? 왜 세계 경제학자들은 일어나지도 않은 혁명을 먼저 선언했을까요?

"질문드리겠습니다. 만약 누군가가 당신의 의식주를 해결해줄 테니 무엇을 할 것인가를 생각해보라면, 어떤 걸 하시겠습니까?"

"정말요? 누가 날 먹여살려준다면 무엇을 할까요? 음… 당연히 열심히 놀아야지요. 어떻게 하면 재미있게 놀 것인지 한번 생각해봐야겠네요."

우리는 지난 1차, 2차, 3차 산업혁명을 통해 물질적 풍요를 만들어냈습니다. 인류는 지난 세 차례의 산업혁명을 거치면서 육체적, 정신적 노동에서 벗어났습니다. 하지만 사람은 그래도 할 일이 있었습니다. 전체 작업을 관리하고, 또 그 생산된 물건을 유통하고, 또는 가공하는 경제활동을 해왔습니다. 사람은 여전히 금융, 유통, 소프트웨어 등등 많은 부분에서 할 일이 많았습니다. 우리나라에서 소프트웨어 학과가 출현한 것도 3차 산업혁명의 역군이 되어 그 역할을 충분히 수행할 수 있기 때문입니다. 그런데 왜 4차 산업혁명은 현재 도래하지도 않은 산업혁명을 먼저 선언하게 되었을까요?

클라우스 슈밥을 비롯해 세계 공공 및 민간 부문의 지도자들은 유비쿼터스(Ubiquitous), 모바일 슈퍼컴퓨팅(Mobile Supercomputing), 인공지능과 로봇(Artificially-intelligent, Robot), 자율주행 자동차, 유전공학(Genetic Editing), 신경기술, 뇌과학 등 다양한 학문과 전문 영역이 서로 경계 없이 영향을 주고받으며 '파괴적(기존의 시스템을 붕괴시키고 새로운 시스템을 만들어 낼 정도의 위력) 혁신'을 일으켜 새로운 기술과 플랫폼을 창출함으로써 좁게는 개인의 일상생활부터 넓게는 세계 전반에 걸쳐 대변혁을 일으킬 것이라고 말한다.

위와 같이 다보스 포럼에서 발표한 제 4차 산업혁명의 내용을 보면서 우리는 4차 산업혁명이 먼저 선포된 이유를 미루어 짐작할 수 있습니다. 클라우스 슈밥을 비롯한 세계 경제지도자들은 '파괴적 혁신'을 제4차 산업혁명의 핵심 키워드로 선택했습니다. 그 파괴적 혁신은 세계 전반에 걸쳐 대변혁을 일으킬 것이고 인류의 생활에 커다란 변화를 가져올 것으로 여겼습니다.

과연 어떤 것이 파괴적 혁명을 가져올까요? 파괴적 혁명이란 무엇일까요? 우리는 기억하고 있습니다.

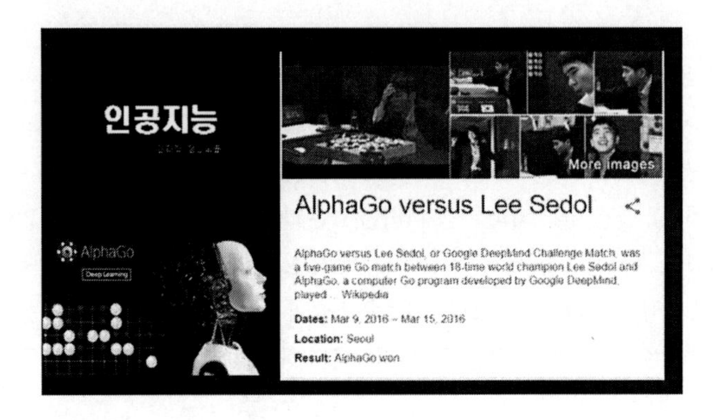

인공지능 알파고. '난 생각한다. 고로 존재한다'라는 데카르트의 말처럼, '생각'을 한다는 것은 인류의 가장 강력한 존재 이유입니다. 알파고는 그 존재 이유를 따라잡을 인공지능이라고 일컬어지고 있습니다. 그 혁명적인 인공지능 알파고는 이세돌 9단을 격파함으로써 세상에 이름을 알리기 시작했습니다. 알파고의 등장은 전 세계가 뒤흔들릴 정도의 충격을 가져다주었습니다.

1차, 2차, 3차 산업혁명은 인류에게 물질적 풍요를 가져다주었습니다. 기존의 산업혁명은 인류를 풍요롭게 해주었지만 인류에게는 아직도 할 일이 있었습니다. 3차 산업혁명 후에도 사람들은 관리적 정신노동, 창조적 정신노동, 대인적 정신노동 등등 그래도 할 일이 많이 있었습니다. 이 중에서 관리적 정신노동이 사람의 가장 대표적인 경제활동입니다. 소프트웨어를 개발하는 일, 사람과 사람의 문제를 해결하는 일, 부동산등기를 대신 해주는 일 등등, 모든 과정에서 사람의 손길이 필요했습니다.

(잠시 생각해보세요)

(4) 인공지능이란?

사라질 직업

지식 기반 직업 (↔ 인공지능)
물리적 생산 직업 (↔ 인공지능 로봇)
물리적 유통 기반 직업 (↔ 3D프린터, 온라인 마켓)
물리적 운송 기반 직업 (↔ 자율주행 차, 드론…)

알파고가 등장하기 전, 세계 경제지도자들은 알파고의 발전 과정을 전해 들을 수 있었고 알파고의 능력을 믿어 의심치 않게 됩니다. 딥러닝에 의한 자율학습을 거친 인공지능의 능력은 지도자들 사이에서는 이미 알려진 상태고 그 능력을 확인한 경제지도자들은 경제적인 희열과 인류적인 두려움에 휩싸이게 됩니다. 인공지능이 모든 사람의 '지능적 관리능력'을 대체할 수 있음을 확인한 것입니다. 법전을 달달 외워 사람들에게 법률 서비스를 제공하는 법률가. 그 법률 전문가들의 능력을 인공지능이 대체할 수 있고, 수학자들이 평생을 걸쳐 익힌 복잡한 산술 계산을 알파고는 더욱더 창조적으로 접근해서 수초 안에 계산할 수 있습니다. 드디어 사람에 의지하지 않아도 사람의 정신노동을 24시간, 또 평생 쉬지 않고 일하면서 군소리 하나 없이 일할 수 있는 정신노동의 대체재를 찾아냈던 것입니다. 이를 지켜본 많은 학자와 경제전문가는 희열을 느꼈을 것입니다. 하지만 한편으로는 두려움에 빠져들게 됩니다. 두려움에 빠진 이유는 무엇일까요?

(잠시 생각해보세요)

경제적 측면에서 재화의 생산은, 소비가 있을 때만 그 가치를 가지게 됩니다. 생산된 재화를 누군가는 소비해야 그 물건의 가치가 높아진다는 것입니다. 소비자가 있어야 '희소성'이 생기고, 그 물건의 '희소성'이 곧 재화의 가치가 되는 것이기 때문입니다. 하지만 그 경제적 소비를 할 인류가 경제적 활동을 할 수 없게 된다면 어떻게 될까요?

(잠시 생각해보세요)

이미 인공지능은 개발이 되었고, 이를 확인한 경제지도자들은 무서웠을 겁니다. 인류는 제4차 산업혁명을 통해 겪게 될 인류의 무능력함을 확인한 것입니다.

다른 동물과는 달리 인류가 최고의 포식자로 발전한 것은 창조적인 두뇌활동의 영향이 가장 컸는데, 그 역할마저 사람보다 기계가 더 잘할 수 있다는 것을 확인한 것이니까요. 인간은 공장에서 생산된 재화를 소비하기 위하여 돈이 필요하고, 그 필요한 돈을 버는 경제활동을 해야 하는데, 이러한 경제활동마저 인공지능이 다 해주니 인간이 할 수 있는 것이 점차 사라진다는 것입니다. 기존의 3차 산업혁명을 거치면서, 인류의 최다 경제활동은 관리적 정신노동이었으니까요. 관리적 정신노동에는 공장장, 마케터, 회계사, 법률가, 기타 등등 인류가 두뇌를 사용해 관리하는 모든 직업이 포함되어 있습니다. 하지만, 사람만이 해낼 수 있다고 믿었던 이러한 것을, 스스로 학습하고 유추해낼 수 있는 알파고의 등장으로 사람이 아닌 인공지능이 대체할 수 있게 된 것입니다.

4차 산업혁명 후 여러 부분이 바뀌게 될 것입니다. 현존하는 직업 중에서도 많은 직업이 없어지게 될 것입니다. 인공지능의 등장은 지식을 바탕으로 했던 기존의 직업을 대체할 것으로 보입니다. 변호사, 세무사,

회계사, 은행원 등등 화이트칼라 직업들이 인공지능으로 대체될 것으로 보입니다. 생산 현장에선 생산 관리를 해주던 관리 직업들 역시 인공지능 로봇으로 대체될 것입니다. 생산된 제품들의 유통 역시 인공지능을 탑재한 온라인 마켓, 3D프린터 등으로 대체될 것입니다.

하지만, 4차 산업혁명이 진행되면서 새롭게 나타나는 직업군도 있습니다.

생겨날 직업

인간 행동 분석가
지식 창조 기반(인문철학, 경제학…)
개인 지향적 설계 사업
레저형 보부상, 농업인, 어업인
인공지능 교육 전문가
인공지능 행동 분석가, 교정 전문가

지식을 바탕으로 수행할 수 있었던 직업을 인공지능에 빼앗긴 인류는 어떠한 직업들을 가지게 될까요? 아마도 인공지능에게 준비되지 않았고, 인공지능이 준비할 수 없는 일들이 주요 직업군이 될 것으로 보입니다. 인공지능도 결국 사람을 위해서 탄생한 산물이기에 사람의 본성을 알아내기 위한 새로운 직업들이 탄생할 것으로 보입니다. 여기서 주목해야 할 첫 번째 사항은, 인간의 행동 원인을 파악하는 일이 산업혁명을 준비하는 인류가 가장 먼저 해야 할 일이라는 것입니다. 그리고 지식만으로는 알 수 없는, 철학적인 사상을 기반으로 한 산업들이 늘어날 것으로 보입니다. 또한, 산업혁명은 대량생산을 기반으로 일어나는 것이므로 산업혁명의 사각지대인 개인 지향적인 산업들도 대두될 것으로 보입니다. 여기서 주의 깊게 주목해야 할 것은 인공지능 교육 전문가입니다. 그리고 인공지능 교정 전문가입니다. 초기 인공지능은 각각의 분야별로 교육을 받게 될 것인데, 자율학습을 바탕으로 하는 인공지능도 그 분야에서 정제된 정보로 교육을 받아야 제대로 된 인공지능의 기능을 다할 수 있습니다. 그러므로 교육 및 행동 교정 전문가가 등장할 것으로 보입니다. 이러한 직업을 가지기 위해서는 지식의 습득이 아닌, 지혜로운 사고의 능력이 요구됩니다. 그래서 4차 산업혁명 후 사람들이 가져야 할 중요 키워드는 '사유'라고 말할 수 있습니다.

(5) 4차 산업혁명의 키워드

'사유'란, 많은 것을 지식으로만 알고 있는 것이 아니라 생각하고 또 생각하여 더욱더 현명한 선택을 할 수 있도록 하는 지혜를 의미하며 그

지혜를 얻기 위한 방법론이 될 것입니다. 지혜를 가져다줄 사유, 그 사유를 하기 위한 기본적 자세가 무엇인지 한번은 생각해보아야 합니다.

자, 사유를 하기 위해서는 어떠한 마음가짐이 필요할까요. 최근 제 마음 깊은 곳에 사유의 느낌을 가져다준 맹자의 말씀입니다.

진신서불여무서(盡信書不如無書). '전적으로 책의 내용만 믿는다면 이는 책이 없느니만 못하다'라는 말입니다. 즉, 누군가의 말을 곧이곧대로 믿어버린다면, 이는 공부하지 않은 것만 못하다는 뜻입니다.

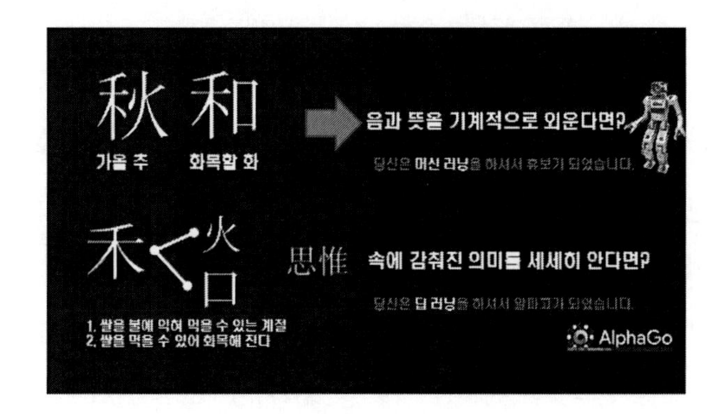

글 속에 숨겨진 내용을 알아야 한다는 의미로, 글에 적힌 내용, 즉 문자로서의 지식이 아니라 그 글 속에 내포된 본뜻을 알아야 한다는 것입니다. 이것은 사유하고 또 사유해야 알 수 있는 것입니다. 사유를 통해 세상을 통찰하는 것이 4차 산업혁명 시기의 인간이 가져야 할 자세라 할 수 있습니다. 이러한 사유의 중요성은 4차 산업혁명을 준비하는 전 세계 다양한 지식인 사이에서도 나타나고 있습니다.

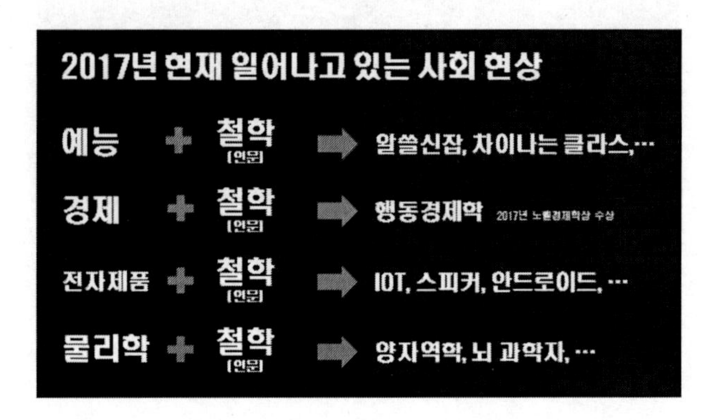

간단하게 TV 속 예능에서만 보아도, 예능과 사유가 합쳐진 프로그램들이 등장하고 있습니다. 알쓸신잡, 차이나는 클라스 등등 철학과 예능이 결합한 예능 프로그램들을 볼 수 있습니다.

경제적인 분야에서도 나타납니다. 기존 경제학만으로는 해결되지 않는 경제 현상을 증명하기 위해 심리학과 경제학이 결합한 '행동경제학'이 2017년 노벨경제학상을 받기도 하였습니다. 행동경제학은 최초로 심리학자가 받은 경제 분야 노벨상입니다.

전자제품에서도 스마트 홈, IOT, 인공지능 스피커 등 인문을 바탕으로 하여 철학과 결합한 제품을 내놓고 있습니다. 정통 물리학에서도 동양철학과 결합하기를 시도하고 있습니다. 양자역학을 깊게 들여다보면 많은 부분에서 동양철학과 사상이 같아지고 있음을 확인할 수 있습니다.

이렇듯 많은 분야에서 철학적 사유를 바탕으로 한 변화들이 일어나고 있습니다. 이러한 현상을 보고 어떤 사람들은 융합이라는 단어를 떠올리며 4차 산업혁명은 '융합의 시대'라고 말하기도 합니다. 이로 인해 서로 연결 관계가 없는 제품들을 서로 섞어 4차 산업 제품이라 내놓기도 합니다. 이는 혹시 달이 아닌 손가락을 보는 것은 아닌지 생각해볼 필요가 있어 보입니다.

과연 4차 산업혁명이란 무엇일까요. 우리도 4차 산업혁명이 무엇인지 깊게 사유해야 할 것입니다.

…

㉮ 앗! 아빠. 이 내용이 아빠가 강의한 내용이에요?

㉯ ^o^ 움하하. 그렇단다. 아빠가 이 정도의 강의는 한단다.

㉮ ^o^ 푸하하! 아빠! 이 정도는 누구나 알고 있는 거 아니에요?

㉯ ─.─;; 그런가? 아무튼, 아들!

아들은 어떡하면 재미있게 놀 수 있는지 한번 생각해보렴.

생산적으로 노는 방법을 아는 것이 4차 산업혁명 시기에 대비하는 방법이지 않을까? 요새 뜨고 있는 유튜브 크리에이터, 그리고 세계적으로 한류 열풍을 일으키고 있는 BTS(방탄소년단), 그리고 한국의 아이돌, K-Pop, K-Drama 등등의 콘텐츠를 보면 모두 어떻게 하면 유익하고 즐겁게 할 것인가에 초점이 맞춰져 있지 않니?

㉮ 하하하. 그러네요. 한류의 바탕은 인류에 즐겁고 창의적인 놀이를

주는 것에 초점이 맞춰져 있는 것 같네요. 아빠! 그럼 저도 열심히 놀면 되는 건가요?

㉯ —.—;; 움! 그… 그… 래~!

(뭐지? 이 찝찝함은?)

머신러닝

㉯ 아들! 영국에서 증기기관이 발명되면서 공업혁명이 일어났다는 건 알지?

㉰ 네~. 아빠가 4차 산업혁명을 설명하시면서 말씀하셨잖아요. 열역학을 통해 증기기관이 발명되고, 전자기학을 통해 대량의 전기 발전이 가능해지면서 공업혁명이 일어났다고요.

㉯ 그래~. 공업혁명의 대표적인 유산은 '컨베이어 벨트'란다.

㉰ 컨베이어 벨트요?

㉯ 그래~.

㉯ 이 사진은 찰리 채플린의 영화 '모던타임즈'란다. 모던(현대), 타임즈(시간들). 공업혁명이 진행되면서, 사람들은 컨베이어 벨트 앞에서 사진과 같이 줄줄이 서서 작업을 했단다. 이 당시 사람들은 마치 기계처럼 반복되는 작업을 했으며, 반복되는 작업이 거듭될수록 점차 '자존감(自存感: 자신의 존재감)'을 상실했단다. 공장의 부품처럼 변해가는 자신을 발견하였지. 이를 안타깝게 생각한 찰리 채플린이 '모던타임즈'를 통해 상실되어가는 '인간애'를 재미있게 그린 영화란다.

㉰ 아~. 저렇게 재미없게 일을 했어요?

㉯ 그래. 그 당시 사람들은 저렇게 재미없게 일을 했단다. 사람들이 저렇게 옆으로 쭉 늘어서서, 너트를 조이는 사람은 너트만 조이고, 망치질하는 사람은 온종일 망치질만 했단다. 이렇게 생산하면 한 사람이 제품 하나를 만드는 전통적인 방법보다 몇백 배를 더 생산할 수 있었단다. 하지만 노동자들은 자신이 기계인지 사람인지 구별이 안 될 정도로 인간으로서의 자존감이 서지 않았었단다. 그 당시 사람들은 생산성을 위해 옆에 있는 사람하고 말도 하지 못하게

했단다.

㊀ 아~. 정말 슬펐겠어요. 초등학교 때, 학교에서 선생님이 단어 100번씩 써오라고 하는 숙제가 제일 싫었는데… 100번씩 집에서 하려면 정말 지겨웠어요.

㊁ 그래~. 컨베이어 벨트에서 일하는 것은 정말로 지겹고도 힘든 일이었단다. 저 컨베이어 벨트는 '단순화된 작업'을 줄줄이 서서, 마치 기계처럼 일하는 자리였단다. 그리고 일반적으로 사람은 제품을 완성했을 때 커다란 성취감을 느낄 수가 있는데, 그러한 성취감이 없는 단순 기계 취급을 받았단다. 또한, 사람은 일하면서 중간중간 휴식을 취해야 하는데, 그 쉬는 시간도 보장받지 못했단다. 컨베이어가 움직이면 사람이 컨베이어에 맞춰 일해야 했단다.

㊀ 그럼요~. 학교에서 공부해도, 50분 수업에 10분씩은 쉬어줘야 수업에 집중할 수 있으니까요.

㊁ 그렇지? 중간에 쉬지 않으면 집중력도 떨어져서 불량품도 많이 나왔단다.

㊀ 당연하지요. 사람은 기계가 아닌데, 온종일 쉬지 않고 집중해서 일할 수는 없잖아요. 밤에는 잠도 자야 하고요.

㊁ 그래~. 그래서 경영자들은 '정기적으로 쉬어가며 일을 하는 사람은 비효율적이다'라고 생각했지. 그래서 사람이 컨베이어 벨트에서 일하는 것보다 기계가 일하는 공장을 꿈꿔왔지. 기계는 사람처럼 쉴 필요도 없고, 피로함으로 인한 불량품도 발생하지 않을 것으로 생각했으니 말이다.

㊀ 그렇겠네요! 로봇 같은 기계가 일하면, 전기가 공급되는 한 사람처럼 피곤함도 느끼지 않고 하루 24시간을 반복해서 똑같은 일을 할

수 있으니, 더 효율적이라고 생각했겠네요.

㉯ 그래~. 그래서 많은 회사는 1980년대부터 공장을 기계로 자동화하는 작업을 했었단다. 사람들이 서 있던 자리에 다음 사진과 같이 기계가 사람의 자리를 대신해 생산을 담당하게 되었지.

㉳ 와~. 정말로 사람 팔처럼 생긴 기계가 컨베이어 벨트에서 일하고 있네요~.

㉯ 그렇지! 이렇게 생긴 기계를 로봇팔이라고 불렀단다. 이 로봇팔은 컨베이어가 흘러가는 컨베이어 라인에서 사람이 하던 일을 대신에 하게 되었지. 이렇게 생산하는 공장은 50분마다 10분씩 쉬던 사람과는 다르게 쉬지도 않고 일을 할 수 있어서 사람이 생산하는 것보다 더 많은 제품을 생산할 수 있었단다.

㉳ 와~. 그럼 제품을 더 많이 생산할 수 있게 되니, 제품은 더욱더 싸지게 됐겠네요?

㉯ 그렇지! 쉬지 않고 일을 하니 생산을 더 많이 할 수 있었고, 그렇게

많이 생산된 제품은 시장에서 가격 경쟁력을 가질 수 있었단다. 그리고 사람들은 힘들다거나 월급이 적다는 생각이 들면 파업을 통해 공장을 멈추게 하는 일들도 많았지. 하지만 로봇팔이 생산을 하게 되면서, 로봇들은 데모도 하지 않고 월급 올려달란 말도 하지 않으니, 사업하는 사람은 로봇팔을 선호하게 되었단다. 많은 회사가 공장자동화라 해서 생산 라인을 로봇팔로 대체했단다.

㉧ 그럼. 사람들은 할 일이 없어졌겠네요?

㉡ 하하하~. 공장의 컨베이어 벨트에서 일하던 사람은 자신을 대체해 들어온 로봇팔에 의해 직업을 잃었으니 싫어하기도 했단다. 하지만 사람들은 로봇을 관리하고 생산 과정을 관리하는 사람이 필요했고, 생산을 하던 사람들을 생산 관리란 직업으로 대체하여 바꾸기도 하였단다. 그리고 공장자동화를 통해 생산성이 높아진 제품은 그 생산량의 증가를 가져왔고, 이렇게 제품이 많아지자 제품을 파는 유통업을 하는 유통업자, 무역업자, 그리고 그 제품의 판매를 관리하는 마케팅 영업 담당자들이 생겼단다. 그리고 또 판매량이 많아지자 기업 재무제표도 복잡해지면서 회계사, 재무사 등등 많은 직업이 생겨났단다.

㉧ 아~. 공장자동화, 즉 로봇팔이 정말로 많은 직업을 만들어냈네요?

㉡ 그래! 이렇게 세상에 더 많은 직업을 만들어낸 로봇이라는 기계는 정말로 유익한 존재였단다.

㉧ 아빠! 근데~. 기계와 로봇은 무엇이 다른가요?

㉡ 오호~. 이 질문이 나올 거라 예상했단다. 아들은 무엇이 다르다고 생각하니?

㉧ 음… 팔이 달린 것은 로봇, 팔이 없는 것은 기계?

㉯ 아~ 니~! 아니란다. 만약 팔이 달린 것이 로봇이라면, 포크레인은 로봇으로 분리가 될 것이란다. 포크레인은 로봇이라고 하지 않고 기계라고 하지.

그럼 로봇과 기계는 무엇으로 분류를 할까?

㉵ 으~ 음~. 알! 았! 다!

사람과 같은 조종사가 직접 움직이는 건 기계! 그렇지 않고 자기 스스로 판단해서 움직이면 로봇!

㉯ 오~. 울 아들 잘 찍었어! 맞았어. 기계가 스스로 판단해서 움직이면 로봇, 스스로 움직이지 못하고 사람이나 어떠한 조종으로 인해 움직이면 기계로 분리가 된단다.

㉵ 기계가 스스로 움직여요? 스스로 판단을 하고 움직인다는 건가요?

㉯ 하하~. 그렇지. 스스로 판단하고 그에 맞는 행동을 하면 그것은 로봇이란다. 그러기 위해서~ 스스로 판단하기 위해 '센서'라는 로봇의 감각기관이 필요하단다.

㉵ 센서요? 집에도 '센서등'이라고 현관문 앞에 붙어 있는 그거요?

㉯ 그래! 그 센서등! 문 앞 센서등에는 동그랗게 생긴 센서가 있는데,

그 센서를 통해 사람이 오는지를 감지하고 사람이 왔을 때는 전등을 켠단다.

(아) 아~. 그럼 센서등도 사람이 있는지 없는지 스스로 판단하니, 센서등도 로봇인가요?

(나) 하하하~. 그럴 수도 있겠구나! 하지만, 센서등은 기계가 아니지 않니? 센서등은 전자제품으로 분류되니, 센서등이 로봇은 아니란다. 로봇은 움직임을 담당하는 기계와 같이 붙어 있어야 로봇이라고 할 수 있지. 하지만, 센서등의 센서는 무엇을 판단할 수 있도록 하는 로봇의 한 감각기관이 될 수가 있겠지.

(아) 아~. 로봇은 기계적인 부분이 있어서 어떤 동작을 해야 하는구나.

(나) 하하하, 그래. 센서등은 로봇을 이루는 두뇌가 될 수는 있단다. 즉, 센서를 통해 현재 상태를 입력받아 불을 켤지 말지를 판단하고, 불을 밝히는 출력행위(빛을 내보내는)를 한단다. 즉, 센서등은 인공지능을 가지고 있다고 할 수 있지. 이렇게, 어떤 '입력'을 통해 '판단'을 하고 그에 맞는 '출력'을 내보내는 행위를 한다면 우리는 그것을 '스마트 기기'라고 부른단다.

(아) 아~. 로봇은 스마트 기기를 통해서 입출력하면서 기계적인 움직임, 조립을 한다거나 어디로 움직인다거나 하는 판단을 하면 그것을 로봇이라고 한다는 말씀이네요

(나) 그렇지! 그러한 '입력', '판단', '출력', '움직임'이 일어나는 것이 로봇이지.

(아) 아빠! 로봇에 대해서는 알겠어요! 그런데 로봇을 '안드로이드'라고 부르던데, 앞에서 봤던 생산용 로봇팔도 안드로이드인가요?

(나) 하하하. 안드로이드를 아는구나? 요새는 안드로이드 핸드폰 때문

에 안드로이드를 핸드폰으로 아는 사람들이 많은데, 우리 아들은 안드로이드가 로봇이라는 것을 알고 있네!

㉮ 그럼요! 제가 쫌 하니까요!

㉯ 그래그래! 안드로이드는 '인간형 로봇'을 안드로이드라 한단다. 팔과 다리를 가지고 있고 얼굴을 가지고 있는 로봇이지. 즉, 사람 모양으로 만들어진 로봇을 안드로이드라 하지. 좀 더 정확하게 말하자면 인간형 로봇을 '휴머노이드' 로봇이라 하고, 그 휴머노이드 로봇에 피부와 머리카락 등을 추가해 완벽한 사람처럼 보이도록 꾸민 로봇을 안드로이드 로봇이라고 부른단다.

㉮ 아~. 우리나라의 '휴보'와 같이 사람 모양으로 만든 로봇을 휴머노이드라고 하는군요! 거기에 피부 등을 붙여 완전한 사람처럼 보이게 만든 로봇을 안드로이드라고 부르고요.

㉯ 그래그래. 아무튼, 로봇은 '스스로 판단해서 움직이는 기계'를 로봇이라 부른단다. 여기서 '판단'이 제일 중요하지. 그 판단을 하기 위해서는 기계를 교육해야 한단다.

㉮ 아~. 기계를 교육해야 한다고요? 기계를 어떻게 교육해요?

㉯ 어~. 로봇에는 기계적인 메커니즘이 있고, 그 메커니즘을 구현하기 위해 기계에 두뇌를 심어주었단다. 그 두뇌는 씨피유(CPU: Central Processing Unit)라는 중앙처리장치와 같은 컴퓨터 두뇌란다. 이 CPU는 로봇이 어떻게 행동을 할 것인지에 관한 정보를 처리해준단다.

㉮ 컴퓨터의 CPU와 같은 건가요?

㉯ 그렇지! 컴퓨터의 CPU라고 하는 전자칩과 같은 것이지.
컴퓨터가 로봇 두뇌의 역할을 하지.

㉮ 아~. 로봇은 CPU를 기계의 두뇌로 쓰는 것이군요.

㉯ 그래! 로봇이 어떻게 행동해야 할 것인지를 그 CPU에 교육한단다.

㉮ 아~. 그럼 기계를 교육한다는 것은 CPU에 교육한다는 것이네요?
그런데, 교육은 어떻게 해요? 학교에서 공부하듯 교육하나요?

㉯ 그랬다면 좋았을 텐데, 2010년 이전에는 그렇게 교육을 할 수 없었단다.

㉮ 그럼 어떻게 교육해요?

㉯ 음…. 아들이 기억할지 모르겠지만, 우리 아들 처음으로 젓가락질을 배울 때 어떻게 배웠는지 기억나니?

㉮ 음….
(기억이…)

㉯ 그래! 우리 아들이 지금은 젓가락질을 잘하지만, 아기 때는 젓가락 사용법을 잘 몰랐단다. 그래서 엄마, 아빠가 하나하나 가르쳐줬단다.

㉮ 기억이….

㉯ 울 아들! 어떻게 젓가락질을 배웠는지 한번 들어볼래?

㉮ 넵!

㉯ 그래 아들! 아들도 옛날 기억을 떠올려보렴.

첫 번째	아빠가 젓가락을 잘 정리해서 밥상에 놓는다.
두 번째	우리 아들 손가락을 잡는다.
세 번째	아들 손가락의 엄지와 검지만 남겨놓고 나머지 손가락을 접는다.
네 번째	밥상 위의 젓가락을 들어올린다.
다섯 번째	젓가락을 아들의 엄지와 검지 사이에 끼워넣는다.
여섯 번째	엄지와 검지를 아빠가 양손으로 잡는다.
일곱 번째	엄지와 검지를 벌린다.
여덟 번째	엄지와 검지와 같이 벌어진 젓가락의 끝을 음식으로 가져간다.
아홉 번째	엄지와 검지를 오므린다(음식이 젓가락 사이에 끼워진다).
열 번째	젓가락 끝에 잡힌 음식을 입으로 가져온다.
열한 번째	아들한테 '아~'라고 얘기를 한다.
열두 번째	아들이 '아~'하면서 입을 벌린다.
열세 번째	젓가락 끝의 음식을 입에 넣는다.
열네 번째	아들의 엄지와 검지를 벌린다(젓가락의 음식이 입으로 들어간다).
열다섯 번째	아들의 손을 다시 음식으로 가져간다.
열여섯 번째	아홉 번째부터 다시 반복한다.

㉯ 와~. 힘들다…. ㅠ..ㅠ

㉮ 아하…. 하… 하…. 아빠! 기… 억… 이… 났어요!

맞아요. 아빠가 제 손을 너무 꼭 잡아서 얼마나 아팠다고요.

ㅠ..ㅠ

㉯ 하하하…. 아들, 많이 아팠어? 아빠는 더 힘들었단다. 열다섯 단계나 되는 것을 하나하나 하면서 우리 아들한테 젓가락질을 가르쳤

단다.

㉮ 기억나요! 기억나! 그때 그 뒤로 제가 젓가락질 잘했죠?

㉯ 하하하. 아니지! 울 아들, 그 뒤로도 3달 이상을 젓가락질 연습을 했단다. 그래도 다른 아이들과 다르게 울 아들은 열심히 연습해서 금방 젓가락질을 했단다.

㉮ 그럼요! 제가 쫌 해요. 그런데… 기계에도 이렇게 교육을 하나요?

㉯ 그럼! 컴퓨터 교육하는 방법을 아들 젓가락 가르치는 방법처럼 적어볼까?

아들 젓가락질 교육		로봇 교육	
첫 번째	아빠가 젓가락을 잘 정리해서 밥상에 놓는다.	01	SET 젓가락
두 번째	우리 아들 손가락을 잡는다.	02	PICK 손가락
세 번째	아들 손가락의 엄지와 검지만 남겨놓고 나머지 손가락을 접는다.	03	BEND 나머지 손가락
네 번째	밥상 위의 젓가락을 들어올린다.	04	PICK 젓가락
다섯 번째	젓가락을 아들의 엄지와 검지 사이에 끼워넣는다.	05	PUSH 젓가락
여섯 번째	엄지와 검지를 아빠가 양손으로 잡는다.	06	PICK 손가락
일곱 번째	엄지와 검지를 벌린다.	07	WIDE 손가락
여덟 번째	엄지와 검지와 같이 벌어진 젓가락의 끝을 음식으로 가져간다.	08	GO 음식
아홉 번째	엄지와 검지를 오므린다(음식이 젓가락 사이에 끼워진다).	09	NAR 손가락
열 번째	젓가락 끝에 잡힌 음식을 입으로 가져온다.	10	GO 입
열한 번째	아들한테 '아~'라고 얘기를 한다.	11	SOUND 아~
열두 번째	아들이 '아~'하면서 입을 벌린다.	12	OPEN 입
열세 번째	젓가락 끝의 음식을 입에 넣는다.	13	PUSH 음식

열네 번째	아들의 엄지와 검지를 벌린다(젓가락의 음식이 입으로 들어간다).	14	WIDE 손가락
열다섯 번째	아들의 손을 다시 음식으로 가져간다.	15	GO 음식
열여섯 번째	아홉 번째부터 다시 반복한다.		REPEAT FROM 9

Ⓝ 아들! 이게 무슨 뜻인지 알겠니?

Ⓐ 아~. 젓가락질하는 방법을 영어로 썼네요?

Ⓝ 그래! 해야 하는 행동을 이렇게 하나하나 적어놓은 것을 '프로그래밍'이라고 한단다. 즉, 어떤 행동을 어떠한 순서로 하라고 프로그램한다는 뜻이지.

Ⓐ 아~. 프로그래밍이라는 게 이렇게 하나하나 다 적어나가는 거예요?

Ⓝ 그렇지! 화장실 갈 때를 적어본다면, '배가 아프다 → 화장실을 찾는다 → 화장실로 간다 → 화장실에서 노크한다 → 사람이 없는지 판단한다 → 없다면 들어간다 → 바지를 내린다 → 속옷을 내린다 → …'.

Ⓐ 아~. 디러~ 워~. 아빠! 그만~. 이제 알겠어요. 그 순서를 하나하나 적어나간다는 거잖아요.

Ⓝ 그렇지! 그 적어나가는 표현법을 프로그래밍 언어라고 한단다. 자바(Java), 씨□(C#), C언어(C++) 등등, 그 표현하는 언어를 가지고 기계에 교육하는 것이란다.

Ⓐ 아~. 컴퓨터 프로그래밍이라고 하는 게 이렇게 일일이 그 동작을 하나하나 적어줘야 하는 거구나. 그래서 그렇게 프로그래밍 공부를

힘들게 하는구나!

㉯ 그래! 프로그래밍이라는 것이 1980년대부터 아주 아주 많은 필요성을 가지고 있었단다. 그래서 컴퓨터공학과, 전산학과라고 하는 것들이 대학의 주요 학문으로 자리를 잡게 되었지.

㉸ 그럼! 컴퓨터공학과, 전산학과를 나온 사람들이 로봇을 만드는 데 아주 중요한 역할을 했겠네요.

㉯ 그럼 그럼! 이런 방법으로 기계를 교육해놓으면, 그 교육을 받은 로봇팔은 공장에서 프로그래밍이 된 행동대로 그대로 움직여서 제품을 생산할 수 있었단다.

㉸ 아빠! 그런데, 교육하는 게 너무나 어렵네요. 그냥 자기가 알아서 공부하는 방법은 없나요?

㉯ 그래! 어려웠지. 이렇게 기계에 학습을 시키는 방법을 기계학습(Machine Learning)이라고 한단다. 처리 방법을 모두 알고 있는 사람이 일일이 가르쳐주는 방법을 '합리주의적 머신러닝'이라고 한단다. 이미 모든 것을 알고 있는 사람이 '합리적 방법'을 통해 학습시키는 방법이 '합리주의적' 기계학습 방법이고, 누군가가 다 가르쳐주는 것이 아니고 기계 스스로 이렇게 해보고 저렇게도 해보고 하는 중에 가장 좋은 방법을 찾도록 공부시키는 방법이 '경험주의적 머신러닝' 방법이란다. 즉, 기계가 스스로 경험하면서 공부하는 방법이지.

㉸ 합리주의? 경험주의? 자기가 알아서 공부하는 방법도 있단 얘기네요?

㉯ 그렇지. 엄마, 아빠가 젓가락질을 가르쳐줄 때처럼, 젓가락질을 하는 방법을 아주 경험이 많은 사람이 그것을 하나하나 가르쳐주면서

기계에 학습을 시키면, 더 빨리 학습을 할 수 있어서 처음 기계학습을 연구할 때는 합리주의 기계학습법을 선택했단다.

㉮ 그런 예가 있어요?

㉯ 물론~ 있지! 아들! '자율주행 자동차'라고 들어봤니?

㉮ 네~. 요새 뜨고 있는, 스스로 운전해서 가는 자동차요.

㉯ 그래~. 그 자율주행 자동차를 처음 연구할 때 사용했던 머신러닝 방법이 합리주의 기계학습법이었단다. 즉, 자율주행 자동차를 개발하는 사람이 그 모든 과정을 다 정해주어야 한단다.

㉮ 아~. 연구하는 사람이 ① 액셀러레이터 ② 출발 ③ 사람 발견 ④ 핸들 왼쪽으로 돌림 ⑤ 왼쪽 차 발견 ⑥ 핸들 오른쪽으로 돌림 ⑦ 오른쪽 차 확인 ⑧ 브레이크… 이런 식으로 일일이 그 운전 과정을 나열해 프로그래밍하며 개발했다는 말씀인가요?

㉯ 그렇지! 이런 식으로 프로그래밍해 자율주행 자동차를 교육했다는 것이지. 그래서 많은 발전을 하긴 했단다. 하지만, 문제는 연구하는 사람이 그 많은 상황을 일일이 확인하고 프로그래밍하기가 어려웠다는 것이지.

㉮ 그렇겠죠! 비가 올 때면 차로도 잘 안 보이고, 다른 차의 움직임도 일일이 확인하는 것은 정말로 힘들었을 테니까 말이에요.

㉯ 그렇지! 너무나 많은 변수가 현실 세계에 존재하는데, 그것을 전부 알아서 처리하기에는 너무나 힘든 것이 합리주의적 기계학습이었단다. 공장자동화에서 쓰인 로봇팔도 나사 조이고 용접하는 비교적 단순한 작업에는 그 효용성이 좋지만, 제품을 확인하고 불량을 줄이는 부분은 로봇이 하기에 너무나 복잡해 여전히 사람이 그 일을 했단다. 공장 자재를 넣어주는 일, 그리고 로봇팔에 컴퓨터로 프로

그래밍하는 일, 제품의 품질을 확인하는 품질관리는 여전히 로봇이 하기 힘들었지.

㉮ 아~. 그런 거 같아요! 공장자동화가 되었다고 해도, 품질관리부는 여전히 사람들이 직접 눈으로, 손으로 확인해서 불량품을 골라냈으니까요.

㉯ 그렇지! 공장에서 생산은 로봇이 해도, 품질관리는 여전히 사람이 하고 있단다. 그리고 일반 회사에서 '경리업무'는 '회계 프로그램'이 해도, '회계업무'는 여전히 사람들이 했단다. 그래서 기계학습을 연구하던 사람들은 합리주의적 기계학습의 한계를 맞이하고 있었단다.

㉮ 아~. 그럼 기계학습은 실패한 것인가요?

㉯ 하하하. 그 당시에는 그랬지. 하지만 사람은 참 대단해~.
그것을 해결하는 방법을 '경험주의적 기계학습법'에서 발견하게 된단다.

㉮ 경험주의적 기계학습법이요?

㉯ 그래~. 기계에 일일이 다 가르쳐주는 것이 아니고, 특정한 몇몇 정의 요소들을 정해주고, 그 뒤부터는 인공지능이 스스로 경험하며 지식을 쌓는 교육 방법이란다.

㉮ 경험을 통해서 교육한다.? 특정한 몇몇 정의 요소를 정해준다? 마치 수학에서 '공리'라고 하는 기준적인 요소를 정해주는 것처럼 기계학습에도 그 공리만 정해주고, 기계 스스로 학습을 하게 한다는 말씀이신가요?

㉯ 그래! 아들, '딥러닝'이라고 들어봤니?

㉮ 하하하! 물론 들어봤지요! 알파고라고 하는 인공지능이 우리나라

대표 바둑선수인 이세돌을 이김으로써 세상 모든 사람이 다 알고 있는 그것. 그 알파고에 적용된 인공지능이 딥러닝이잖아요.

㉯ 그래~. 우리 아들 잘 알고 있구나! 딥러닝(Deep Learning)은 Deep(깊게), Learning(공부하다)의 의미로 깊이 공부하는 기계학습법을 딥러닝이라고 한단다. 즉, 하나의 현상을 그냥 외우는 것이 아니라 '그게 왜 그런가?'와 같이 그 의미를 통해서 공부하는 방법이지.

㉮ 맞아요! 아빠가 4차 산업혁명을 설명해주실 때, 예를 든 것처럼 가을 추(秋)란 글자를 그냥 외우는 것이 아니라 벼 화(禾)와 불 화(火)가 같이 붙어 있는 글자들도, 가을에는 벼를 불 위에 올려 밥을 해 먹을 수 있다는 뜻을 가진 가을 추(秋). 이런 식으로 그 하나하나 의미를 깊게 공부를 한다는 의미잖아요.

㉯ 그래! 컴퓨터에 '가을 추(秋)'라는 것만 가르쳐주는 것이 아니고, 가을에는 밥을 먹을 수 있다는 것까지 유추해낼 수 있도록 깊은 의미를 같이 가르쳐주는 방법이란다. 즉, 그 의미를 알 수 있는 '경험'을 많이 쌓도록 교육하는 방법, 경험적 기계학습방법 중 하나가 바로 딥러닝이란다.

딥러닝

㉮ 아빠~! 딥러닝은 기계에 어떻게 가르쳐주는 것인가요?

㉯ 수학에서 사용하는 것처럼 '공리'를 먼저 기계에 정해준단다.

㉮ 공리요?

㉯ 그래! 수학에서 사용하는 공리. 기계학습에서는 이것을 '데이터 모델링'이라 한단다. 즉, 딥러닝을 하기 위해서는 '데이터 모델'을 먼저 정의하는 것이 제일 중요한 일이고, 그 모델링에 맞는 '데이터 셋'을 정해서 그것을 통해서 학습시킨단다.

㉮ 예를 들어서 설명해주세요.

㉯ 음~. 예를 든다면? 사람 얼굴을 가르치는 방법으로 쉽게 설명해줄 수 있겠구나.

㉮ 설명해주세요.

㉯ 그럼, 사람이 어떻게 사람을 알아보는지를 먼저 생각해봐야 한단

다. 아들, 눈 감고 천천히 생각해봐. 사람을 인식할 때 어떠한 순서로 인식을 하는지.

㉧ 음~.

(눈을 감는다)

먼저 피부색이 노란지를 확인해요.

그리고 얼굴이 둥글게 생겼으니, 둥근 얼굴을 먼저 찾아봐요.

그리고, 거기에 눈이 있나를 확인하고, 그 눈이 2개인지를 확인하고… 아~ 악~! 눈이 없어요! 귀신이에요!

㉯ 헉! 아들! 이상한 상상하지 말고 천천히 더 설명해봐.

㉧ 음~. 눈, 코, 입이 있으면, 그다음에는 쌍꺼풀이 있나?

코의 높이는 어떤가를 확인해보고, 입이 얼마나 큰가를 확인하고, 또 얼굴에 점이 있나를 확인해보죠~.

㉯ 그래그래! 잘하고 있어! 그다음은?

㉧ 음, 전체적인 이미지가 우리 아빠랑 똑같이 생겼네요! 돼지 같은 얼굴에 안경도 쓰고, 입은 비율이 작은 편이고 딱 우리 아빠예요!

㉯ 하하하~. 울 아들이 아빠를 너무 사랑하나 보구나! 여자친구가 아니고, 아빠를 상상했다니 말이다.

㉧ ―.―;;; 돼지 같은 아빠라 그냥 생각해본 건데….

㉯ 우~ 쒸~.

㉧ 그런데… 이게 뭐가 어떻다는 거예요?

㉯ 하하하, 그래. 다시 딥러닝으로 돌아가서, 딥마인드라는 회사가 딥러닝을 기획하고 개발할 당시에 정한 방식이 '사람이 어떻게 기억하고 판단하나'를 기준으로 기획하고 개발을 했단다. 즉, 사람의 신경망이 어떻게 작용하는가를 바탕으로 해서 알파고를 만들었다는 것

이란다.

㉮ 사람의 신경망이요?

㉯ 그래~! 사람의 뇌에서 기억이나 판단을 할 때, 어떠한 절차를 거치는지를 기준으로 기획하고 설계했던 것이란다.

㉮ 어떤 식이 되는 거예요?

㉯ 아~ 그 방식은 다음 그림과 같지.

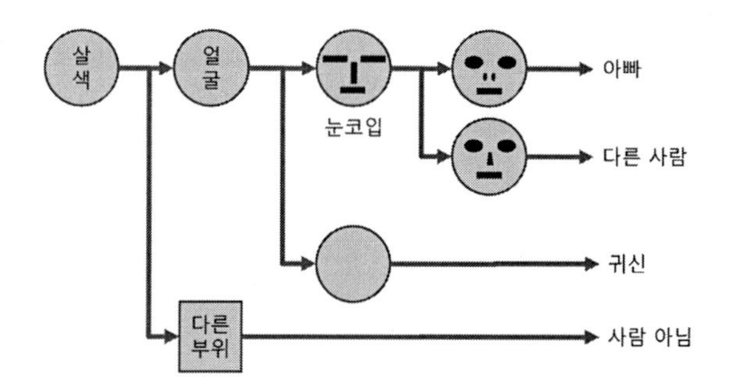

㉯ 사람은 먼저 피부색을 우선으로 놓고, 얼굴이 동그랗다면 얼굴 부위, 거기에 눈, 코, 입이 있으면 사람, 없으면 귀신, 눈, 코, 입이 있는데 코가 돼지코면 아빠! 이렇게 큰 것에서부터 안쪽으로, 점점 작은 쪽으로 해서 단계별로 확인해나가는 방법으로 기억하고 판단을 한다는 것을 알아냈단다.

㉮ 아~. 엄마, 아빠를 통째로 기억하는 것이 아니고, 살의 색깔부터 안쪽으로 되짚어가면서 확인한다는 것이지요?

㉯ 그렇지. 전체를 완벽하게 기억하는 것이 아니고 그 특징을 찾아서 기억한다는 말이지. 그래서 엄마랑 비슷한 사람을 만나면 아주 짧

은 시간 엄마로 착각해서 '엄마~'라고 부르는 경우가 있게 되지. 그렇지 않니?

㉮ 맞아요! 그래서 가까이 가보면 엄마가 아니라 뻘쭘할 때가 몇 번 있었어요!

㉯ 그래~. 이런 식으로 사람이 기억하고 판단하는 것을 알고, 그 신경망을 이용해서 만든 것이 딥마인드의 알파고라 하는 인공지능이었단다. 이렇게 체계적으로 기계학습을 시키는 방법을 딥러닝이라고 부른단다. 그래서 딥러닝을 표현하는 그림을 보면 아래 그림처럼 설명을 한단다.

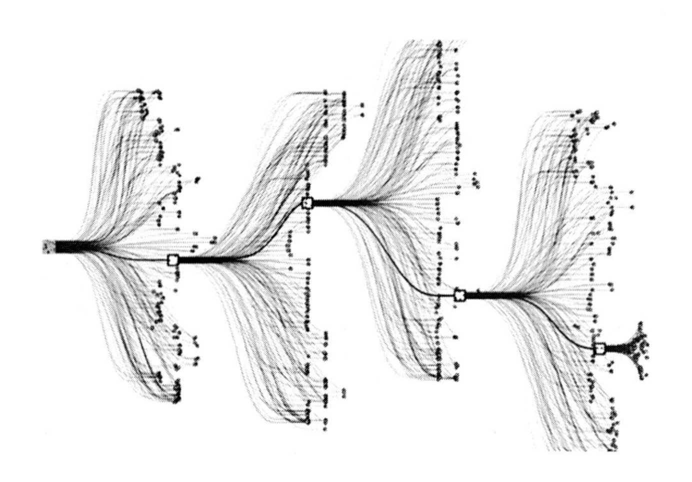

㉮ 아~. 아빠 얼굴 찾아가는 방법하고 같은 형태의 그림이네요.

㉯ 그렇지. 이런 인공신경망 회로와 같은 식으로 학습을 시키는 것이 딥러닝의 방법이란다. 아들, 아빠가 아까 '데이터 셋'이라 했지?

㉮ 네~. 딥러닝으로 학습을 시키기 위해서는 '데이터 셋'이라는 공리

를 잘 정의해줘야 한다고….

㊏ 그래 아들! 이처럼 인공신경망을 통해서 기억을 시키는 것은 기술적 방법이고, 이렇게 서로의 관계를 연관시키기 위해서는 대표되는 정보를 어떻게 설정하고 무엇으로 할 것인지가 무엇보다도 중요하단다. 어떤 정보를 인공신경망을 통해 기억시키고 판단할 것인지 잘 정의해야 하는데, 이렇게 정의된 기초 공리인 데이터 셋을 어떤 형태로 반복 학습시키느냐를 정의하는 것이 딥러닝의 시작이라고 할 수가 있단다.

㉵ 그렇겠네요. 내가 법률을 처리하는 머신러닝을 하고 싶은데, 회계에서 사용하는 '수입', '지출'을 가지고서 데이터 셋을 정의하면, 법률처리의 답이 '회계감사' 이렇게 나와버릴 수도 있겠네요.

㊏ 그래. 딥러닝은 데이터 셋을 기준으로 학습할 자료들을 많이 만들어야 한단다. 데이터 셋은 데이터에 대한 속성을 정의하는 세팅으로, 데이터 셋과 그 데이터의 수량이 많으면 많을수록 정확도는 더욱더 증가한단다.

㉵ 아빠! 딥러닝을 이용한 머신러닝에는 어떠한 종류가 있나요?

인공지능

Ⓛ 그래, 아들! 머신러닝은 딥마인드의 딥러닝 학습 방법을 통해 아주 빠르게 발전했단다. 딥러닝을 통해 가장 먼저 세상에 알려진 머신러닝의 종류로는 바둑을 잘 두는 인공지능 알파고였단다.

Ⓐ 인공지능요?

Ⓛ 그래! 인공지능. '사람 인(人)', '만들 공(工)', '알 지(知)', '능력 능(能)'을 한자로 사용하는 단어. 사람이 가공하여 만들어낸, 인공(人工)으로 만든 지능(知能)이란 뜻이지. 영어로는 인공(Artificial)의 지능(Intelligence)이라고 해서 AI라고 부른단다.

Ⓐ 아~. '에이아이(AI)'가 사람이 만든 지능이란 소리구나.

Ⓛ 그래! 사람이 만든 두뇌라고도 하지. 아들, 혹시~ 우리 두뇌는 무슨 일을 하는지 생각해본 적 있니?

Ⓐ 아니요! 뭐 생각하고, 판단하고, 계산하는 것이 두뇌가 하는 일 아

닌가요?

㉯ 그래! 그런 일도 하지, 하지만 두뇌는 더욱더 많은 일을 한단다. 보고♪ 듣고♬ 맛보고♪ 즐기고♬, 보고 듣고 맛보고 즐기고….

㉰ ㅡ.ㅡ;; 그거 광고잖아요. '인싸똘'. 썰렁해~ 요~.

㉯ 하하하. 하지만 두뇌는 보고 듣고 맛보고 즐기고 등등, 너무나 많은 일을 한단다.

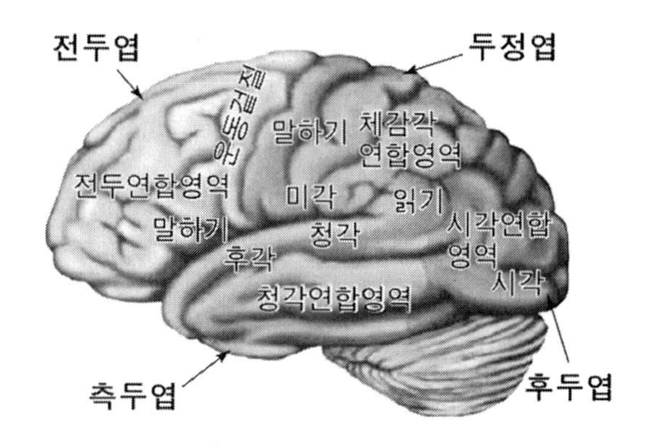

㉯ 두뇌는 청각, 시각, 후각, 미각과 같은 외부의 자극으로부터 정보 입력을 담당하는 영역도 있고, 말하기, 운동과 같이 신체 신호를 외부로 표출하는 역할을 담당하기도 한단다.

㉰ 아빠! 듣는 것은 귀가 하고, 보는 것은 눈이 하고, 냄새 맡는 것은 코가 하는 그거 아니에요?

㉯ 하하하. 보통 그렇게 생각한단다. 보는 것은 안구(眼球)를 통해서 영상 자료를 수집하고, 듣는 것은 귀를 통해서 소리 자료를 수집하고, 혀를 통해 미각 자료를 수집, 각자에게 맞는 전기 신호 체계로 바꿔 그 신호를 뇌로 전달하게 된단다. 즉, 눈과 귀, 입은 스스

로 판단하지는 않는단다. 판단하는 것은 뇌에 있는 각각의 영역에서 해당 데이터를 받아 간략화하는 과정을 거치고, 간략화된 정보를 비교하여 기억하고 판단하게 된단다.

㉮ 네? 눈, 귀, 입, 혀처럼 입력하는 부위는 스스로 판단을 하지 않는다고요?

㉯ 그래!

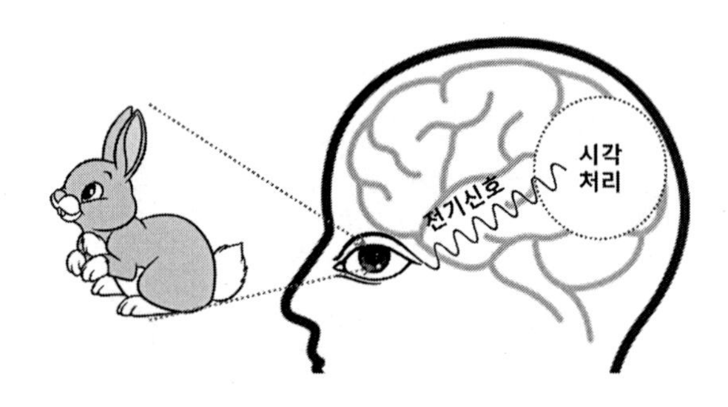

㉯ 시각을 예로 든다면, 우리가 사물을 보게 되면 그 사물의 빛은 눈 망막에 맺히게 되는데 그 빛을 전기 신호로 변환한 뒤 눈 신경을 통해 뇌로 전달한단다. 그럼 전기 신호를 받은 뇌는 시각 정보를 처리하여 판단하고 저장하는 일을 하게 된단다.

㉮ 아~. 눈의 신경세포를 통해 뇌로 정보가 전달된다는 거네요. 그럼 그 정보를 뇌가 전부 처리를 하나요?

㉯ 그렇지! 눈은 컴퓨터의 웹카메라, 귀는 마이크와 같은 외부입력 매체일 뿐이란다.

눈뿐 아니라 귀도, 혀도, 그리고 온몸에 있는 촉각 등 모든 감각세

포도 신경을 통해 뇌로 정보를 전달한단다.

㉸ 아~. 그럼 각각의 정보가 모여 처리되는 장소가 뇌에도 정해져 있다는 말씀이네요?

㉯ 그렇지.

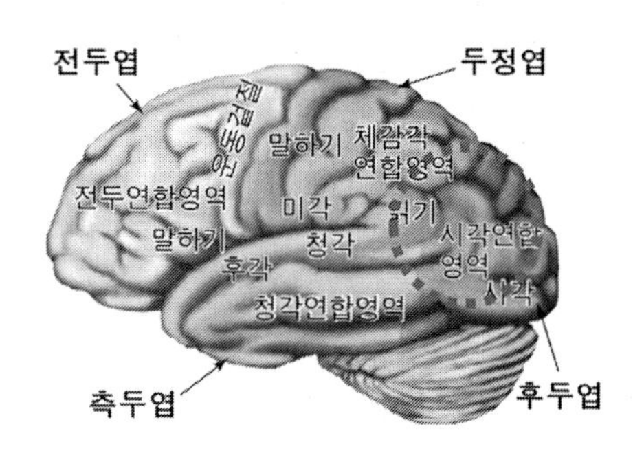

㉯ 앞에서도 설명했지만, 그 시각 정보는 후두엽에 있는 부분에서 처리하게 된단다. 그리고 청각 부분은 측두엽 부분에 있지. 이렇게 미각, 읽기, 말하기 등등 뇌에는 각각을 담당하는 부분이 존재한단다.

㉸ 정말 그렇네요. 그럼 현재의 인공지능은 사람의 신경계를 본떠서 만들어진다고 하니, 각각의 영역에 해당하는 인공지능이 존재한다는 말을 하고 싶으셔서 이런 설명을 하신 거군요.

㉯ 와~. 우리 아들 이제는 눈치도 짱인데! 그래, 맞아! 현재 진행되고 있는 인공지능은 각각의 영역을 담당하는 부분에 맞게 나뉘어 발전하고 있단다.

음성인식 인공지능

㉠ 아~. 알겠어요! 구글 스피커는 청각 부분을 담당하는 '음성인식 AI' 겠네요?

㉯ 그래! 외부로부터 소리를 듣고 그 소리를 인지하게 하는 인공지능은 '음성인식'이란 기술이고, 음성인식을 통해 '문자로 바꾸어주는 기능'이 주기능으로 발전을 하고 있단다.

㉠ 아~! 아이폰을 만드는 애플의 '시리(Siri)'가 음성인식 인공지능(AI)이겠네요?

㉯ 그래! 아이폰에서 '헤이 시리(Hey siri)'라고 부르면 이 말을 알아듣고 아이폰 개인비서 시리가 대답하지. 구글플레이에서는 '오케이 구글(Okay google)'이라 부르면 안드로이드폰이 대답하지. 이런 개인비서 앱은 사람이 필요로 하는 정보를 찾아서 사용자에게 알려주게 된단다.

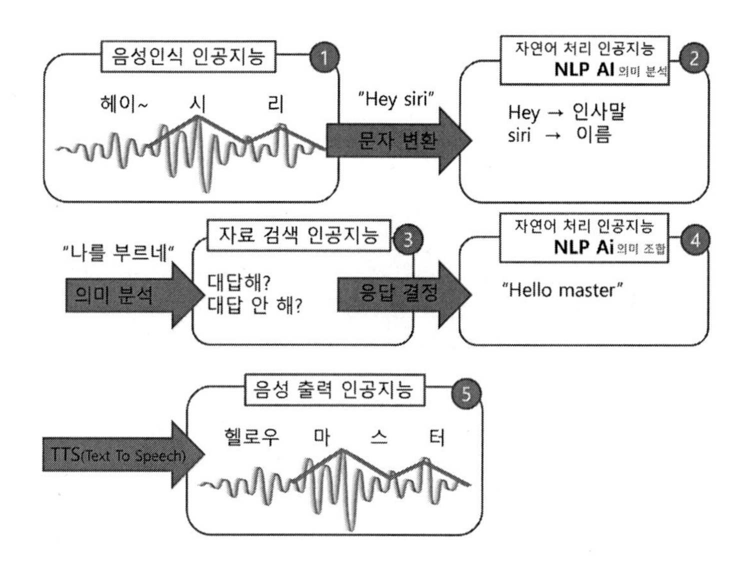

㉯ 그 처리 과정에는 각각의 인공지능이 존재한단다. 그중 입력단을 처리하는 부분에선 NLP(Natural Language Processing), 즉 Natural(자연) Language(언어) Processing(처리), 자연어처리 인공지능이 매우 중요하단다. NLP AI는 우리 일상생활 속에서 자연스럽게 사용하는 언어의 의미를 분석하는 인공지능이지.

㉮ 와~. 우리가 집에서 사용하는 인공지능 스피커 안에 이렇게 많은 인공지능이 존재하나요?

㉯ 그렇지! 사람 두뇌가 처리하는 영역이 하나하나 인공지능으로 개발된다고 생각하면 된단다. 모든 기능을 한꺼번에 처리하는 인공지능이 존재하는 것이 아니라, 각각의 인공지능이 서로 통신을 하면서 거기에 맞는 의미를 분석한단다.

㉮ 아~. 인공지능끼리 통신하면서 하나같이 움직인다… 진짜 사람과

똑같이 발전하네요.

㉯ 그래. 신경망을 흉내 내서 처리하기에 딥러닝을 뉴럴네트워크(Neural Network), 즉 신경망(Neural) 회로(Network)라고 부른단다.

㉵ 아~. 뉴럴네트워크는 인공지능 딥러닝의 한 방법이다!

신경망을 이용한 처리 방법은 어떤 식으로 처리가 되는 건가요?

㉯ 음~. 신경망 회로는 인공지능의 거의 모든 부분에 있는데, 그 처리 방법에는 여러 종류가 있단다. 그중에서 인간의 언어를 처리하는 'RNN 신경망'을 들여다보면, RNN 인공지능 신경망은 그 데이터를 양자화하는 과정을 기본으로 한단다. 음성인식을 거쳐 텍스트 'Hey siri'라는 문장이 있다면, 'Hey'와 'siri'의 앞뒤 관계를 기준으로 단어의 의미를 파악하게 된단다.

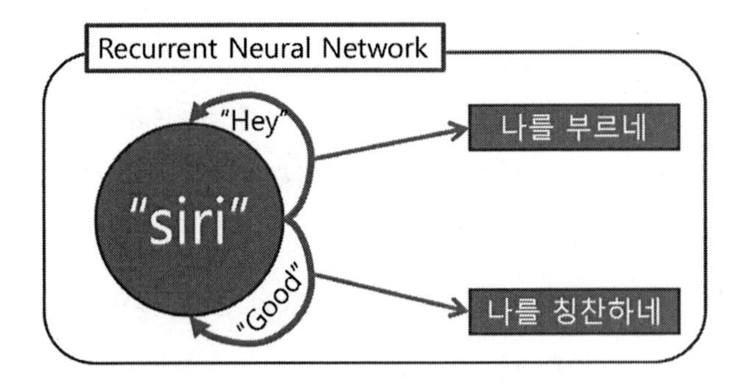

㉯ 첫째, 'siri' 앞에 'Hey'가 있으니, 나를 부르는 거구나!

둘째, 'siri' 앞에 'Good'이 있으면, 나한테 칭찬을 하는구나!

이렇게 단어의 앞뒤 관계를 확인해서 그 정확한 의미를 파악하게 된단다. 그래서 NLP(자연어처리)에서 사용되는 음성처리 인공지능은 반복하는 인공신경망, Recurrent Neural Network라고 해서 RNN 알고리즘을 사용한단다.

㉮ 무슨 말인지 헷갈려요.

㉯ 음~. 우리나라 말은 끝까지 들어봐야 그 뜻을 정확히 안다고 하지?

㉮ 네~.

㉯ '나 지금 집에 가자고 안 할래!'라고 한다면 뒤에 있는 '안 할래'로 인해 앞에 있는 '나 지금 집에 가자'의 의미가 완전히 바뀌잖아.

㉮ 그렇죠!

㉯ 그래~. 뒤의 문장이 앞의 문장 의미를 완전히 바꾸게 되는 경우가 많으니까, 뒤의 문장이 앞의 문장에 영향을 주는 방법으로, 이전 문장의 의미를 다시 반복해서 전체 문장의 의미를 부여하는 방법이 RNN 방법이란다.

㉮ 네~. ㅡ.ㅡ; 사람이 문장을 생각할 때도 앞의 문장을 계속해서 되새김하듯, 문장을 분석하는 인공지능도 그렇게 앞뒤 문장의 관계를 바탕으로 처리하도록 만들었단 말씀이시죠?
여전히 어렵네요.

㉯ 그래~. 그냥 이런 방법으로 처리한다는 것만 알고 있으면 된단다. 신경망을 사용하는 거의 모든 인공지능은 앞에서 선택한 값을 다시 보완해주는 방법을 적용한단다. 이렇게 보완해주는 역할을 하는 구조가 있는데, 이것을 역전달(back propagation)이라고 부른단다. 이전에 선택한 것이 틀렸을 때 그것을 다시 보완해주는 것이란다. 하지만 이전에 선택한 것이 정확했다면, 그 정확도의 가중치(weight)를 높여 보완해주는 것을 프로퍼게이션(propagation: 전달)이라 하지.

㉮ 아~. 처음 선택한 것에 대해 계속 보완해가며 교육한다는 말씀이

신 거죠?

㉯ 그래~. 인공지능 신경망은 경험적 기계학습을 사용하는 방법이므로 한 번의 결정으로 정해지는 것이 아니라, 계속해서 경험시켜주고 그 경험치를 계속 축적한단다. 그 경험치를 '웨이트(Weight) 가중치를 둔다'라고 한단다.

'웨이트(Weight)' 알지? 몸무게 할 때의 무게. 즉, 그 문장에서 또는 그 상황에서 얼만큼의 무게(의미)를 가지는지를 계속해서 보완해나가는 것이란다.

㉷ 그럼, 교육하면 할수록 더욱더 똑똑해지겠네요?

㉯ 그렇지! 대신 좋은 교육을 계속 시켜야 한단다. 인공지능은 교육을 어떻게 시키느냐에 따라서 그 결과가 달라지므로, 교육이 아주 중요하지.

㉷ 아~. 봤어요! 인공지능에 욕하는 법을 가르쳐주니까, 인공지능이 욕을 하더라고요.

㉯ 그래~. 그래서 아빠, 엄마가 집에서 욕을 안 하잖아!

그게 우리 아들에게 욕을 교육하지 않으려고 하는 것이란다.

영상인식 인공지능

㉮ 아빠, 아빠! 나 핸드폰 좀 바꿔주세요!

㉯ 왜~? 너 핸드폰 바꾼 지 얼마 안 됐잖아.

㉮ 요새 새로 나온 핸드폰은 인공지능이 깔려 있어서 사람, 강아지, 고양이 등을 스스로 알아서 사람한테 알려준대요.

㉯ 아~ 그래! 아빠도 봤어!

㉯ 화면에서 자동차, 사람 등등 사물을 인지하는 인공지능 기능을 보았단다. 이런 기능을 '영상인식 인공지능'이라고 하지.

㉮ 영상인식 인공지능은 사람을 어떻게 인식해요?

㉯ 영상인식 방법에도 기존의 머신러닝을 이용한 방법이 있고 딥러닝을 이용한 방법이 있는데, 어떤 전문가가 그 방법을 제시해주는 '합리적 방법의 머신러닝' 기법이 있고, 계속해서 영상 이미지를 학습시키는 '경험적 방법의 머신러닝' 기법이 있단다.

㉮ 그렇겠지요. 딥러닝 방법이 일반화되기 전에는 합리적 머신러닝 기법을 사용해서 학습을 시켰겠죠.

㉯ 그래! 영상을 처리하는 데는 '학습'을 어떻게 시킬 것인지가 매우 중요하단다. 그래서 데이터 셋의 설계가 아주 중요하다 했지? 학습할 때 공리가 되어주는 '데이터 셋'의 설계가 아주 중요하다고.

㉮ 네~. 아빠가 데이터 셋의 설계가 아주 중요하다고 말씀하셨어요.

㉯ 그래, 데이터 셋을 설계하기 위해서는 어떠한 방법이 좋은지 확인할 필요가 있단다. 그래서 딥러닝 이전의 합리적 학습 기법 중 하나인 '하르 케스케이드' 방법을 먼저 설명하는 게 필요할 듯싶구나.

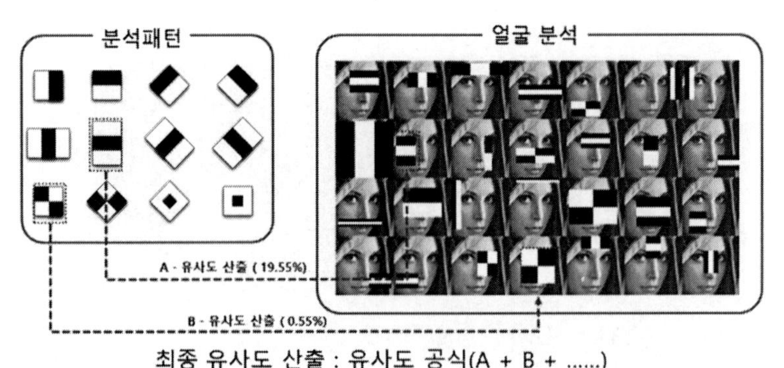

㉯ 하르 케스케이드(Haar cascade) 방법에서는 왼쪽과 같은 분석패턴을 미리 만들어놓고, 그것을 사진과 대조해가며 유사도를 검출한 후 유사도가 가장 비슷한 것이 있으면 거기에 사람이 있다고 분석하는 방법이란다.

㉮ 아~. 저렇게 미리 패턴을 만들어놓고, 화면에 하나하나 얹어보면서 비슷한 부분이 있으면 그것이 무엇이라고 판단한다는 말씀이신 거죠?

㉯ 그래~. 그래서 패턴을 전문가가 미리 지정해줘야 정확도를 올릴 수 있었단다. 분석패턴을 미리 지정해놓고, 사진을 하나하나씩 비교해 맞는 것이 있다면 거기에 찾고자 하는 것이 존재한다고 판단하는 것이지.

㉮ 아빠! 그런데, 패턴은 얼굴하고 전혀 상관없어 보이는데, 그걸로 어떻게 눈인지 얼굴인지를 비교해요?

㉯ 그렇지? 눈처럼 만들어놓고 비교하면 훨씬 더 쉬웠을 텐데, 왜 저렇게 했을까? 그것은 패턴을 최대한 간단하게 만들어놓고 비교하는 방법으로, 검출된 하나 이상의 자료를 모두 종합해 최종유사도를 산출해내는 방법이기 때문이지.

㉮ ㅡ.ㅡ?? 최종유사도요?

㉯ 그래! 눈을 검출하기 위해 흰 눈동자, 검은 눈동자, 눈썹이 있는지를 나눠 검출한 후, 흰 동그라미 안에 검은 동그라미가 있고, 그 위에 눈썹이 있다면 그것은 눈으로 판단하는 것이란다.

ⓐ 아~. 최소한으로 검출해놓고 그것들을 종합적으로 비교해 사물을 검출한다는 말씀이네요?

ⓝ 그렇지! 사람마다 얼굴이 다르니, 모두에게 적용하기 위해서는 최고로 간단한 패턴을 만들어 '그것의 비교값이 80% 이상일 때만 사람 눈으로 본다'처럼 분석한단다.

ⓐ 아~. 아빠. 그럼 정확하게 검출을 할 수는 없네요?

ⓝ 그렇지! 비교적 가장 근사치의 값을 가져오는 것이기 때문에 완벽하게 검출할 수는 없단다. 하지만 사람도 사물을 인식할 때 같은 방식으로 인식한단다. 사람도 간단한 이미지를 비교하면서 사물을 인식하지. 그래서 때로는 마네킹을 보고 순간적으로 사람인 줄 알고 깜짝 놀랄 때가 있잖니?

ⓐ 네~. 그런 거 같아요. 옷 구경 갔다가 가끔 깜짝깜짝 놀랄 때가 있어요.

ⓝ 그래~. 사람이 사물을 인식할 때도 같은 방법으로 인식하지.
다음 그림과 같이 사진을 거꾸로 놓고 본다면, 사진 속 사람이 누구인지 헷갈리는 것도 내가 기억하고 있는 실루엣의 형태가 바뀌었기 때문이란다.

누굴까요?

마릴린먼로

㉵ 아빠!

정말로 그렇네요. 거꾸로 보니까 순간적으로 누구인지 모르겠어요. 눈과 눈썹이 거꾸로 되어 있으니 다르게 보여요.

㉯ 그래~. 사람도 사물을 인지할 때 하르 방법과 같이 간략화해서 사물을 기억하지.

;^_^A	(^_^;)	f^_^;)	σ(^_^;)	(^_^)a
(^_^*)	(^◇^;)	(;^_^A	(⌒-⌒;)	-_-b
(*_*)	(°_°)	(··;)	(~_~;)	(-_-)
{(-_-)}	(--;)	(- -;)	(-｡-;	(·_·;

㉯ 그래서 사람이 간략화된 이모티콘을 보고도 사람이라 인식하는 것은 사람의 뇌가 이모티콘처럼 간략화해 사물을 기억하기 때문이란다.

㉵ 와~. 신기하다~. 그럼 인공지능도 이렇게 먼저 간략화한 후 이미

지를 기억하나요?

㉯ 그렇지. 딥러닝에서 이미지를 교육하는 방법은 하르 방식을 기초로 했다고 할 수 있지만, 특정한 패턴을 미리 주지는 않는단다. 저 패턴마저도 스스로 만들어내도록 구성하지.

그 대표적인 영상인식 알고리즘에는 CNN이라는 방식이 있단다. '복잡하다', '중첩되다'라는 뜻의 단어인 중첩(Convolution), 신경(Neural), 망(Network), 즉 중첩해서 얽혀 있는 신경망이란 뜻의 딥러닝 방법인데, 아주 복잡하고 중첩된 신경망 처리 중 대표적인 CNN의 처리 영역으로 영상처리(Compute Vision)가 있단다.

㉰ 아~. 사진 한 장에는 산, 물, 동물, 사람, 차 등등이 서로서로 겹쳐 있으니 복잡하고 중첩됐다고 할 수 있겠네요.

㉯ 그래~. 이렇게 중첩된 영상은 영상을 인식하기 위해 처음에 복잡한 것을 풀어내는 과정이 필요하단다. 사진에서 산, 물, 동물, 사람 등등을 하나하나 분리를 한 후, 이를 다시 복잡한 계산을 통해 그 이미지의 의미를 다시 뽑아낸단다.

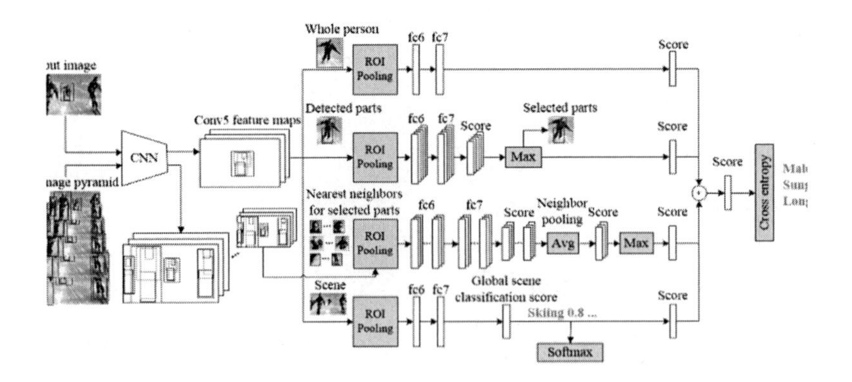

㉮ 와~. 너무 복잡해요.

(ㅠ..ㅠ)

이렇게 많은 과정을 거쳐 영상인식을 하나요?

㉯ 하하하.

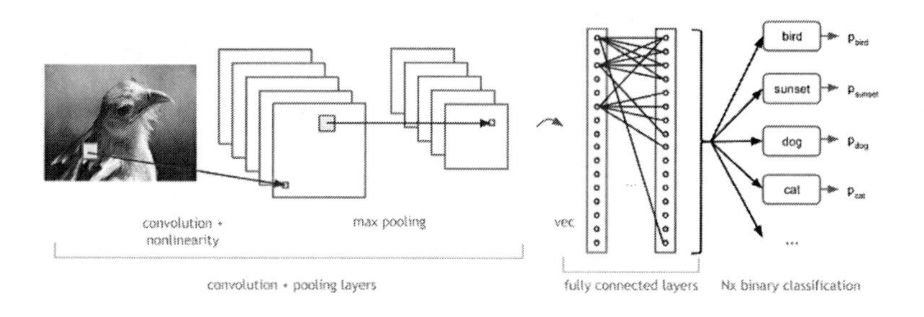

㉯ 그렇게 어렵게 생각할 필요는 없단다. 이 그림에서 보듯, 하나의 작은 부분을 그 특성에 맞도록 여러 층으로 나누어 특징을 정리한다고 보면 된단다. 여기서 알아야 할 사항은 맥스풀링(max pooling)의 부분이 무엇을 하는지 알면 된단다. 맥스풀링은 점점 더 작은 크기로 이미지를 간략화하는 방법이란다.

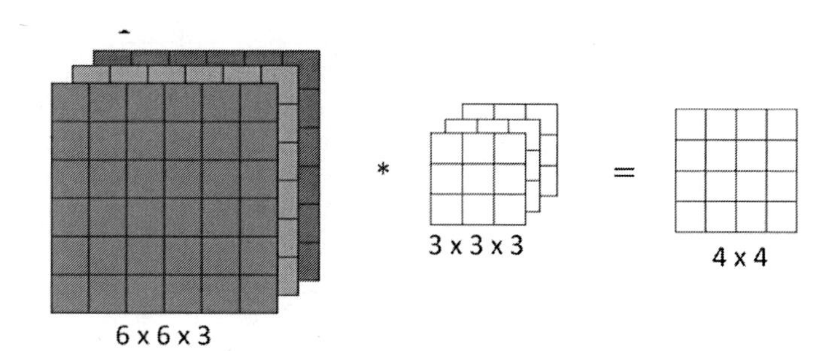

㉯ 마치 하르 방법에서 패턴을 만들듯이, 이미지를 점점 더 간략히 해 패턴을 뽑아내는 작업이란다. 그 중심 알고리즘은 왼쪽의 이미지 테이블에 중간에 있는 필터 테이블을 서로 곱을 하는 것이란다. 그래서 오른쪽처럼 테이블에 그 변환된 값을 넣어주지. 그래서 전체적으로는 그 크기를 점점 줄여가면서 명확하게 특징을 잡아내는 과정으로 처리하게 되지. 즉, 크기를 줄여가는 과정을 거치면서 하르의 패턴 적용과 비슷한 결과를 가져오게 된단다.

㉸ @.@; 아빠, 어지러워요~. 좀 더 쉽게 설명해주실 수 없어요?

㉯ 음… 어떻게 설명을 하면 좋을까? 그래~ 아들! 이 그림이 뭐 같아?

㉸ 네? 이거 웃는 얼굴이잖아요!

㉯ 그렇지? 우리 아들 잘 아네. 그런데 왜 이게 사람 얼굴일까?

㉸ 동그란 눈! 기다란 코! 그리고 웃는 입술 모양. 그러니까 사람 얼굴이지요!

㉯ 그래! 우리 아들 설명도 잘하네. 하지만 사람 얼굴하고는 너무나 다르게 생기지 않았니? 그런데 어떻게 사람 얼굴이야?

㉸ 아빠 바보구나? 이렇게 하는 것을 이모티콘이라고 하잖아. 아빤 이것도 모르나 보네?

㉯ 아들~ 그럼 이 그림은 뭐 같아?

㉮ 이거 나비잖아요?

㉯ 그래~ 잘 맞추었어! 그림처럼 실루엣만으로 무엇인지 알아낼 수 있잖니?

㉮ 그럼요! 이건 너무나 쉬운 문제잖아요.

㉯ 그래 아들! 이렇게 사람이 사물을 인식할 때, 먼저 실루엣을 확인하고 그것이 무엇인지 인식한단다.

아들, 그럼 이게 무엇인지 알아보겠니?

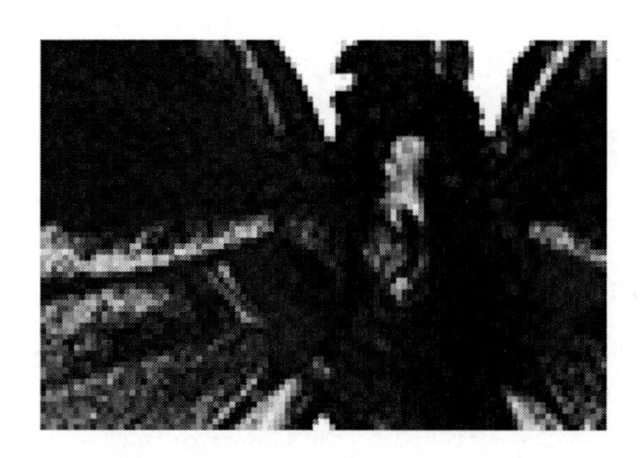

㉮ 네? 이게 뭐예요? 나뭇잎? 사마귀?

㉯ 자세히 봐봐! 이것이 무엇일까?

㉮ —.—;;; 몰라요.

㉯ 아들! 앞의 그림은 나비의 몸통이란다.

㉮ 정말 그렇네요? 그런데 저 조그만 그림만 보고서 그게 나비인지 어떻게 알아요?

㉯ 하하하. 그렇지? 아들! 이게 사람이 사물을 인식하는 방법이란다.

㉮ 네? 사람이 나비라고 하는 것을 인식할 때 이런 식으로 인식을 한다는 말씀이신가요?

㉯ 그래! 사람의 눈은 너무나 많은 정보를 처리해야 하거든! 그래서 공부를 오래 한다든가, 집중해서 일할 때 가장 먼저 피곤해지는 것이 바로 눈이란다.

㉮ 그건 알아요. 아빠! 사람의 오감 중 가장 에너지를 많이 사용하는 부위가 시각, 즉 눈이라고 책에서 봤어요.

㉯ 역쉬! 울 아들. 맞아. 사람의 신체 중에서 에너지를 가장 많이 쓰는 부위가 뇌이고, 그 뇌에서 에너지를 가장 많은 소비하는 부위가 바로 눈이란다. 그래서 피곤함을 눈으로 가장 빨리 느낀단다. 그래서 피곤할 때면 눈을 감고 잠시 쉬라고도 하잖아.

㉮ 그건 알아요.

㉯ 그래~ 아들. 이렇게 가장 많은 에너지를 소비하는 눈과 뇌는 스스

로가 너무나 피곤하니까 가장 덜 피곤해지는 방법을 선택했단다. 그래서 뇌에서는 어떠한 사물을 인식할 때 간략화해 기억한단다. 그 간략화하는 방법 중에서는 실루엣 또는 이모티콘처럼 그 이미지를 최대한 간략화해서 판단하는 방법을 사용하고 있지.

㉿ 아~ 맞아요. 멀리서 엄마, 아빠가 걸어가는 모습만 봐도 아빠다, 아니다 하는 것을 알아볼 수 있는 것도 그러한 기억 방법 때문인가 봐요?

㉯ 그~ 렇쥐! 아들도 그 느낌 아는구나?

㉿ 그렇죠! 멀리서 보고 엄마인지 알고 쫓아갔다가, 가까이서 보고 '아니네~' 하면서 올 때도 가끔 있지만, 그래도 대부분 엄마는 정확하게 알아봐요. 엄마 걸음걸이 좀 웃기잖아요! 헤헤.

㉯ 그래! 아들. 사람은 사물을 인지할 때, 정확한 이미지보다 간략화된 이미지를 먼저 생각하고, 만약 이미지가 맞으면 좀 더 자세하게 쳐다보게 된단다.

㉯ 마치 아들이 엄마인지 달려가 확인하는 것처럼, 가까이 가서 자세하게 보면서 그 사물이 정확한지 다시 확인하게 되지. 먼저 나비의 실루엣으로 나비인지 아닌지, 그다음 그림처럼 더 자세하게 확인한

후 나비를 확신하듯, 인간의 뇌는 몇 단계를 거쳐서 사물을 인식하게 된단다.

㉮ 아~. 사람이 사물을 인식할 때 처음부터 그 사물 전체를 보는 것이 아니고, 실루엣과 같이 전체 특징을 먼저 찾아 유추한 후 그다음 자세하게 확인한다는 말씀이네요.

㉯ 그렇지! 눈과 뇌의 이러한 사물 처리 방법을 흉내 내 만들어진 인공지능 영상인식 방법이 '중첩해서 처리하는 신경망'이라는 뜻의 CNN 영상처리 방법이란다.

아들, 아까 앞에서 봤던 그림 있지?

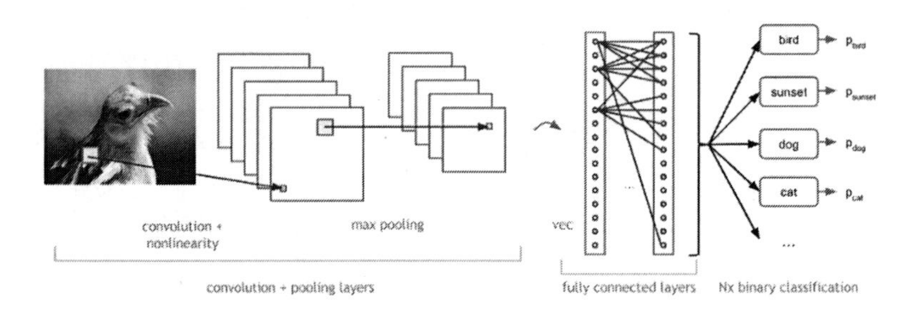

㉮ 네~. 아까 봤던 그림이잖아요.

㉯ 그래! 아들. 전체적으로 스캔하면서 그 이미지의 특징을 찾아내는 과정이 콘볼루션 과정과 풀링 과정이란다. 특징을 찾아낸 후, 그 특징을 더 작고 명확하게 바꿔주는 과정이 풀링 과정이란다. 그래서 콘볼루션을 하면서는 컬러 이미지를 흑백으로 만들기도 하고, 이미지를 옆으로 살짝 밀어서 더해주는 방법으로 이미지의 외곽선을 추출하기도 하며 그 특징점을 찾아낸단다.

㉮ 아~. 콘볼루션이라고 하는 것을 통해 다층화를 하면서 그 이미지를 흑백으로 만들기도 하고, 외곽선을 추출하기도 하는 작업을 한다고요?

㉯ 그래! 그중 대표적인 것으로 외곽선을 추출하는 방법이 있는데, 그 원리를 한번 볼래?

㉮ 네~. 가르쳐주세요.

㉯ 이 그림이 그림에서 외곽선을 추출하는 방법이란다.

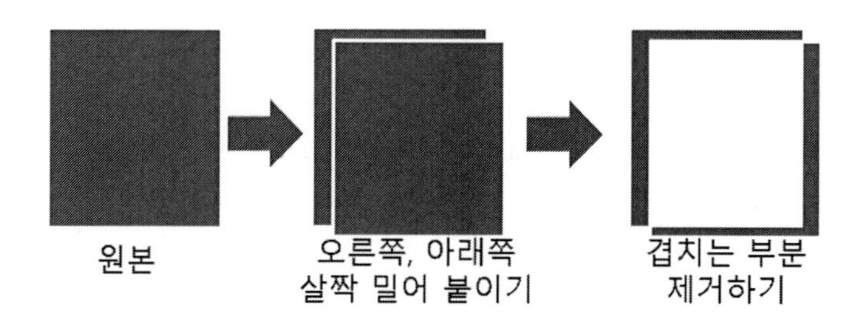

㉯ 첫 번째로 그림과 같이 사각형 원본이 있으면, 그 원본과 똑같은 그림을 오른쪽과 아래쪽으로 살짝 밀어 두 그림을 서로 겹친단다.
두 번째로 겹쳐놓은 사각형에서 세 번째 그림과 같이 서로 겹치는 부분을 제거하면 원본 사각형의 외곽선 모양이 추출된단다. 전통적인 영상처리 기법 중 하나지.

㉮ 와~ 신기하다. 그림을 서로 겹치고 그 겹치는 부분을 없애버리니 진짜 외곽선의 모양이 나오네요! 그럼 알파벳과 같이 복잡한 그림도 이렇게 하면 외곽선의 모양이 나오나요?

㉯ 그럼! 오른쪽, 아래쪽으로 옮기는 폭을 조절하면 복잡한 그림도 그

외곽선을 추출할 수 있단다.

㉮ 아~. 그럼, 사람 얼굴도 외곽선을 추출하면 이모티콘 모양으로 만들 수 있겠네요.

㉯ 그럼! 사람의 얼굴도 외곽선을 추출해 간략히 하면 사람처럼 보인단다.

㉮ 헉! 아빠 그림 정말 못 그린다.

㉯ ㅡ.ㅡ;; 그걸 이제 알았니? 그래서 아들도 그림 못 그리잖아! 하하하.

㉮ ㅡ.ㅡ;;; 제가 아빠를 닮았군요. 쩝.

㉯ 그래! 아들. 이런 식으로 간략화하다 보면, 사람마다 얼굴의 특징도 다음처럼 더 명확하게 보일 수 있단다.

㉯ 이 그림처럼 동그란 얼굴, 긴 얼굴, 안으로 모인 얼굴들도 대부분 그 특징은 그림을 더 간략히 할수록 더 명확하게 찾아낼 수 있게 되지.

㉵ 아~. 그래서 CNN에서는 화면을 간략화하는 과정이 있다는 말씀이시죠?

㉯ 그렇지.

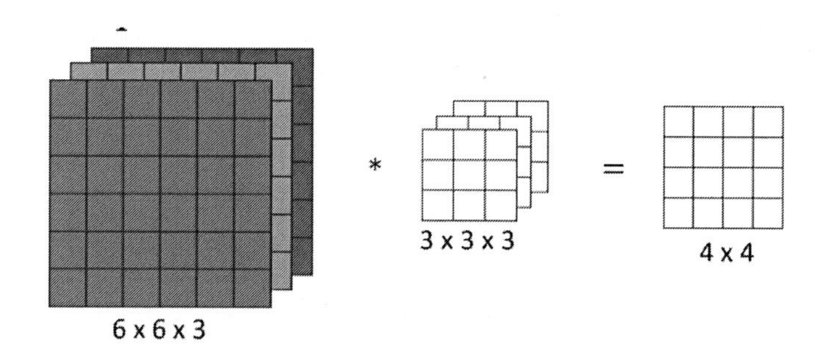

㉯ 이와 같이 각 그림의 특징을 산출하는 필터를 이용해 행렬곱을 해서 새로운 맵을 만들어낸다. 그리고 그 새로운 특징으로 좀 더 작아진 이미지를 만들어내지. 이러한 과정을 통해 이미지의 특징 혹은 패턴을 추출하는 작업을 하지. 다음 그림은 이미지를 가지고 어떤 필터를 적용했을 때, 어떻게 바뀌는지를 그림으로 나타낸 것이란다.

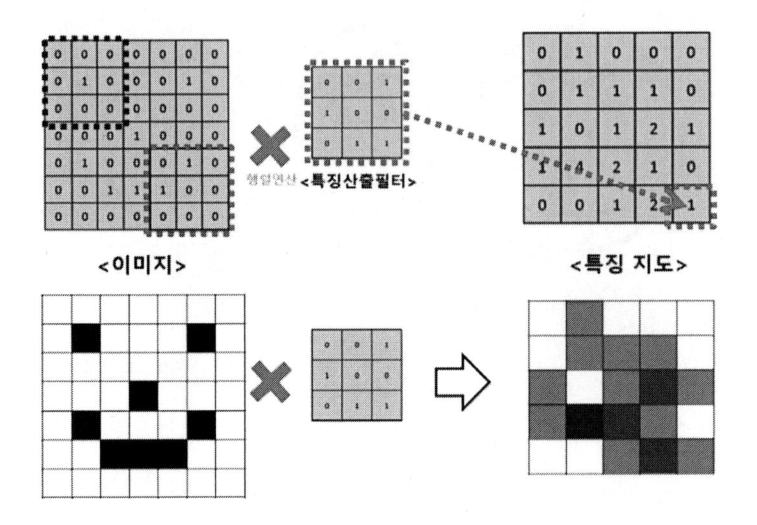

㉮ 아~. 이미지에 특정한 필터를 적용하면 특징을 가지는 특징 지도를 만들 수 있다? 그럼 '특징산출필터'가 아주 중요하겠네요?

㉯ 그렇~ 지! 영상처리 인공지능의 개발에서는 영상처리 필터 개발이 아주 중요한 요건이란다. 특징을 산출하는 필터의 설계가 가장 중요하다고 할 수 있지.

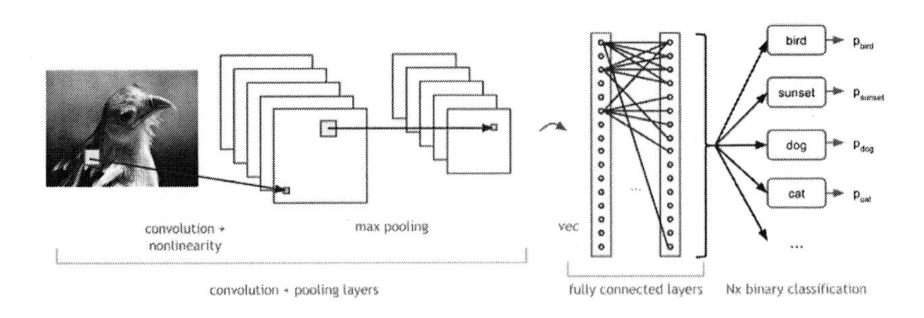

㉯ 이렇게 산출된 특징값을 단계적으로 중첩하여 생성해내고, 점차 더 작은 이미지 레이어를 생성한다면 '눈', '코', '부리' 등등 각각 부위별 특징들이 자연스럽게 분리된단다.

㉰ 아~. 그림 속의 사물을 여러 단계로 중첩하여 특징 자료를 만들어놓고, 그 특징들을 서로 연결하여 사물을 인식시킨다는 말씀이신가요?

㉯ 그렇지! 눈의 위치, 눈의 크기, 코의 길이, 콧구멍의 위치 및 크기 등이 '콘볼루션 풀링'을 시키는 과정에서 자연스럽게 양자화되어 그 값들을 가지게 된단다.

㉰ 아~. 그럼~ 경찰들이 몽타주를 만들 때 '눈은 찢어지고, 코는 길고, 머리카락은 긴 사람'이라고 설명하는 것처럼, 각각의 특징은 필터를 통해 만들어져 기계에 학습된다는 말씀이네요~.

㉯ 그렇지! 역시 우리 아들 똑똑하네. 맞아. '콘볼루션 풀링'을 해주는 것은 그 특징을 찾아내는 과정이고, 위의 그림에서 전체연결층(fully connected layers)에서는 그 특징들을 서로 연결하는 작업을 하게 된단다.

㉰ ㅡ.ㅡ;;; 어떻게 연결해요?

㉯ 음, fully connected layers에서는 다층화된 특징에 의해 만들어진 각각의 벡터(특징)를 가지는데, 이 벡터를 전체연결층에 통과시켜 계산된 가중치(weight), 그 가중치에 가장 가까운 사물을 구분하게 된단다.

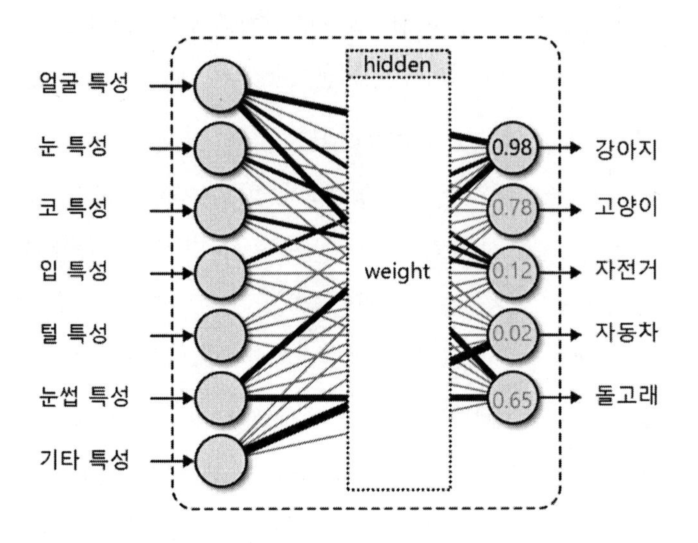

㉯ 이 그림에서 보듯이 얼굴 특징의 값이 히든레이어를 통과해서 나온 값이 어떠한 사물 값과 비슷한지 찾아내지. 즉, '정확하게 어떤 것이다' 하는 것이 아니고, 어떤 사물에 가장 가까운 특징을 가지느냐 하는 식으로 그 사물을 판단하게 된단다.

㉵ 아~. 특정한 사물을 확실하게 구분하는 것이 아니고, 그 사물에 가장 가깝다는 식으로 결론을 내놓는다?

㉯ 그래! 사람들도 그렇게 인식을 하지 않니? '우리 아들은 아빠 눈 100% 닮았고, 코는 약간 다른데, 그래도 60% 닮았고, 귀는 똑같네. 전체적으로 80% 정도는 아빠 닮은 것 같다'. 역시! 아들은 아빠의 아들이 맞네. 사물을 찾아낼 때는 이렇게 유사도를 기준으로 찾아내고, 학습시킬 때는 그 특징들을 계산하고, 사물에 지정된 이름과의 유사도를 계산해 그 계산된 weight를 반영, 수정하는 과정을 거치면서 학습시키지. 이 과정에 많은 특성을 유사도에 따라 '모두

연결한다' 해서 'fully connected layers(전체연결층)'으로 부른단다.

ⓐ 아~. fully connected layers에서 실제로 유사도가 얼마나 되는가를 결정해주는 부분이란 말씀이시네요. 콘볼루션과 풀링 과정을 거치면서 특징점을 찾고, 전체연결층을 통해서 그 특징점을 서로 연결하고, 그 해당 weight, 즉 유사도를 저장해놓는 방법을 사용하여 학습을 시킨다는 말씀이네요?

ⓑ 그렇지! 역시 우리 아들이야! 그래서 fully connected layers에서 가장 중요한 함수가 하나 있는데, 그것은 소프트맥스(softmax) 함수란다.

ⓐ softmax(소프트맥스) 함수요? 그게 뭐예요?

ⓑ 그래! 아들! 만약에 여러 조건이 있는데, 그것이 어디에 얼마나 잘 맞는지를 찾아내는 방법에는 무엇이 있는지 알겠지?

ⓐ 음~. 여러 가지 조건들이 있는데, 그곳에서 어떠한 사항이 얼마나 되나? 혹시 통계를 말씀하시는 건가요? 국회의원이 당선될 확률, 내가 합격할 확률!

ⓑ 오호~ 라! 이제는 어디에 어떻게 사용하는지도 우리 아들이 쉽게 유추해내네~. 그래 맞아! 눈의 weight가 어떤 눈의 집단에 얼마나 유사도를 갖고 있으며, 또 입, 코, 얼굴 모양은 여러 개의 집단에서 얼마나 유사한가를 정리하는 함수로 통계를 통한 유사도 정리 함수라고 할 수 있지.

ⓐ 흐~ 음~. 아빠, 저도 모르는 사이에 저도 직감이 생겼나 봐요! 이제는 어떤 상황이 있을 때, 어떤 것을 사용해야 하는지, 약간은 직감적으로 알아낼 수 있는 것 같아요.

ⓑ 하하하! 원래 그렇단다. 직감이라 하는 것도 결국에는 얼마나 다양한 지식을 알고 있느냐에 따라서 나오는 것이란다. 지식을 바탕으

로 한 직감이 바로 창의력이란다. 지식을 바탕으로 하지 않는 직감은 공상이 될 가능성이 크단다. 그래서 직감을 영어로는 intuition이라 한단다.

'in(~의 안에)', 'tuition(수업료)'. 즉, 직감도 수업료에서 나온다는 뜻이지. 공부를 열심히 해야 직감도 생긴다는 것이지.

아무튼! 울 아들이 생각해낸 통계 방법이 fully connected layers, 전체연결층의 가장 중요한 기능이란다. 이 소프트맥스(softmax) 함수는 그 weight 값이 통계적으로 어떠한 위치에 해당하는지를 알아내서 그중 가장 큰 값을 가져다주는 함수란다.

즉 눈, 코, 입, 얼굴형 등의 특징점들이 어떤 군 집단에 유사도를 가졌는지를 판단해서 그중 가장 큰 값을 가져다주는 함수란다.

㉮ 아~. 아빠! 저 특이한 거 발견했어요. 인공지능에서 사용하는 수학적 방법론이 양자역학에서 사용하는 수학적 방법론하고 같네요? 행렬역학을 이용해 그 양자값(weight)을 계산하고, 통계적 방법을 통해 그 양자화된 값의 유사성을 확인하는 걸 보면 양자역학의 방법론이 인공지능에 적용이 되었네요.

㉯ 하하하! 우리 아들 역시 대단하구나. 맞아. 현대사회 물리학은 대부분이 양자역학을 바탕으로 발전했다고 할 수 있지. 어떤 현상을 양자화하고, 그 양자화된 값의 변화가 우리가 살아가는 물리 체계에 얼마나 영향을 주는가를 연구하는 양자역학은 앞으로 꾸준히 발전해나갈 것으로 보이는구나. 이렇듯 양자역학이 향후 우리의 삶에 커다란 영향을 주게 될 것은 명백한 사실이란다. 그리고 양자역학뿐 아니라, 기존의 고전 물리학, 수학, 과학 등 모든 분야도 현실세계를 설명하는 데 아주 깊게 연관되어 있단다.

…

아들!

…

아빠가 해줄 수 있는 설명은 여기까지인 듯싶구나.

울 아들은 아빠의 설명을 듣고 어떤 견해를 가지게 됐니?

㉮ 아빠 말씀처럼 저 역시 그렇게 생각해요. 제가 수학, 물리학은 잘 모르지만 아빠의 설명을 들으면서 많은 것을 느꼈어요. 무엇보다도 제가 초등학교 때부터 배워왔던 수학이 이렇게 많은 곳에 쓰이고 있고, 또 알게 모르게 우리 실생활에 밀접하게 연결되어 있다는 걸 알게 됐어요. 양자역학뿐 아니라 삼각함수, 미적분 등등 많은 수학적 업적이 우리 실생활에 얼마나 밀접하게 적용되어 있는지도 알게 되었고요.

㉯ 그래, 아들. 아빠는 수학을 잘하지는 못한단다. 하지만 수학의 미적분, 삼각함수, 행렬역학, 통계 등등 너무나 많은 부분이 우리 실생활에 적용되어 있다는 것을 느끼고, 또 거기에 감사함을 느낀단다. 이렇게 많은 학자의 도움으로 우리는 다른 어느 때보다 편리한 삶을 살고 있다는 것에 아주 큰 감사를 하고 있단다. 하지만, 우리 아들 같은 학생이 학교에서 배울 때 그걸 왜 배우는지도 모른 상태로, 문제를 풀고, 또 풀고 하는 모습이 너무나 안타깝고, 또 수학, 물리 공식만 무조건 달달 외우는 현실이 너무나 안타깝단다. 우리 실생활과 이렇게 밀접하게 연결되어 있는 수학, 물리, 과학에 대해 이해 없이 그냥 문제 풀이만을 위한 기술적 수학을 배우고 있는 현실이 너무나 안타깝단다.

그래서 아빠는~ 우리 아들만이라도 수학을 잘 푸는 수학 풀이 기계가 되지 않았으면 해~. 문제를 풀지는 못해도 좋으니, 세계의 많은 학자가 만들어낸 이 훌륭한 결과물이 어떤 곳에 어떻게 접목되었는지만이라도 알고 산다면 좀 더 감사하는 마음으로, 좀 더 창의적인 생각을 하게 되지 않을까 하는 바람이란다. 그래서 울 아들한테 문제 푸는 방법이 아닌, 어떤 필요로 이러한 과정이 나왔는지를 꼼꼼히 설명했던 것이란다.

...

울 아들!

㉨ 네! 아빠!

㉯ 울 아들은 수학 문제를 푸는 청년이 아니고, 수학을 이해하는 청년이 될 거지?

㉨ 하하하, 그건 잘 모르겠어요. 하지만, 우리 사는 세상 많은 물건에는 현대 수학, 현대 과학, 현대 물리학자의 노고가 묻어 있고, '그 결과물로 제가 좀 더 편안하게 생활하는구나!'라는 것은 알겠어요. 제가 수학 문제를 잘 풀지는 못해도 그 현상들은 다른 친구들보다 잘 이해하게 된 것은 아빠 도움이 컸던 건 확실해요. 아빠! 정말로 감사합니다.

㉯ 그래~ 아들. 우리 아들이 다른 누구보다 더 이해력이 많은 사람으로 커온 것만으로 아빠는 행복하단다. 그리고 아빠가 평생 살아오면서, 그나마 우리 아들에게 지식이 아닌 이해력을 바탕으로 한 지혜를 남겨줄 수 있어서 너무나 행복하구나.

...

우리 아들! 너무나 고맙구나. 그리고 사랑한다~.

㉨ 아빠! 너무나 사랑하는 우리 아빠! 우리 같이 파이팅 해요!

앗! 엄마도 불러야죠. 엄마 빨리 오세요.

㉯ 그래! 여~ 보~. 빨리 오세요. 울 사랑하는 아들!

아들이 카운트를 외쳐봐라.

㉵ 알았어요. 아빠!

하나~.

둘~.

셋!

파이팅!

하하하하하하하하하하